最新版

# 乙級美容師

## 考試指南 術科證照

【第三版】

周玟／編著

# 作者的話

這本《乙級美容師術科證照考試指南》歷經數月製作終於完成，當然，為了讓將來要參加乙級術科考試的考生能得到「事半功倍」之效，本人也已經參與乙級術科考試，因此十分瞭解術科整個考試過程，並也走訪多位「美容界名人」，得到正確訊息後，經過整理，將乙級術科所要考的規範、重點提示及過程中應注意的細節，完全列入此書中。

在此感謝好友許麗娜老師、郭芬華老師、鍾美月老師、楊玉秀老師、徐美雲老師、高雅惠老師、模特兒陳幼珍、盧昭文、蕭晴怡等鼎力相助，才能讓《乙級美容師術科證照考試指南》(第三版）在極短的時間順利完成。

86年度6月首次舉辦美容師乙級術科考試讓所有的考生都手忙腳亂，準備的方向亦都錯誤，至89年度再次舉辦術科檢定考試，為使您提早瞭解檢定過程與內容，本書可提供您正確的準備方向與方式，只要您是一位有上進心、肯努力、願多花時間演練的美容師，並熟讀此書——《乙級美容師術科證照考試指南》(第三版)的內容及注意細節，相信要考上美容乙級術科證照，不是一件難事。

祝福您

周玫

謹識

# 目錄

作者的話　3

主旨　5

模特兒注意事項　7

專業護膚　8

第一階段：工作前準備及顧客皮膚資料卡／第二階段：評審評分／第三階段：去角質及海綿清潔／第四階段：按摩／第五階段：蒸臉、顏面頸部肌肉及顏面頸部骨骼分布圖／第六階段：敷面及手部保養／第七階段：脫毛及善後工作

修眉　60

臉部化妝技巧設計圖　69

攝影妝　111

黑白攝影妝／彩色攝影妝

舞台妝　129

大舞台妝／小舞台妝

新娘妝　147

新娘妝清純型／新娘妝華麗型

衛生技能　167

化妝品安全衛生之辨識／消毒液和消毒方法之辨識與操作要領／洗手、手部消毒操作

美容乙級技能檢定術科測驗參考資料　253

# 主旨

政府為了落實美容從業人員的證照制度，自中華民國80年即開始舉辦美容丙級執照檢定，至今已邁入第13年，全省已取得美容丙級證照的人數不下十萬人，甚至更多；這當中包括：目前已從事美容業的美容師、美容科系的畢業生、中、西醫生、護士、藥劑師、藥劑生、其它行業者，紛紛都加入美容行業，為美容與醫學的結合共同努力。

政府更為了讓個人經歷、實力、努力……等有所區隔，因此又有甲、乙、丙等級數之分，自中華民國86年6月10日起，全省分台北、台中、高雄等三區同步首次舉辦美容乙級術科檢定，一時之間讓所有參與乙級術科檢定的考生手忙腳亂，不知該如何準備起？

而這本《乙級美容師術科證照考試指南》第三版的內容完全是提供給目前已從事美容業者的美容師和已取得美容丙級執照者「但目前可能無從事美容工作者」，將來準備要參加美容乙級術科檢定所提供的考前指南，內容包括：

一、護膚技能

共分七項：

（一）工作前準備及顧客皮膚資料卡。

（二）評審評分。

（三）去角質及海綿清潔。

（四）按摩。

（五）蒸臉（含填寫顏面頸部肌肉紋理分布圖及顏面頸部骨骼分布圖）。

（六）敷面及手部保養。

（七）脫毛及善後工作。

二、化妝技能

共分五項：

（一）修眉。

（二）攝影妝（黑白、彩色）、舞台妝（大、小）。

（三）臉部化妝設計圖（十個設計主圖）。

（四）新娘妝設計圖。

（五）新娘妝（清純型及華麗型）。

三、衛生技能

共分三項：

（一）化妝品安全衛生之辨識。

（二）清潔液與消毒方法之辨識及操作。

（三）洗手與手部消毒操作。

# 模特兒注意事項

美容乙級技術士技能檢定術科測驗應檢人應自備女性模特兒一名，於報到時須接受檢查，其條件為：

1.年齡滿15歲以上，需帶身分證證明。
2.不得紋眼線、紋眉、紋唇。
3.不得修眉，素面應檢。

應檢人員所帶模特兒須符合上列三項條件並通過檢查，始取得應檢資格。

# 專業護膚

專業護膚共分七項，下列為各項之注意事項及其應檢流程：僅供參考！

## 測驗項目：護膚技能

自備工具表

| 項次 | 工具名稱 | 規格尺寸 | 數量 | 備註 |
|---|---|---|---|---|
| 1 | 工作服 | | 1件 | |
| 2 | 口罩 | | 1個 | |
| 3 | 美容衣 | | 1件 | |
| 4 | 酒精棉球罐 | 附蓋 | 1罐 | 附鑷子，內含適量酒精棉球 |
| 5 | 化妝棉 | | 適量 | |
| 6 | 化妝紙 | | 適量 | |
| 7 | 挖杓 | | 數支 | |
| 8 | 待消毒物品袋 | 小型約30×20cm以上<br>大型約60×50cm以上 | 各1個 | |
| 9 | 垃圾袋 | 約30×20cm以上 | 1個 | |
| 10 | 紙脫鞋 | | 1雙 | 供模特兒使用 |
| 11 | 大毛巾 | 約90×200cm | 2條 | 淺素色；可用罩單或毛巾毯 |
| 12 | 小毛巾 | 約30×80cm | 9條 | 淺素色，至少1條為白色 |
| 13 | 小臉盆 | 直徑約18cm以上 | 1個 | |
| 14 | 洗臉海綿 | 直徑約8cm | 2個 | |
| 15 | 原子筆 | | 1支 | |
| 16 | 眼部卸妝液 | 屬合格保養製品 | | |
| 17 | 清潔霜 | 屬合格保養製品 | | |
| 18 | 去角質霜 | 屬合格保養製品 | | 以「搓」為清除方式的產品 |
| 19 | 按摩霜 | 屬合格保養製品 | | |
| 20 | 敷面霜 | 屬合格保養製品 | | |
| 21 | 化妝水 | 屬合格保養製品 | | |
| 22 | 乳液或面霜 | 屬合格保養製品 | | |
| 23 | 護手霜 | 屬合格保養製品 | | |
| 24 | 脫毛蠟 | 屬合格保養製品 | | 冷蠟、附刮棒 |
| 25 | 消炎化妝水 | 屬合格保養製品 | | |
| 26 | 脫毛布 | | 適量 | 脫毛用 |
| 27 | 痱子粉 | 屬合格保養製品 | | |

**測驗時間：共105分鐘（分爲七個階段進行）**

應檢前要完成下列準備工作：

1.應檢人的儀容必須整潔並穿妥工作服、戴上口罩。
2.模特兒換妥美容衣並穿上紙拖鞋。
3.將一條濕的白毛巾放入蒸氣消毒箱內。
4.小臉盆內先放置二個洗臉海綿並加水備用。

## 護膚技能操作前應注意事項

1.過程中依膚質正確的使用化妝品，自備之化妝品應符合規定。
2.取用瓶罐裝之產品時，應用清潔的挖杓取出。
3.水狀液體產品應先倒在化粧棉或紗布上再塗抹到顧客皮膚上。
4.化妝品用畢後，應隨即蓋上蓋子。
5.面紙、化妝棉須適當摺理後方可使用，用畢應即丟入垃圾袋內。
6.應檢人應著淺色工作服，頭髮與雙手應清潔，指甲須剪短且手上無任何飾物。
7.操作者與模特兒應保持適當之距離且坐時不可彎腰駝背。
8.可重複使用之器具用畢應隨即放入待消毒物品袋內。
9.應檢時，若有物品掉落應以乾淨的紙撿拾起再放入待消毒物品袋或垃圾袋內。
10.應檢時或待考時應保持肅靜及良好的個人衛生行為。
11.進行應檢的整個過程都必須戴口罩，且口罩需遮住口、鼻。
12.應檢人之手部指甲須剪短，且過程中不可戴戒子與手鍊（環）。

## 第一階段：工作前準備及顧客皮膚資料卡（時間15分鐘）

## 第二階段：評審評分（時間5分鐘）

### 注意事項

1. 美容椅上應備有清潔之罩單，使模特兒皮膚不直接接觸美容椅，浴巾及毛巾尺寸大小應符合規定，室內應穿著紙脫鞋。
2. 模特兒應穿著美容衣，頭髮、肩頸、前胸、足部均應有毛巾之適當保護及符合衛生之要求。
3. 工作車上之產品及工具清潔擺設整齊。
4. 垃圾袋及待消毒物品袋之大小應符合規定（20×30公分，50×60公分）。
5. 用酒精棉球做手部清潔。
6. 先用眼部卸妝液（棉）做重點卸妝（眼部、唇部），再取用適量清潔霜做臉、耳、頸、肩、前胸等部位清潔，然後以面紙拭淨。
7. 卸妝後，才可依顧客皮膚性質填寫顧客資料卡。
8. 顧客皮膚資料卡中的使用程序，特殊保養品若有標示時必須寫出產品的名稱。
9. 第二階段評審審核顧客皮膚資料卡的時間，所以考生此時不作任何動作。

## 應檢流程

鋪美容床：淺素色大毛巾尺寸長度為200公分2條（一條必須要能完全蓋住美容床，一條要能蓋住顧客全身）、淺素色小毛巾尺寸為80公分長，共計9條（肩頸部1條、包頭1條、胸前2條、手部1條、小腿1條、足部2條）及一條白色小毛巾。

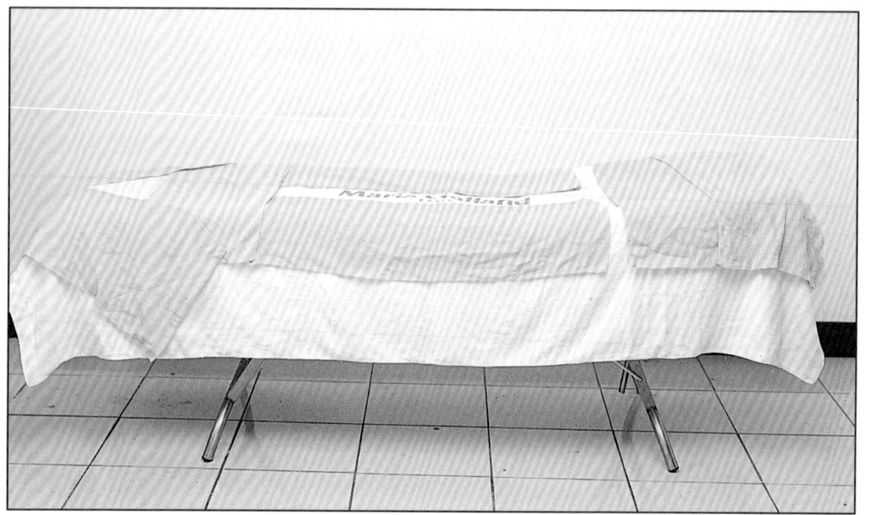

◆鋪床

PS：胸前2條—1條做胸前保護、1條為去角質時需要用的（最好在此階段先放在胸前，以免去角質時忘記）。手部1條—為手部保養時所需要。足部2條—1腳包裹1條。小腿1條—為脫毛時所需要。

將紙脫鞋放置在美容床下。

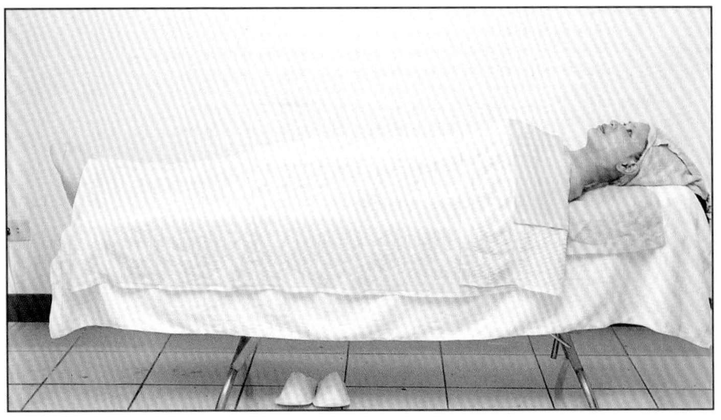

◆模特兒的安全保護

3 美容產品及工具、垃圾袋、待消毒物品袋的正確擺設。

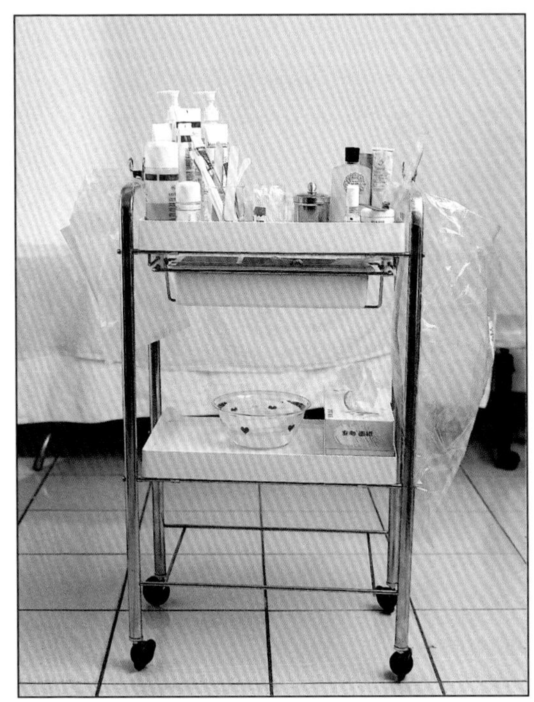

◆化妝品及垃圾袋、待消毒物品袋的擺設

操作前先做手部消毒（以酒精棉球消毒手部）→重點卸妝（眼、唇）→臉部卸妝（臉、頸、肩、前胸、耳朵）→化妝紙擦拭乾淨→化妝水擦拭。

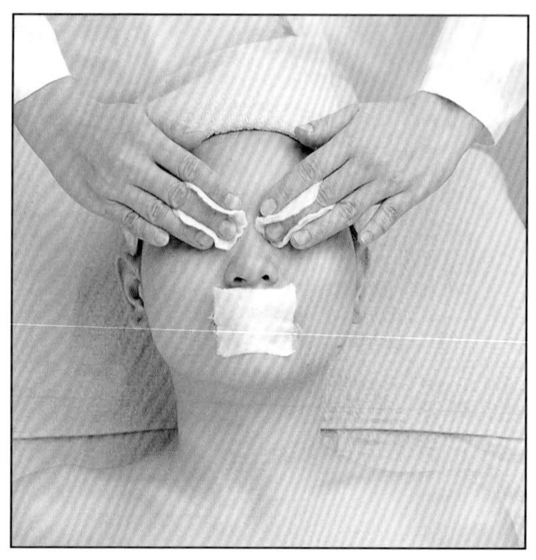

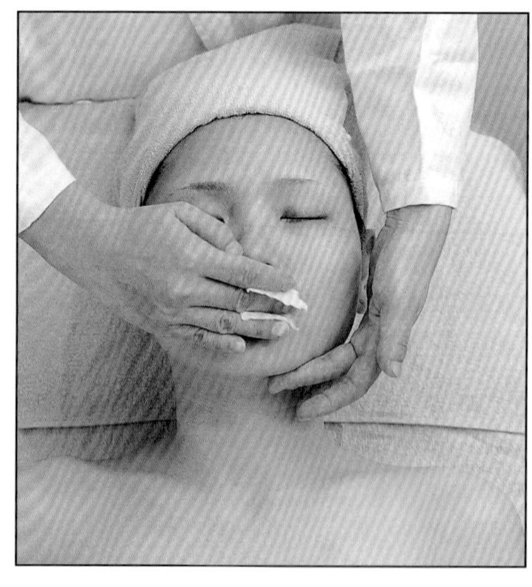

◆重點卸妝

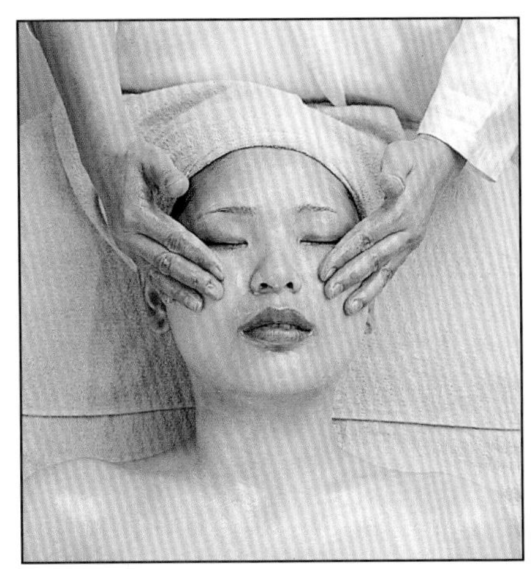
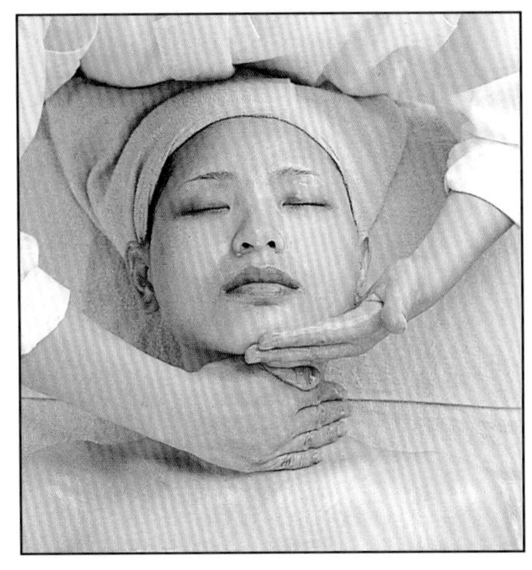

◆臉、頸部卸妝

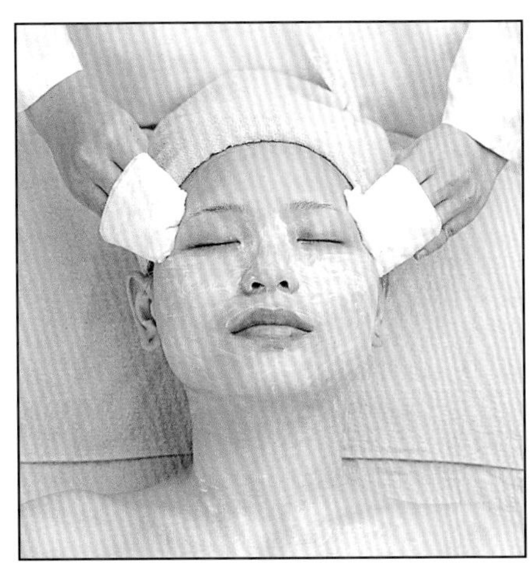

◆化妝紙擦拭

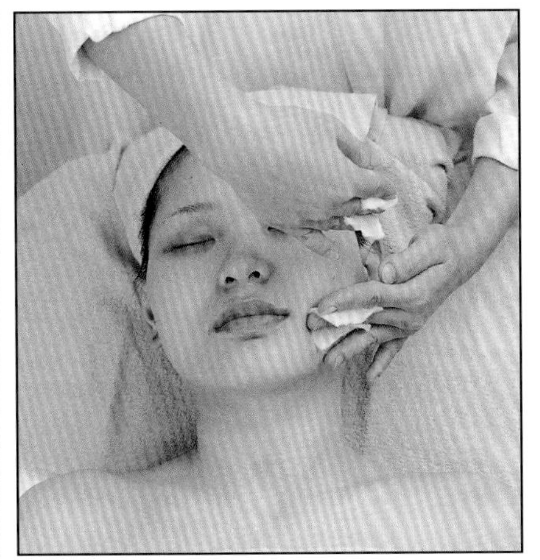

◆化妝水擦拭

# 美容乙級技術士技能檢定術科測驗美容技能測驗用卷

## 一、顧客皮膚資料卡（發給應檢人）

術科編號：＿＿＿＿　　組別：□A □B □C □D （請勾選）

| 顧客姓名 | | 建卡日期 | | 婚姻 | □已婚 □未婚 |
|---|---|---|---|---|---|
| | | 電　　話 | | | |
| 通訊地址 | | | | 年齡 | 歲 |
| 職業別 | □1.學生　□2.職業婦女<br>□3.家庭主婦　□4.其他 | | | | |
| 皮膚類型 | □1.中性　□2.油性<br>□3.乾性　□4.混合性 | | | | |
| 1.皮膚狀況 | 請於下列表中勾出模特兒皮膚狀態，並在圖片上表示出來。 | | | | |
| 2.保養程序 | 根據模特兒皮膚類型與狀況，選用下列化妝品，並以化妝品前編號寫出使用程序：1.特殊保養品（請自行寫出），2.按摩霜，3.去角質霜，4.乳液（或面霜），5.敷面霜，6.清潔用品，7.化妝水。 | | | | |
| 3.居家保養之建議事項 | 1.保養品使用方面：<br>2.飲食起居方面： | | | | |

| 皮膚狀況 | 項　　目 | 表示符號 |
|---|---|---|
| | 粉　　刺 | 以"○"表示出。 |
| | 毛孔粗大 | 以"●"表示出。 |
| | 痤　　瘡 | 以"×"表示出。 |
| | 黑 雀 斑 | 以"△"表示出。 |
| | 敏　　感 | 以"*"表示出。 |
| | 皺　　紋 | 以"／"表示出。 |
| | 乾　　燥 | 以"#"表示出。 |

◆監評人員簽章：　　　　承辦單位簽章：

美容乙級技術士技能檢定術科測驗美容技能測驗用卷

## 一、顧客皮膚資料卡（發給應檢人）

術科編號：28　　　　組別：□A ☑B □C □D（請勾選）

<table>
<tr><td>顧客姓名</td><td>許婉玲</td><td>建卡日期</td><td>93.6.4</td><td rowspan="2">婚姻</td><td rowspan="2">□已婚<br>☑未婚</td></tr>
<tr><td></td><td></td><td>電　話</td><td>87802616</td></tr>
<tr><td>通訊地址</td><td colspan="3">台北市光復南路505號5樓</td><td>年齡</td><td>17歲</td></tr>
<tr><td>職業別</td><td colspan="5">☑1.學生　□2.職業婦女<br>□3.家庭主婦　□4.其他</td></tr>
<tr><td>皮膚類型</td><td colspan="5">☑1.中性　□2.油性<br>□3.乾性　□4.混合性</td></tr>
<tr><td>1.皮膚狀況</td><td colspan="5">請於下列表中勾出模特兒皮膚狀態，<br>並在圖片上表示出來。<br>
<table>
<tr><td>皮膚狀況</td><td>項　目</td><td>表示記號</td></tr>
<tr><td>v</td><td>粉　刺</td><td>以“○”表示出。</td></tr>
<tr><td></td><td>毛孔粗大</td><td>以“●”表示出。</td></tr>
<tr><td></td><td>痤　瘡</td><td>以“×”表示出。</td></tr>
<tr><td></td><td>黑雀斑</td><td>以“△”表示出。</td></tr>
<tr><td></td><td>敏　感</td><td>以“*”表示出。</td></tr>
<tr><td></td><td>皺　紋</td><td>以“／”表示出。</td></tr>
<tr><td></td><td>乾　燥</td><td>以“#”表示出。</td></tr>
</table></td></tr>
<tr><td>2.保養程序</td><td colspan="5">根據模特兒皮膚類型與狀況，選用下列化妝品，並以化妝品前編號寫出使用程序：1.特殊保養品（請自行寫出），2.按摩霜；3.去角質霜，4.乳液（或面霜），5.敷面霜，6.清潔用品，7.化妝水。<br>6→7→3→2→5→7→4</td></tr>
<tr><td>3.居家保養之建議事項</td><td colspan="5">1.保養品使用方面：（1）依季節選擇保養品（2）夏季選擇清爽性保養品（3）冬季選擇滋潤性保養品（4）加強皮膚清潔。<br>2.飲食起居方面：（1）注意皮膚潔淨（2）少吃刺激性食物（3）多吃含維他命食物（4）多吃含VitB<sub>2</sub>.B<sub>6</sub>.A等食物。</td></tr>
</table>

◆監評人員簽章：　　　　承辦單位簽章：

# 第三階段：去角質及海綿清潔 (時間10分鐘)

## 注意事項

1. 進行去角質前必須先用一條小毛巾蓋住模特兒的耳部及頸部。
2. 取適量之角質霜塗抹臉部（眼唇除外），角質霜不限霜狀，膠狀亦可。
3. 進行去角質的操作時，必須順肌肉紋理、力道不宜太重、速度不可太快且不可牽動。
4. 當去角質工作完成後必須先用大型修容刷將臉部的角質屑清除至毛巾上，然後再將小毛巾捲起並丟置待消毒物品袋內。
5. 用海綿洗臉時其含水量不可過多且擦拭的程序亦必須順肌肉紋理的方向。
6. 海綿洗臉涵蓋部位：臉部、頸部、肩膀、前胸部及耳朵。
7. 當海綿清洗皮膚後，最好再用化妝水擦拭皮膚。

## 應檢流程

取適量去角質塗抹全臉，且需依肌肉紋理以「搓」的方法操作。

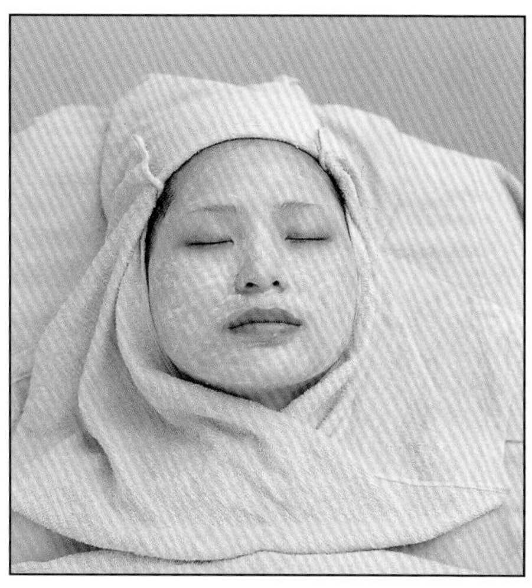

◆去角質均勻塗抹

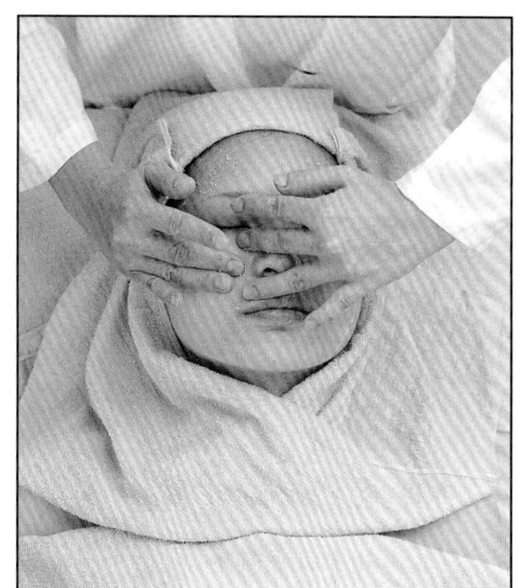

◆搓的方向

2 去角質時，力道不可太重，速度不可太快且不可牽動皮膚，需順肌肉紋理來操作（由裡往外，一手固定，一手往外搓）。

3 操作去角質前，需先用顧客胸前中的一條毛巾來蓋住顧客耳部及頸部，以防止去角質屑掉落至顧客的頸部、耳部及美容床，用海綿清洗前，需將臉上的角質屑清除至毛巾上，並將毛巾由顧客右方捲至左方，再丟入待消毒物品袋內。

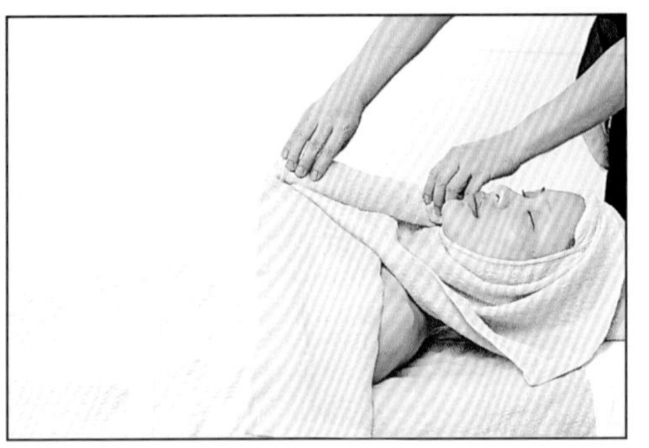

◆用大刷子刷除殘留在臉上的角質屑。

◆捲毛巾的方向

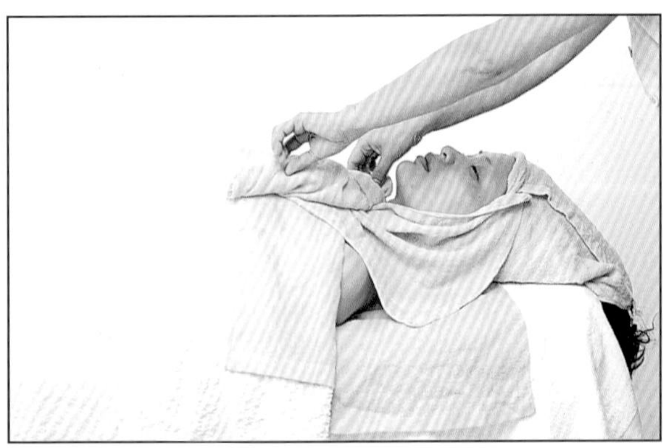

海綿洗臉之部位包括：臉部、肩頸部、前胸部及耳部。

海綿的水分不可滴落在顧客臉上，且操作時，臉上的程序需由上往下（額部→眼部→鼻子、嘴角→頰部→頸部→耳部），動作由裡往外。

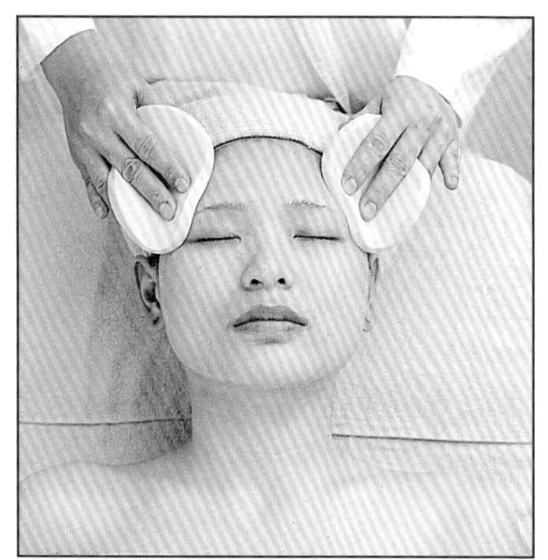

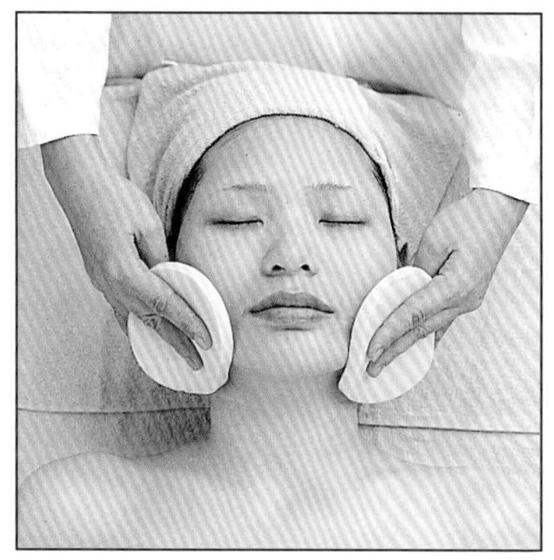

◆海綿的清洗

海綿清洗過後，需用化妝水擦拭。

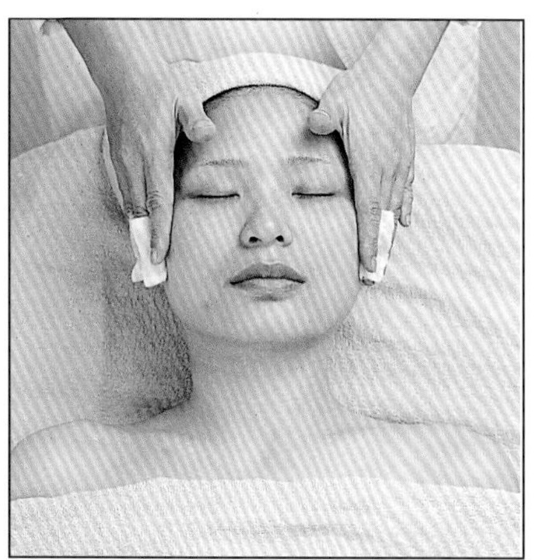

◆化妝水擦拭

# 第四階段：按摩（時間20分鐘）

## 注意事項

1.手部按摩20分鐘是從均勻塗抹按摩霜開始計算，均勻塗抹的部位含臉部、頸部、肩部、前胸及耳朵部位的皮膚。

2.進行按摩的部位必須涵蓋臉部、頸部、肩部、前胸部及耳朵。

3.臉部按摩包括額、眼、鼻、唇、頰及下顎等六個部位。

4.每個部位的按摩均須展現至少三種不同的按摩動作。

5.進行按摩時必須注意按摩的方向、力道、速度、壓點、連貫性、服貼感及熟練度。

6.按摩結束後可先用化妝紙徹底清除按摩霜，最後可再用化妝水擦拭。

## 應檢流程

按摩霜需均勻塗抹全臉、肩頸部、前胸部及耳部，按摩後要徹底清除乾淨，並用化妝水擦拭。

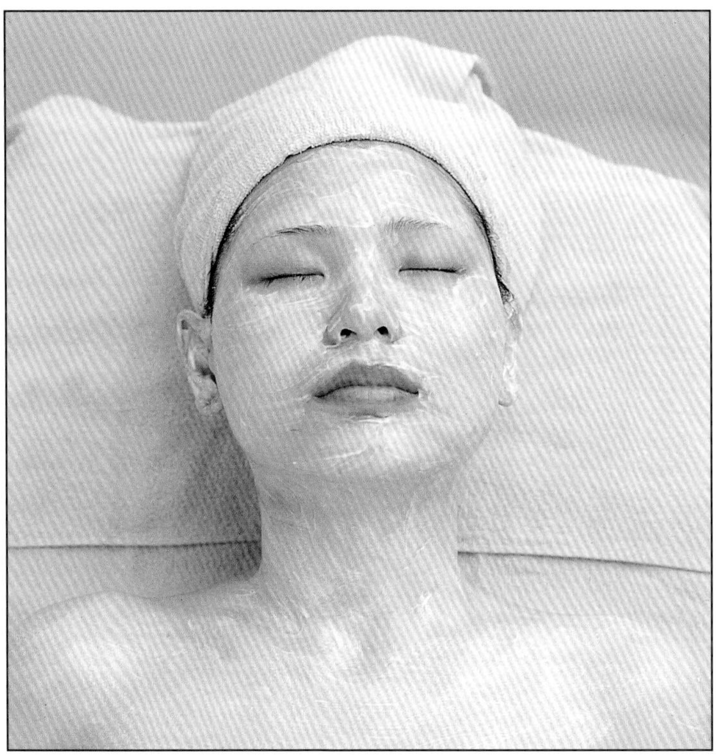

◆均勻塗抹按摩霜

2 按摩時，需以指腹按摩，絕不可用指尖按摩。

3 20分鐘內按摩的部位包括：額部、眼部、鼻子、嘴角、頰部、下額、頸部、肩部及前胸部、耳部等。

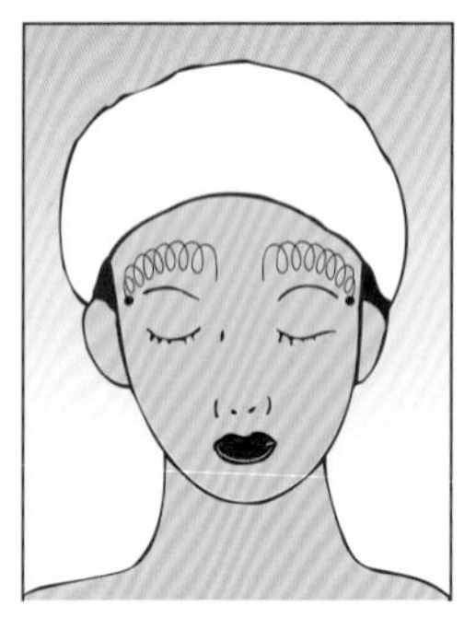

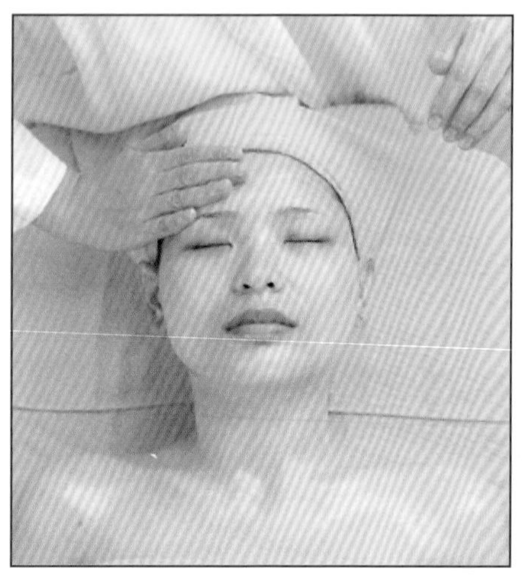

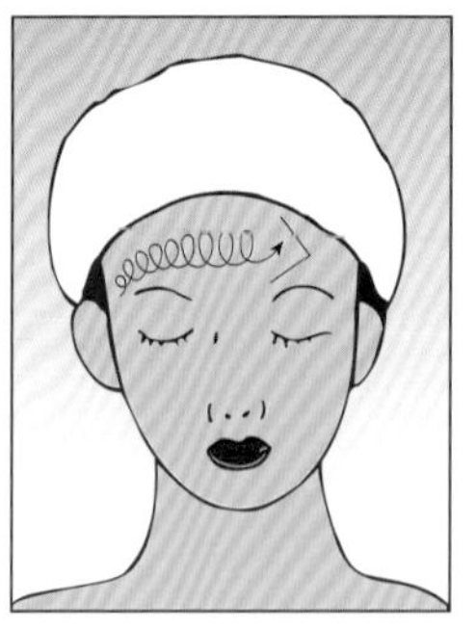

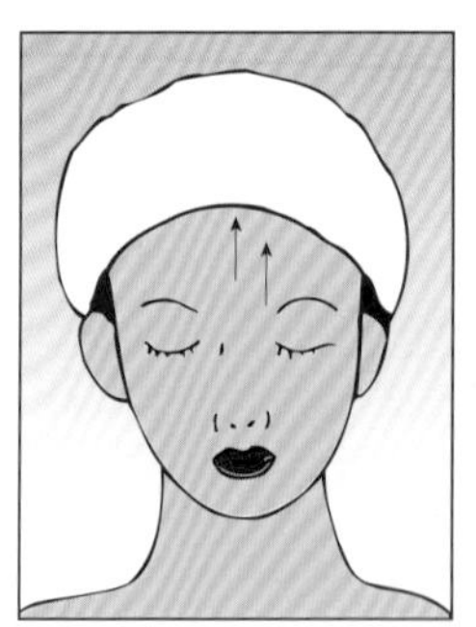

◆額部按摩

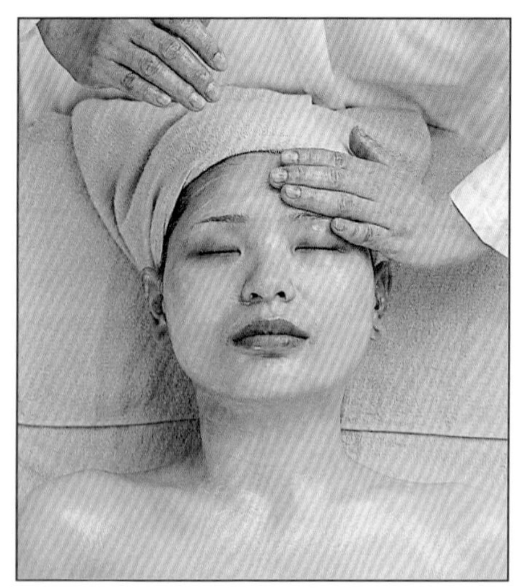

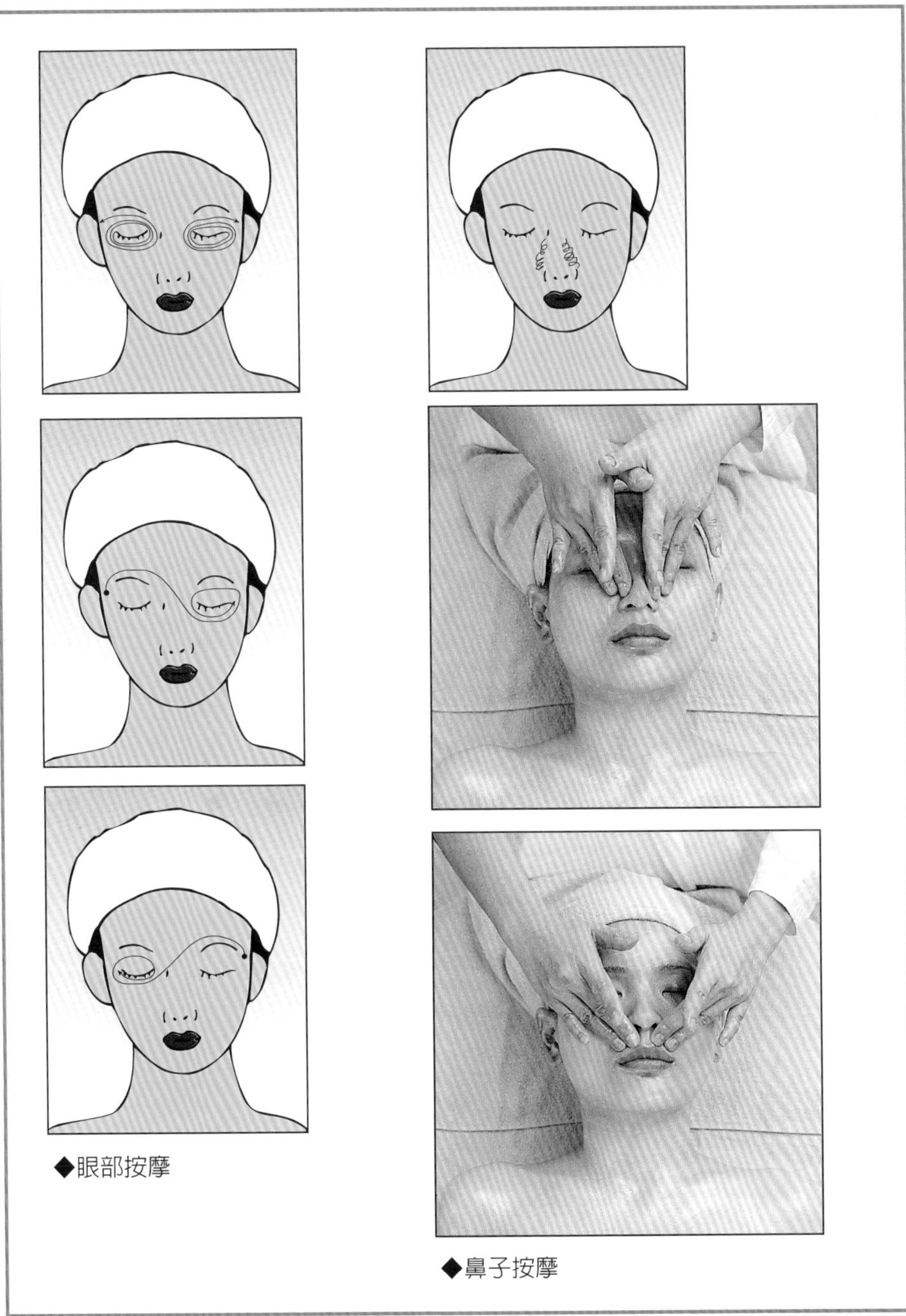

◆眼部按摩

◆鼻子按摩

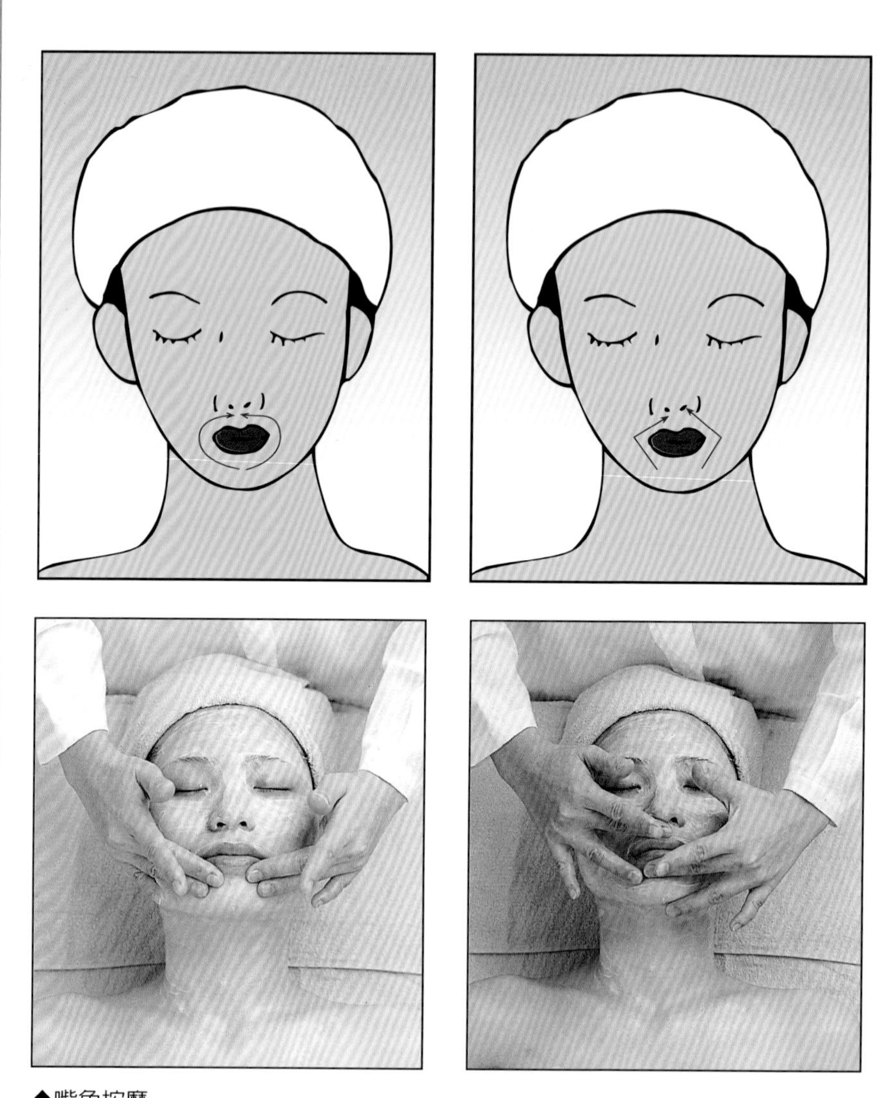

◆嘴角按摩

◆頰部按摩

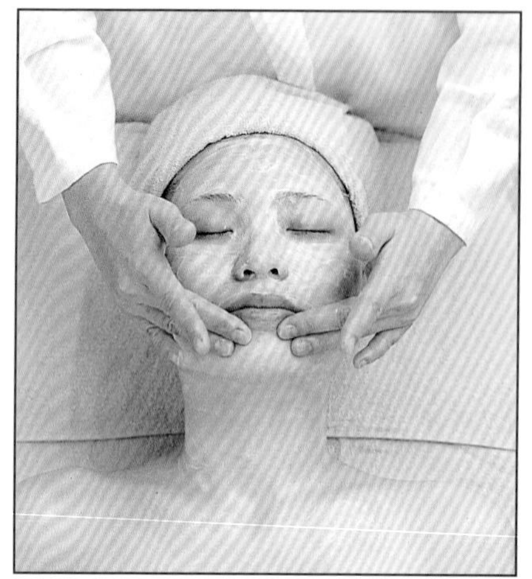

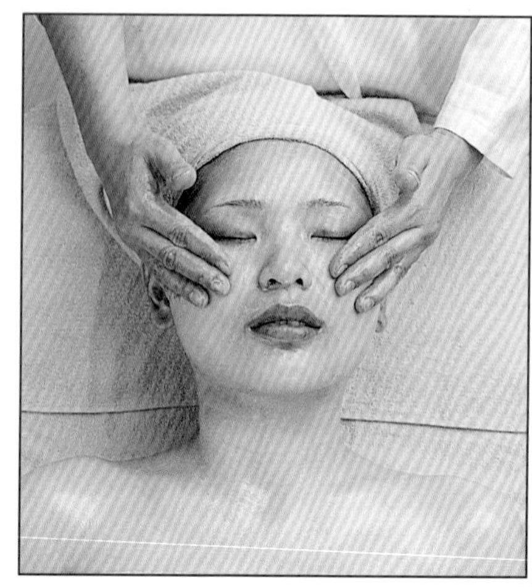

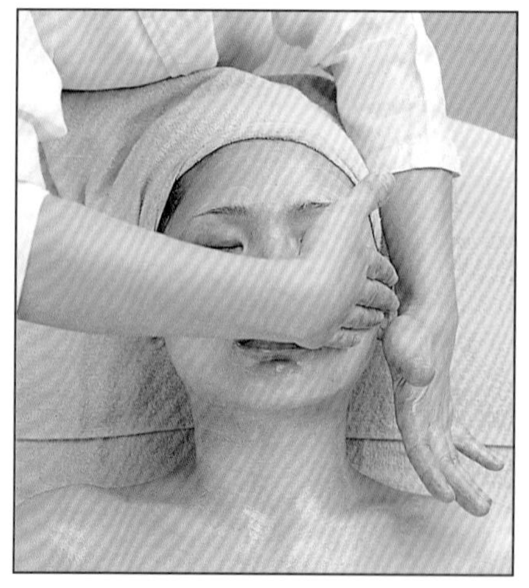

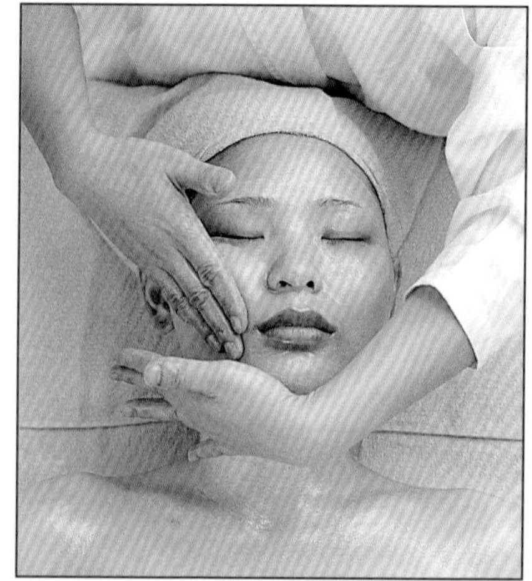

◆頰部按摩（續）

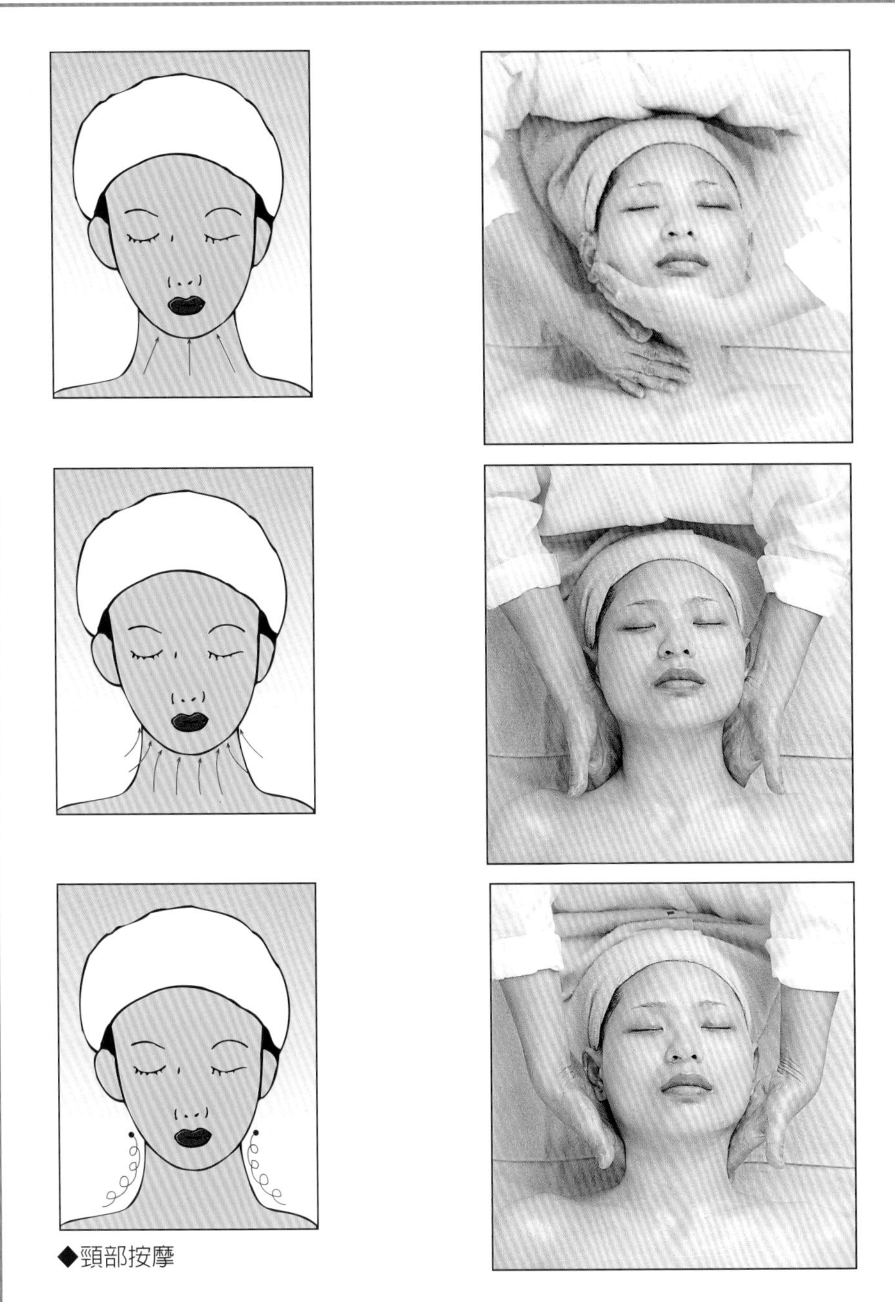

◆頸部按摩

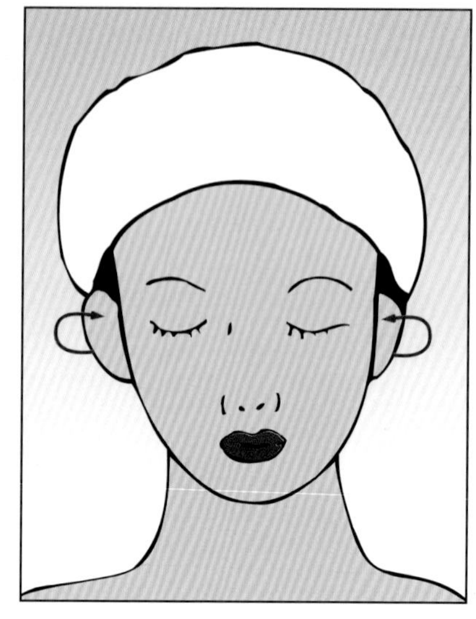

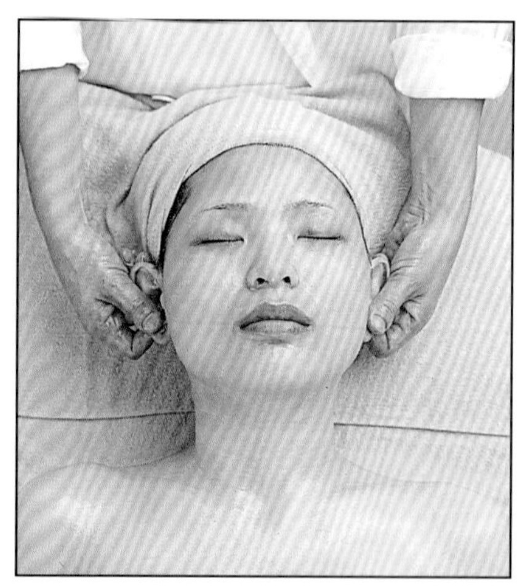

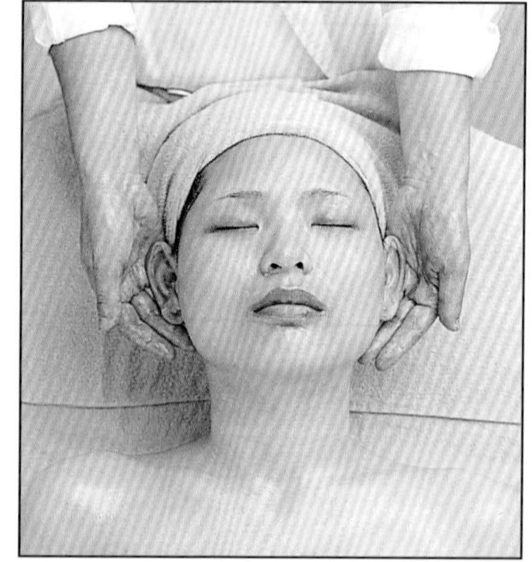

◆耳部按摩

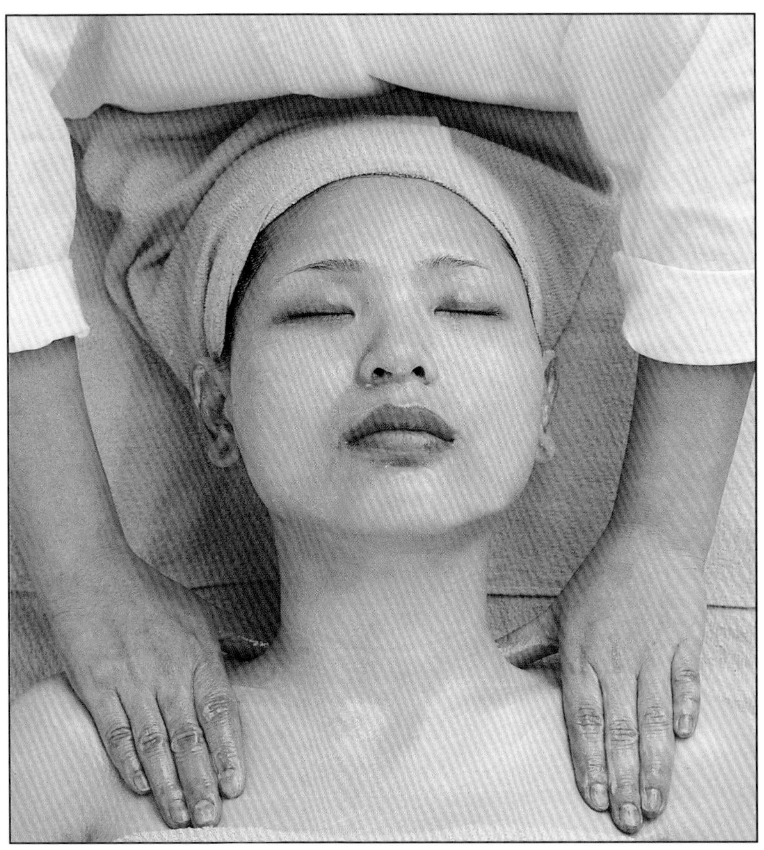

◆前胸按摩

按摩時，不可將模特兒的頭、頸部左右晃動，且需在時間內完成，並包括面紙的擦拭乾淨及化妝水的擦拭。

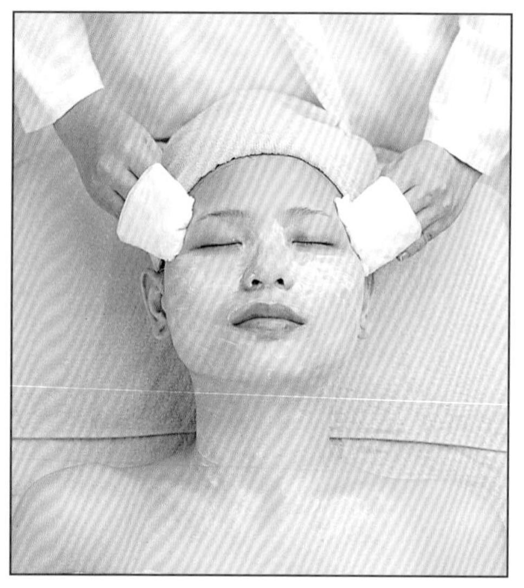

◆清除按摩霜

5 方向、力道、速度、壓點、服貼度、熟練度、指腹的運用及按摩的技巧等尤其重要，應避免表現出有爭議性的動作。

6 頸部、肩部、前胸部及耳部不可忘記操作按摩。

7 每個部位的按摩需呈現出三種不同的動作。

8 按摩動作的種類例如：輕、拍、撫、扣、揉捏等。

PS：因按摩手法的種類繁多，每個部位按摩只展示三種，僅供參考。

## 第五階段：蒸臉、顏面頸部肌肉及顏面頸部骨骼分布圖（時間15分鐘）

### 注意事項

1.測試前由評審長公開徵求一位應檢人員先抽選顏面頸部肌肉分布圖或顏面頸部骨骼分布圖後（二選一），再抽選5個試題題號，然後才進行測試。

2.進行蒸臉操作的時間共有15分鐘。

3.進行蒸臉前必須先用已沾濕的化妝棉墊覆蓋在模特兒的眼部。

4.使用蒸臉器時必須注意儀器操作的前後順序。

5.未確認蒸氣噴出正常前，噴口不得對準顧客臉部。

6.進行蒸臉時必須注意噴頭與模特兒臉部的距離。

7.收妥蒸臉器後，須先進行手部消毒再以面紙擦拭顧客臉上的水珠。

8.在填寫顏面頸部肌肉分布圖或顏面頸部骨骼分布圖的名稱時必須用原子筆作答，答案可自行決定要寫中文或原文，但填寫後不得再塗改，若有塗改的部位則不予計分。

## 應檢流程

### 蒸臉器正確操作法

1 先低頭檢視水量，再插插頭。

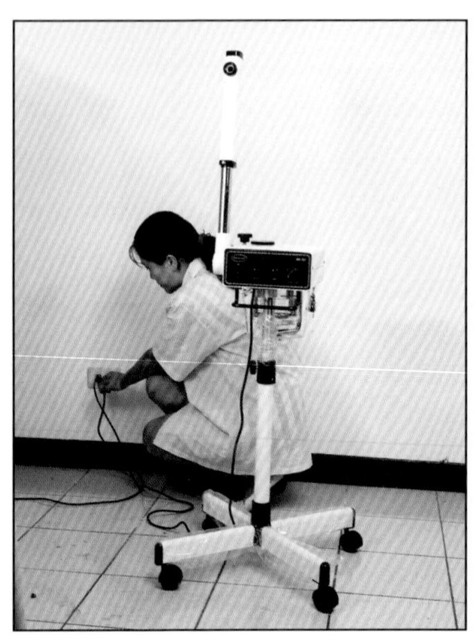

◆插插頭

2 噴頭轉至客與顧客腿部平行。

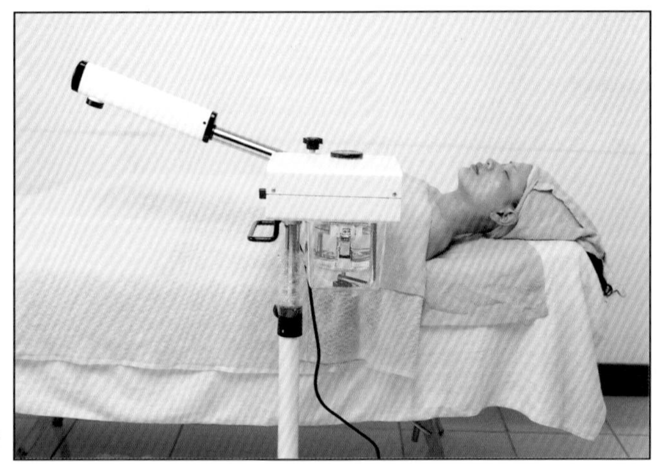

◆噴頭與腿部平行

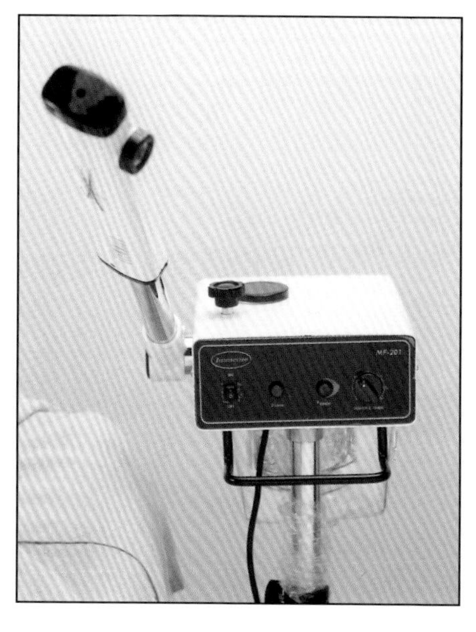

3 打開電源，進行手部消毒，再以濕的化妝棉墊保護雙眼。

◆打開電源開關

4 當蒸氣已噴出時，再開臭氧燈並用面紙測試水量，確認蒸氣噴出是否正常？

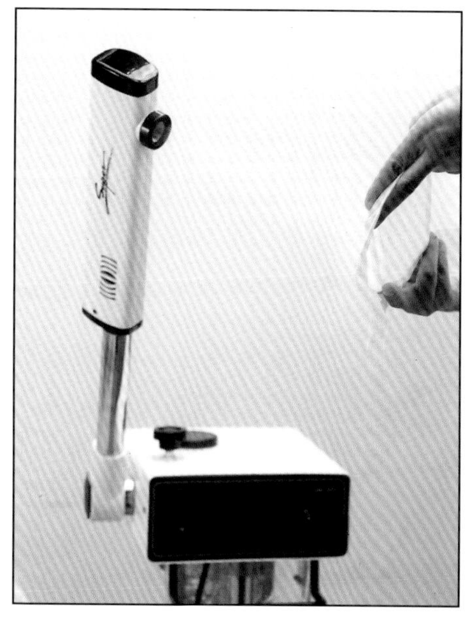

◆當蒸氣已噴出時，再開臭氧燈並以一張面紙測試之

喷口轉向顧客臉部，距離約40公分，蒸臉時間到，推開噴頭與顧客腿部平行。

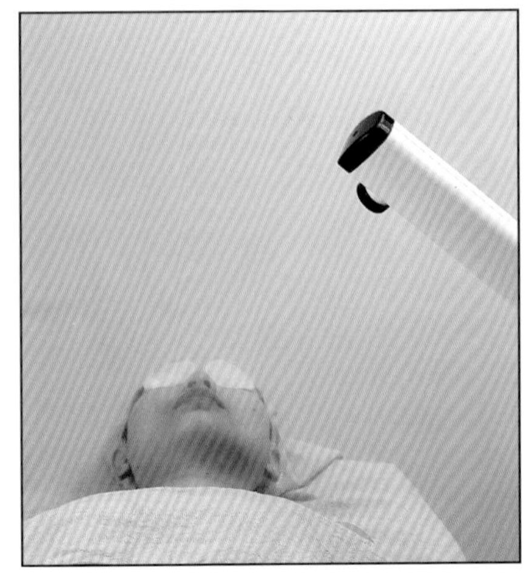

◆噴頭轉向臉部，噴頭至臉部距離約40公分

關掉臭氧燈，關掉開關，拔下插頭，收妥蒸臉器。

進行手部消毒後，再用一張化妝紙擦拭模特兒臉上的水珠。

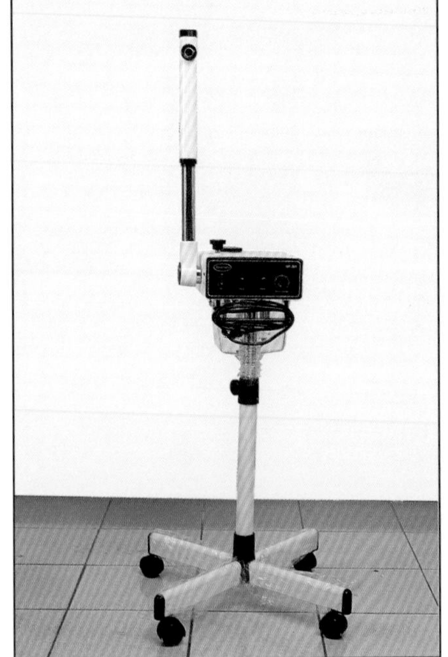

◆拔下插頭將電線放妥並推至不妨礙工作處，以免絆倒他人

PS：噴頭至臉部距離約一個手肘的長度。

## 顏面頸部肌肉分布圖答案

| 題　　號 | 中文名稱 | 原文名稱 |
|---|---|---|
| 1 | 額肌 | Frontalis |
| 2 | 眼輪匝肌 | Orbicularis Oculis |
| 3 | 顴肌 | Zygomaticus |
| 4 | 頰肌 | Buccinator |
| 5 | 口輪匝肌 | Orbicularis Oris |
| 6 | 下唇舌肌（下唇方肌） | Depressor Labii Inferioris |
| 7 | 嚼肌 | Masseter |
| 8 | 闊頸肌（頸闊肌） | Platysma |
| 9 | 胸鎖乳突肌 | Sternomastoid |
| 10 | 顳肌 | Temporalis |
| 11 | 枕肌（枕骨肌） | Occipitalis |
| 12 | 頦肌 | Mentalis |
| 13 | 斜方肌 | Trapezius |
| 14 | 胸大肌（大胸肌） | Pectoralis Major |
| 15 | 三角肌 | Deltoid |

顏面頸部肌肉分布圖（發給應檢人）

術科編號：________________ 組別：□A □B □C □D（請勾選）

檢定日期：____年____月____日

試題：填寫抽選號碼及正確肌肉名稱於下列空格內

測驗時間：5分鐘

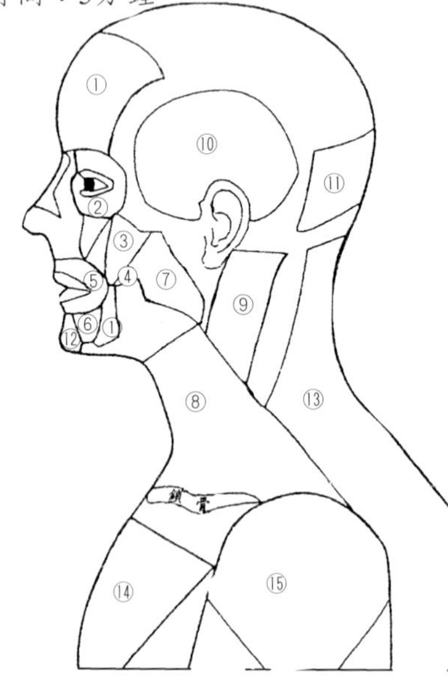


說明：

1.由評審長當場遴選一名應選人代表，抽出五個號碼，請應檢人依序將抽籤號碼數字填寫在「抽選號碼」格中。

2.將各抽選號碼的肌肉名稱（中文或原文）填寫在「肌肉名稱」格中。

備註：

1.評分表以"○""×"表示每題評審結果。

2.答對一題得一分，滿分為五分。

3.請使用原子筆作答，並不得塗改。

4.本表每位應檢人只有一張，請小心填寫。

| 題目序號 | 抽選號碼 | 肌肉名稱 | 評分結果 | |
|---|---|---|---|---|
| | | | ○ | × |
| 1 | | | | |
| 2 | | | | |
| 3 | | | | |
| 4 | | | | |
| 5 | | | | |
| 得 | | 分 | | |

評審長簽章：________________

例：顏面頸部肌肉分布圖（填寫方式）

術科編號：28 組別：□A ☑B □C □D（請勾選）

檢定日期：93 年 6 月 4 日

試題：填寫抽選號碼及正確肌肉名稱於下列空格內

測驗時間：5分鐘

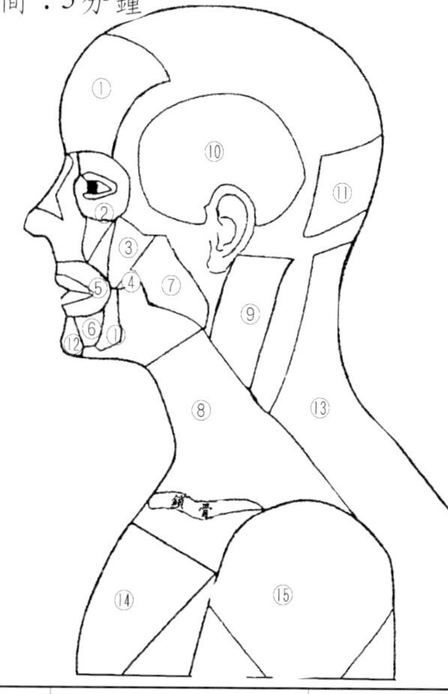


說明：

1. 由評審長當場遴選一名應選人代表，抽出五個號碼，請應檢人依序將抽籤號碼數字填寫在「抽選號碼」格中。
2. 將各抽選號碼的肌肉名稱（中文或原文）填寫在「肌肉名稱」格中。

| 題目序號 | 抽選號碼 | 肌　肉　名　稱 | 評分結果 ○ | 評分結果 × |
|---|---|---|---|---|
| 1 | 3 | 顴肌 | | |
| 2 | 6 | 下唇舌肌(下唇方肌) | | |
| 3 | 5 | 口輪匝肌 | | |
| 4 | 10 | 顳肌 | | |
| 5 | 15 | 三角肌 | | |
| 得　　分 | | | | |

評審長簽章：______________

備註：

1. 評分表以"○""×"表示每題評審結果。
2. 答對一題得一分，滿分為五分。
3. 請使用原子筆作答，並不得塗改。
4. 本表每位應檢人只有一張，請小心填寫。

## 顏面頸部骨骼分布圖答案

| 題　號 | 中文名稱 | 原文名稱 |
|---|---|---|
| 1 | 頂骨 | Parietal bone |
| 2 | 枕骨 | Occipital bone |
| 3 | 顳骨 | Temporal bone |
| 4 | 頸椎骨 | Cervical Vertebra |
| 5 | 額骨 | Frontal bone |
| 6 | 淚骨 | Lacrimal bone |
| 7 | 篩骨 | Ethmoid bone |
| 8 | 蝶骨 | Sphenoid bone |
| 9 | 鼻骨 | Nasal bone |
| 10 | 顴骨 | Zygomatic bone |
| 11 | 上頜骨（上頷骨） | Maxilla |
| 12 | 下頜骨（下頷骨） | Mandible |
| 13 | 乳突 | Mastoid Process |
| 14 | 外耳道 | External Auditory Meatus |
| 15 | 下頜骨角尖（下頷骨角尖） | Mandibular Angle |

顏面頸部骨骼分布圖（發給應檢人）

檢定編號：＿＿＿＿＿＿＿　組別：□A □B □C □D（請勾選）

檢定日期：＿＿年＿＿月＿＿日

試　題：填寫抽選號碼及正確骨骼名稱於下列空格內。

測驗時間：5分鐘。

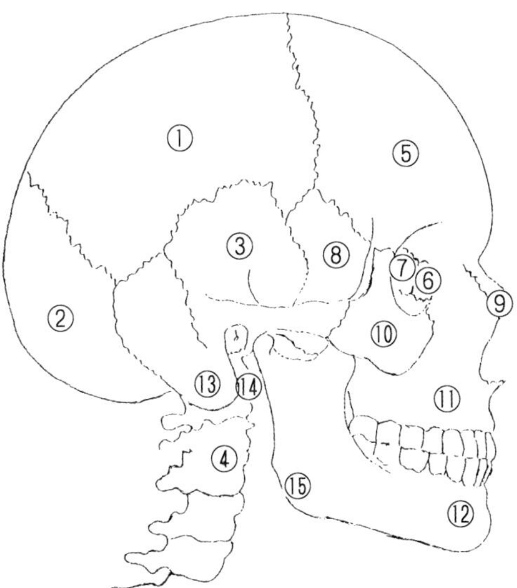


說明：

1.由評審長當場遴選一名應檢人代表，抽出五個號碼，請應檢人依序將抽籤號碼數字填寫在「抽選號碼」格中。

2.將各抽選號碼的骨骼名稱（中文或原文）填寫在「骨骼名稱」格中。

| 題目序號 | 抽選號碼 | 骨骼名稱 | 評分結果 | |
|---|---|---|---|---|
| | | | ○ | × |
| 1 | | | | |
| 2 | | | | |
| 3 | | | | |
| 4 | | | | |
| 5 | | | | |
| 得　　分 | | | | |

評審長簽章：＿＿＿＿＿＿＿

備註：

1.評分表內以“○”“×”表示評審結果。

2.答對一題得一分，滿分為五分。

3.請使用原子筆作答，並不得塗改。

4.本表每位應檢人只有一張，請小心填寫。

例：顏面頸部骨骼分布圖（填寫方式）：

檢定編號：28　　組別：□A ☑B □C □D（請勾選）

檢定日期：93 年 6 月 4 日

試　題：填寫抽選號碼及正確骨骼名稱於下列空格內。

測驗時間：5分鐘。

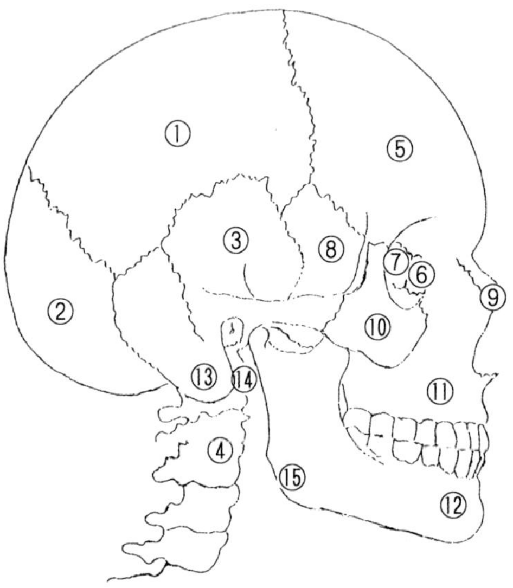


| 題目序號 | 抽選號碼 | 骨骼名稱 | 評分結果 | |
|---|---|---|---|---|
| | | | ○ | × |
| 1 | 2 | 枕骨 | | |
| 2 | 6 | 淚骨 | | |
| 3 | 8 | 蝶骨 | | |
| 4 | 13 | 乳突 | | |
| 5 | 15 | 下頷骨角尖 | | |
| 得分 | | | | |

評審長簽章：＿＿＿＿＿＿

說明：

1. 由評審長當場遴選一名應檢人代表，抽出五個號碼，請應檢人依序將抽籤號碼數字填寫在「抽選號碼」格中。
2. 將各抽選號碼的骨骼名稱（中文或原文）填寫在「骨骼名稱」格中。

備註：

1. 評分表內以“○”“×”表示評審結果。
2. 答對一題得一分，滿分為五分。
3. 請使用原子筆作答，並不得塗改。
4. 本表每位應檢人只有一張，請小心填寫。

# 第六階段：敷面及手部保養（時間25分鐘）

## 注意事項

1. 測試前由評審長公開徵求一位應檢人員抽選出左手或右手，做為手部保養測試之題目。
2. 此階段操作程序為：a.先塗抹敷面霜，待敷面霜塗抹完畢並舉手向評審示意。b.進行手部保養。c.取毛巾擦拭臉、頸部。d.塗抹基礎保養。
3. 進行敷面時應檢人可選用一種或一種以上的敷面劑為模特兒塗抹，但不得使用透明的敷面劑。
4. 敷面劑塗抹的部位包含臉部及頸部，但眼、口、鼻部必須留白，進行塗抹敷面霜時必須注意塗抹的方向。
5. 敷面劑塗抹完畢後應立即舉手向評審人員示意並接受評分，至於要擦拭時則可用熱毛巾或用拋棄型紙巾替代。
6. 使用毛巾擦拭敷面劑時必須注意操作的方向。
7. 當敷面劑完全清除後必須隨即塗抹基礎保養。
8. 基礎保養係指化妝水、乳液或面霜。
9. 應檢人員依抽選決定為模特兒進行左手或右手的手部保養，但其操作的部位涵蓋手臂、手掌及手指的皮膚。
10. 進行手部保養時，若選用按摩霜進行手部按摩則必須先用化妝水為顧客手部皮膚做清潔。
11. 當手部按摩完成後可先用化妝紙及化妝水清除，然後再塗抹乳液或護手霜。
12. 若選用護手霜做手部按摩，則按摩後只須用化妝紙將多餘的護手霜按擦乾淨即可。
13. 進行手部保養時至少必須呈現三種不同的按摩手法。

## 應檢流程

### 敷面

敷面包含臉部與頸部（臉部—由裡往外，頸部—由下往上，而口、鼻、眼眶、髮際等處需要留白）。

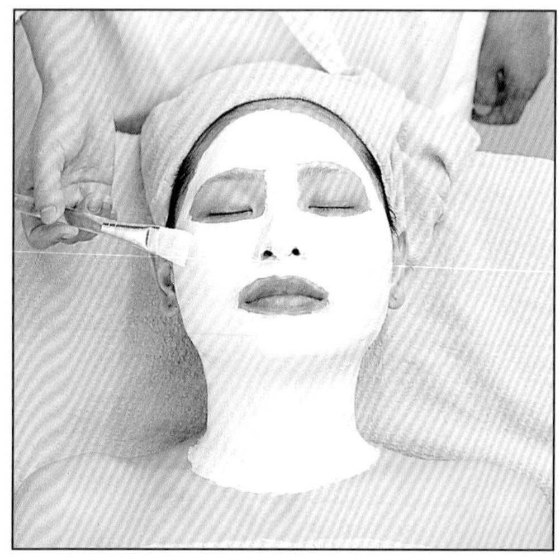

◆頰部方向

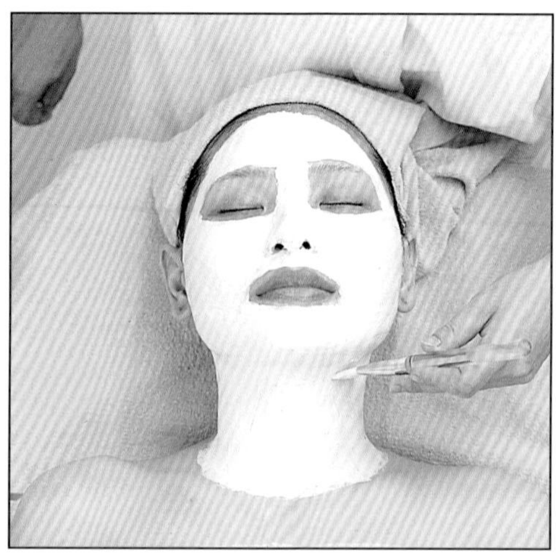

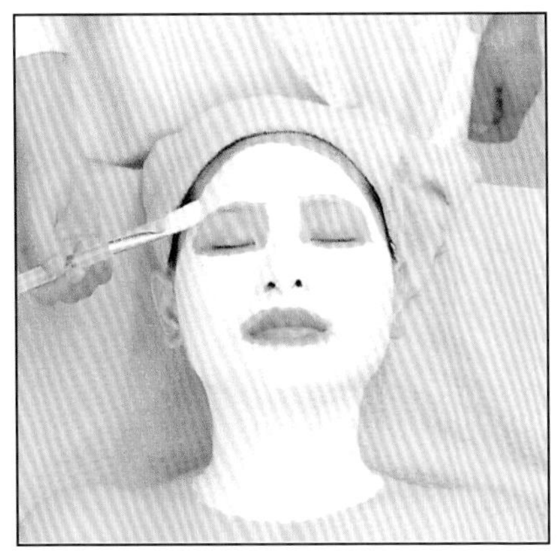
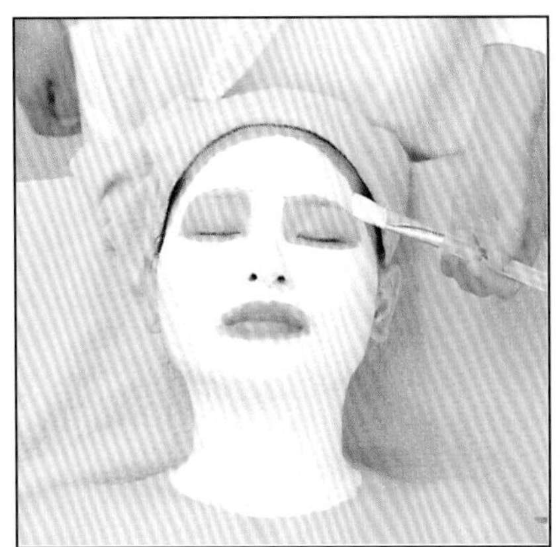

◆額部方向

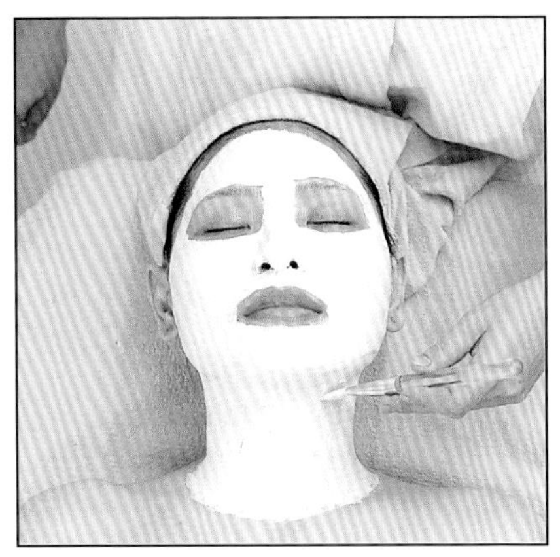

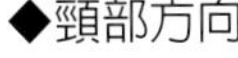
◆頸部方向

2 絕不可使用透明敷面劑。

3 熱毛巾擦拭順序為額部→頰部→鼻子→下巴→頸部。

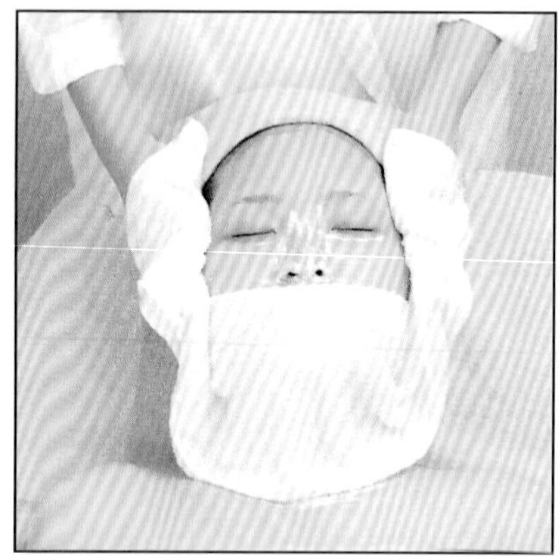

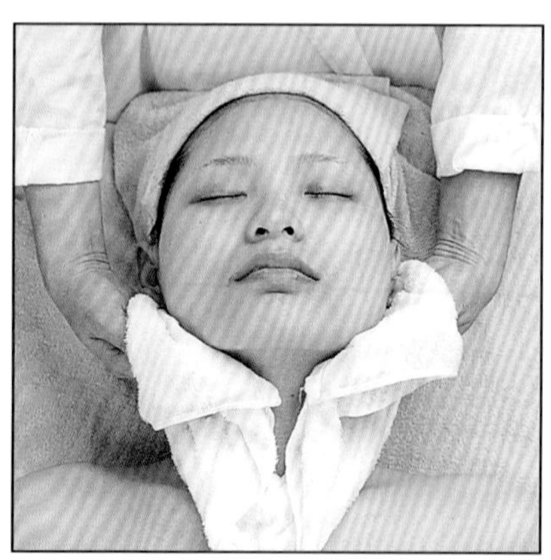

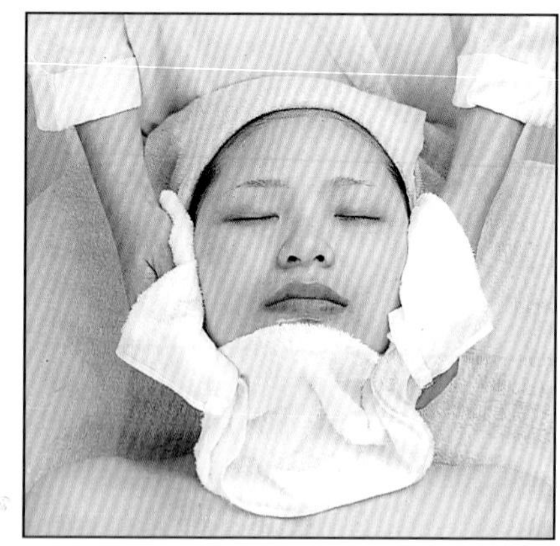

◆熱毛巾擦拭方向

做基礎保養（包括：化妝水及乳液或面霜）。

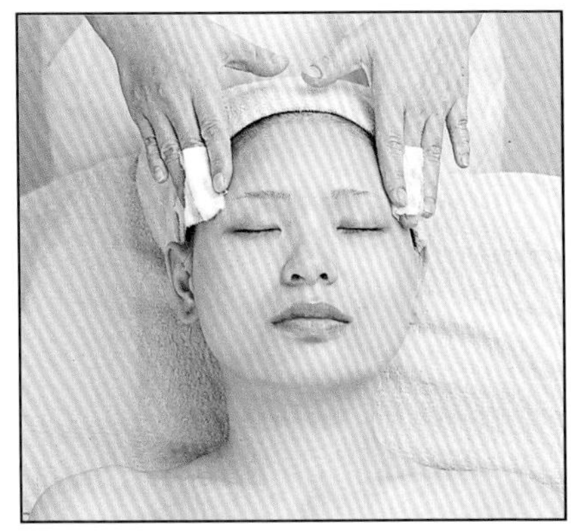

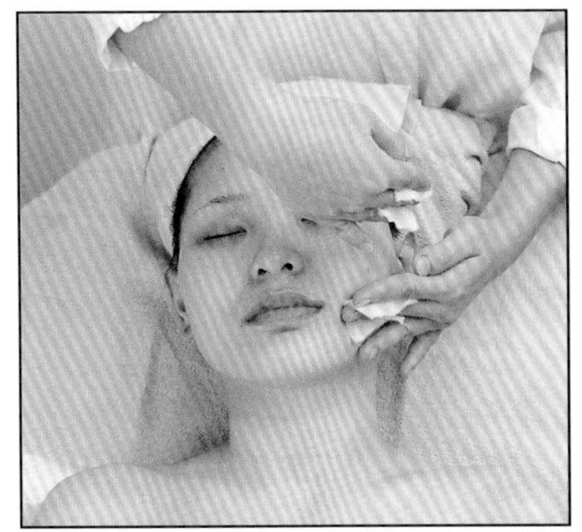

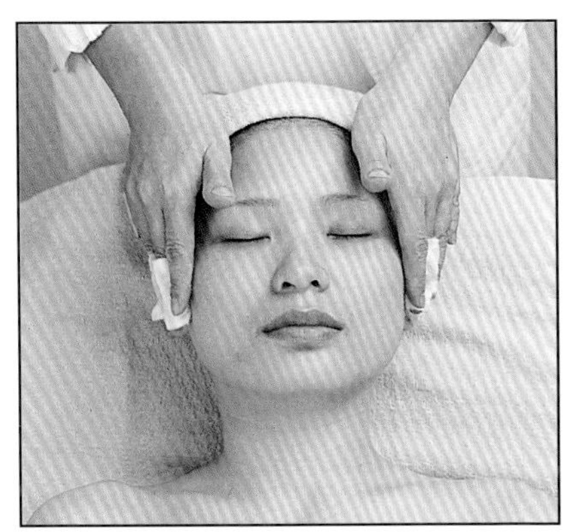

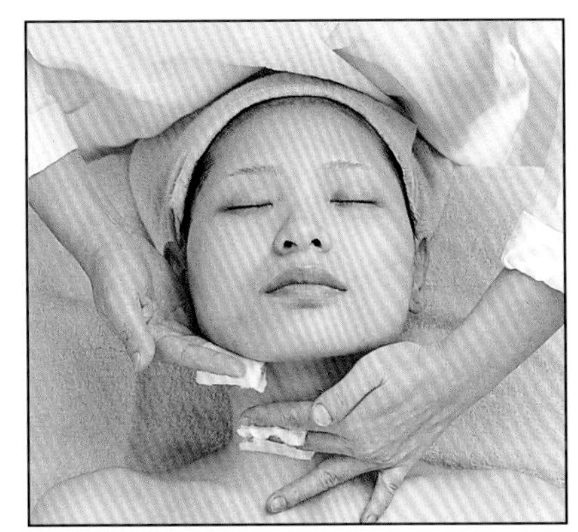

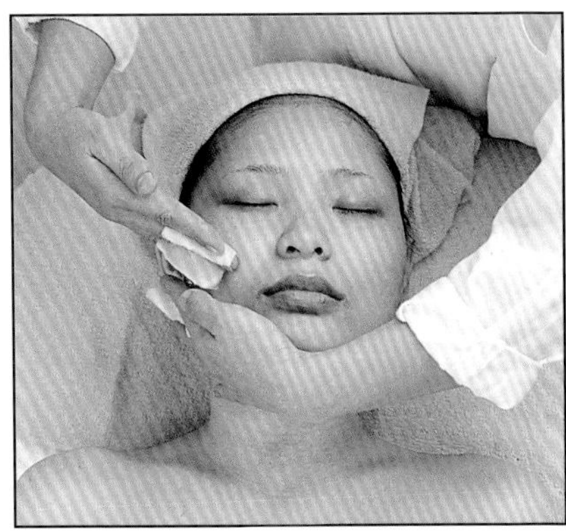

◆擦拭化妝水

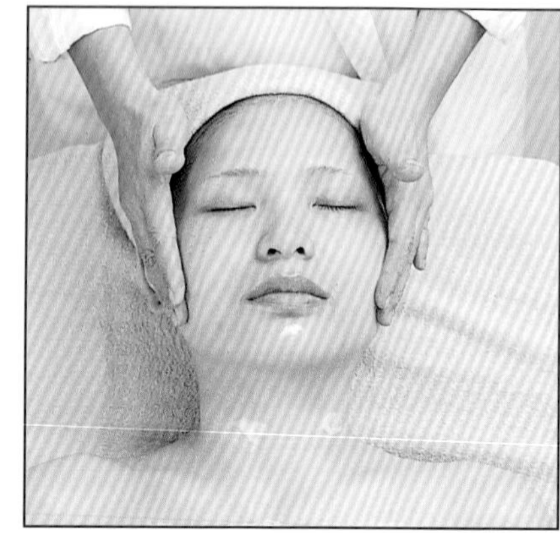

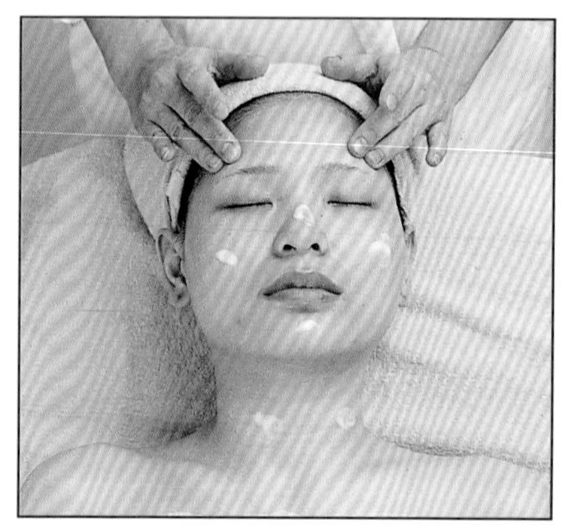

◆擦拭乳液

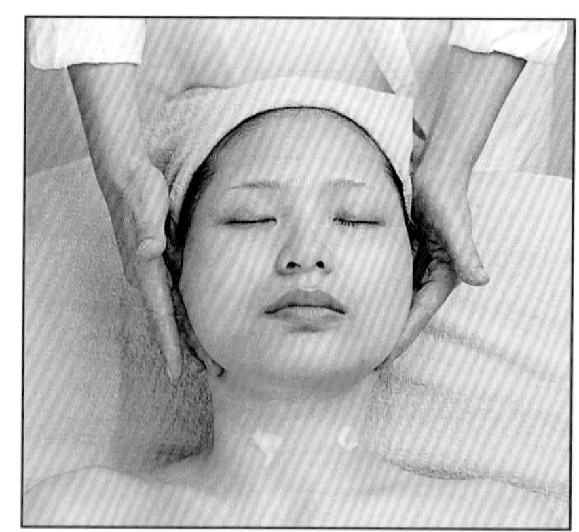

手部保養（使用護手霜按摩手肘及手心、手背及手指）。

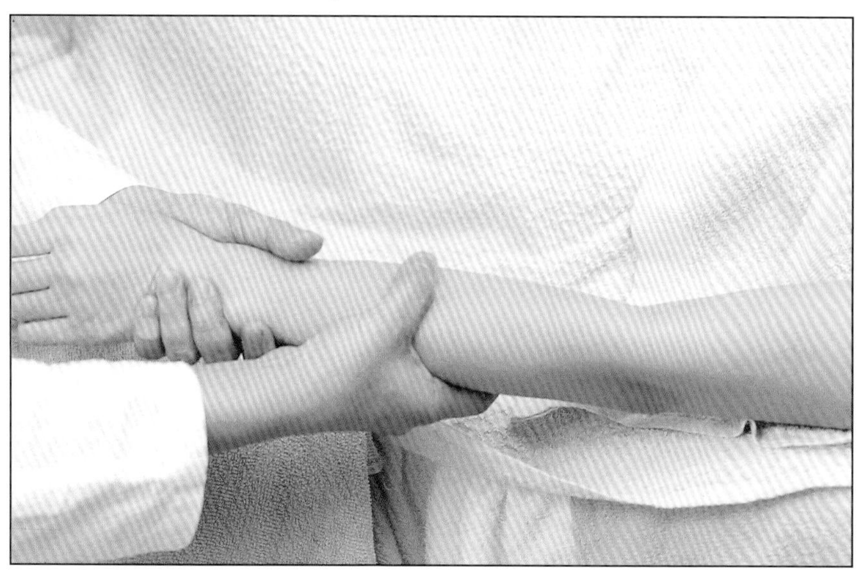

◆手部保養

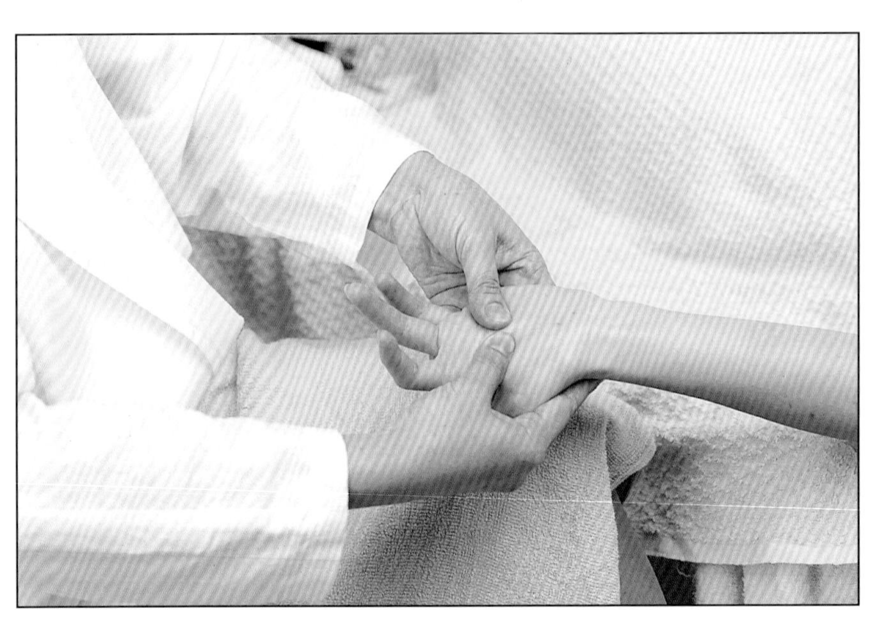

◆手部保養（續）

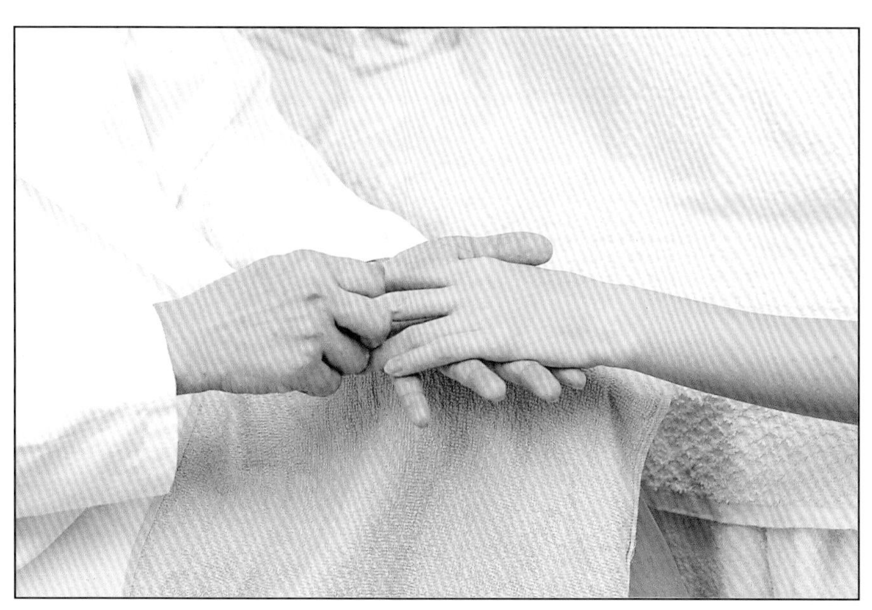

◆手部保養（續）

# 第七階段：脫毛及善後工作（時間15分鐘）

## 注意事項

1.測試前由評審長公開徵求一位應檢人員抽選出左腿或右腿，做為腿部保養測試之題目。

2.進行脫毛之部位為小腿外側且其脫毛面積至少5cm×10cm。

3.進行脫毛前，必須先用酒精棉球消毒欲脫毛部位的皮膚。

4.塗抹脫毛蠟前，可先在該部位塗抹適量的爽身粉。

5.操作脫毛蠟的方法為：順毛塗抹、逆毛撕起。

6.脫毛完成後的皮膚必須擦拭消炎性化妝水（或脫毛後專用鎮靜乳）。

7.脫毛完成後，脫毛部位應確時乾淨且無餘毛。

8.當護膚應檢過程完全結束後，須先幫模特兒取下包頭巾及包腳巾，並輕扶其坐起。

9.先取出床底下的紙脫鞋並讓模特兒穿上。

10.將大、小所有毛巾都裝入大型的待消毒物品袋內。

11.收妥所有化妝品及相關物品，並將美容椅扶正、推車歸位，即可帶著個人所有應檢物品迅速離開現場。

# 應檢流程：脫毛

## 脫毛

用酒精棉球或酒精棉片先消毒小腿外側要脫毛處。

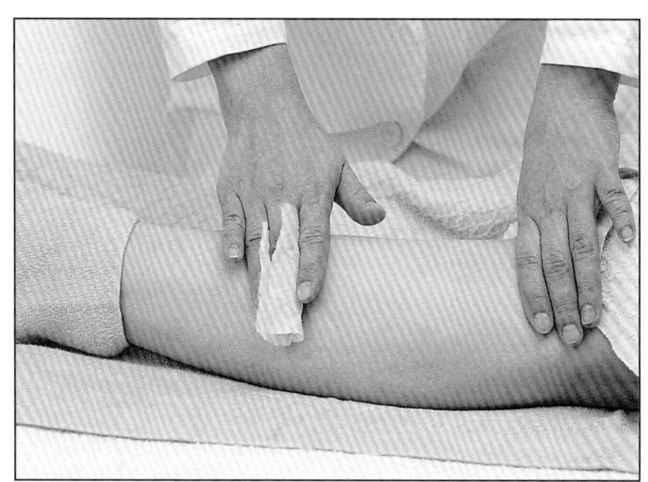

◆酒精消毒

痱子粉少量塗抹，令其乾爽。

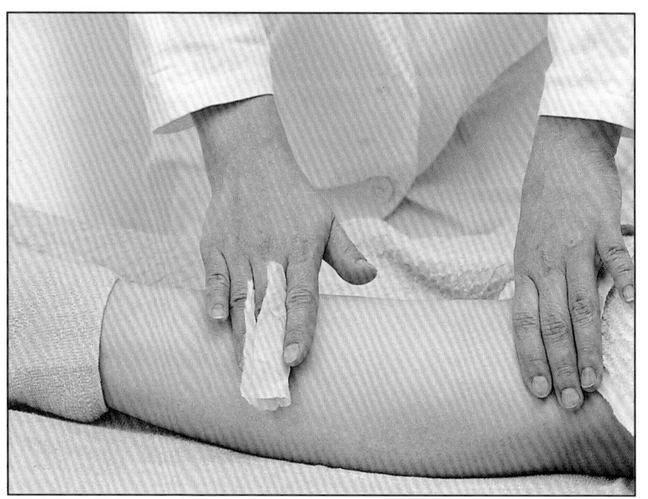

◆擦拭痱子粉

順毛塗抹脫毛蠟。

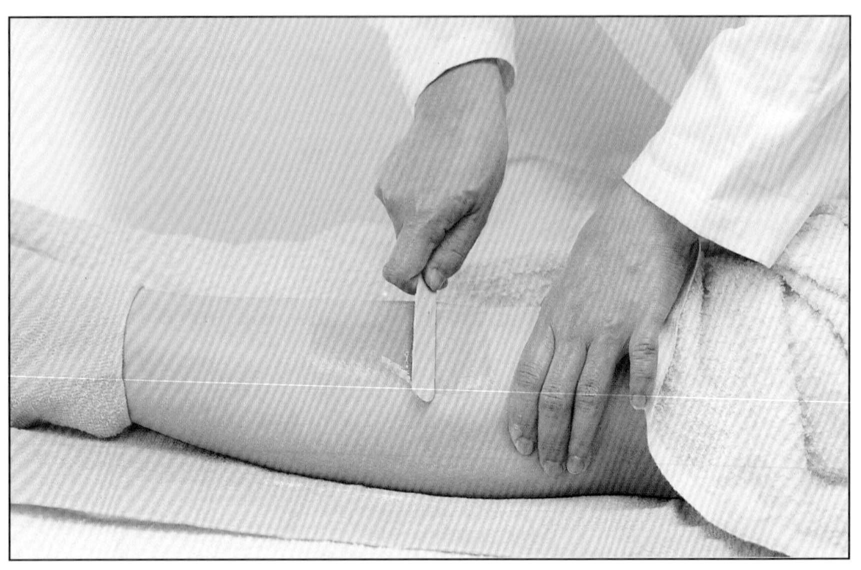

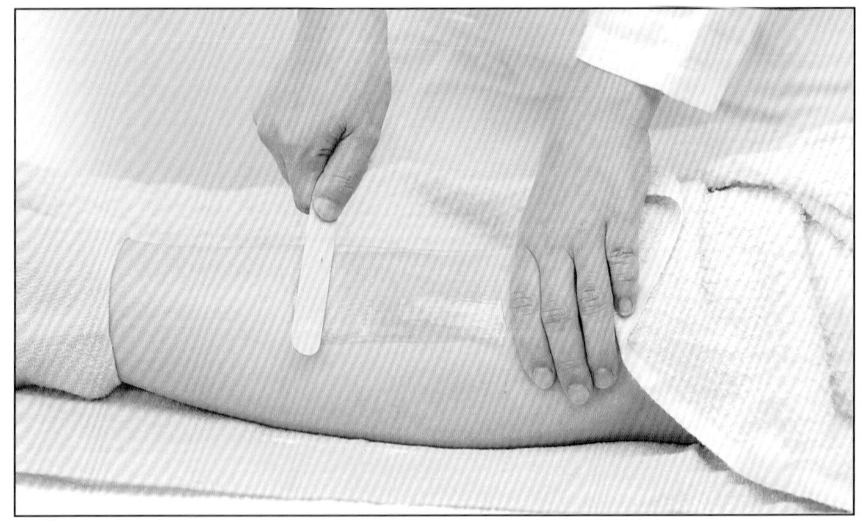

◆塗脫毛蠟

用一條脫毛布覆蓋（兩手將脫毛布齊平放），並使其服貼與固定。

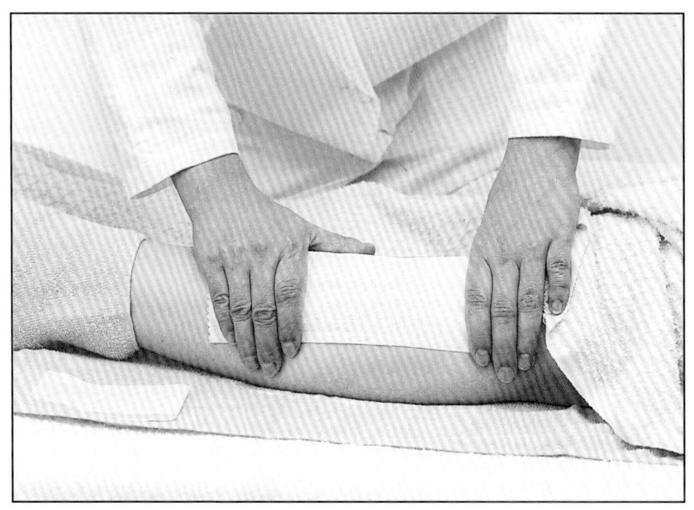

◆脫毛布覆蓋

逆毛撕起（一手按住，一手撕起）。

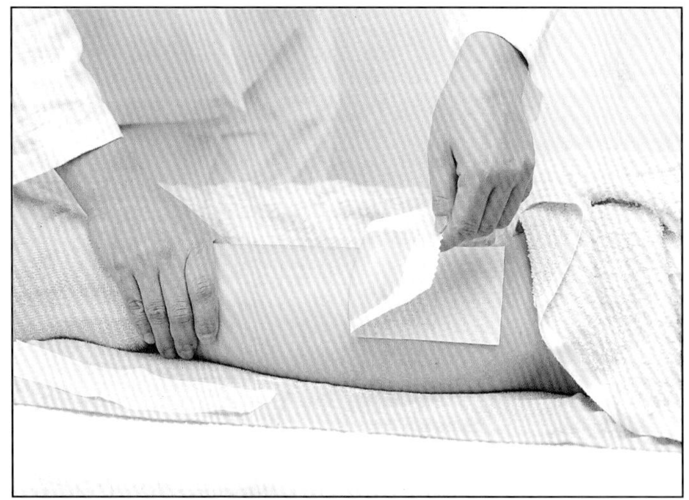

◆撕脫毛布

拿另一條脫毛部覆蓋並做安撫動作（輕拍）。

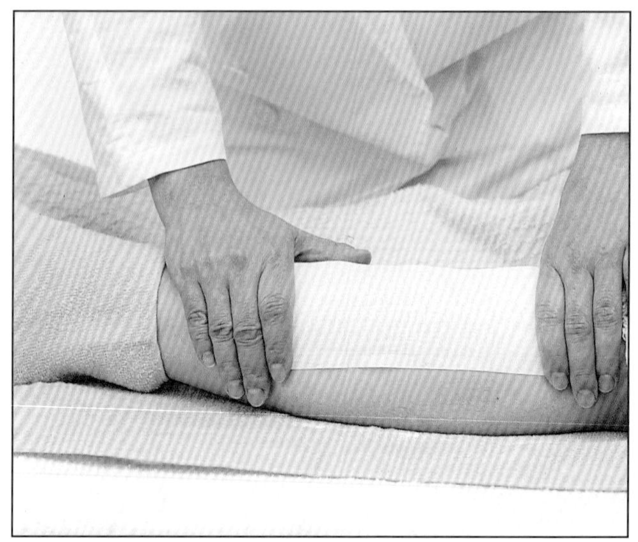

◆脫毛布安撫

擦拭消炎化妝水（或脫毛後專用鎮靜乳），並安撫之。

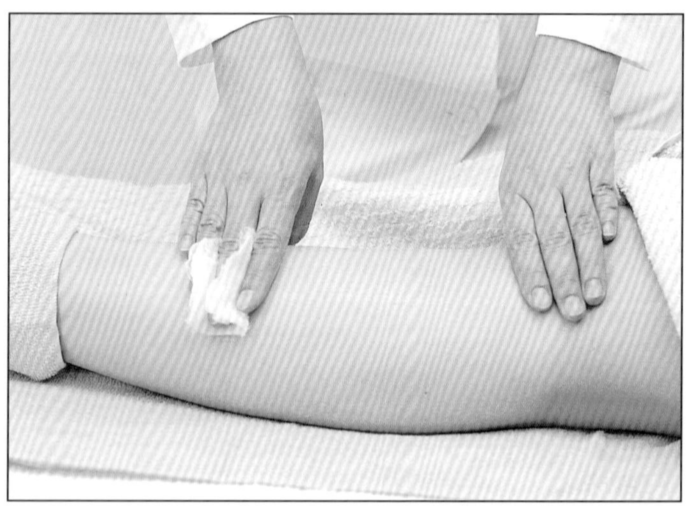

◆擦消炎性化妝水

## 應檢流程：善後工作

先將紙脫鞋自美容床下取出；將顧客包頭巾取下；包腳巾二條亦取下。

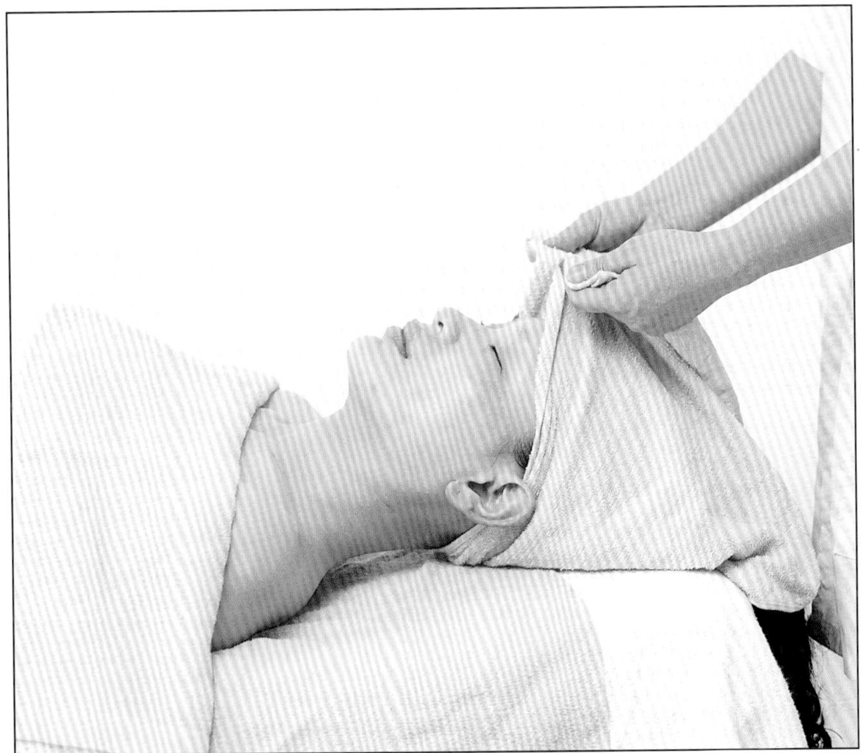

◆包頭毛巾、足部毛巾取下

輕扶顧客起床，並穿好紙脫鞋離開。

◆輕扶顧客起床

◆顧客穿紙脫鞋後離開

3 將所有大、小毛巾褶好並放置在待消毒物品袋內；考生收妥所有自身產品及物品，並將美容床、美容推車及蒸臉器歸位，即可離開現場。

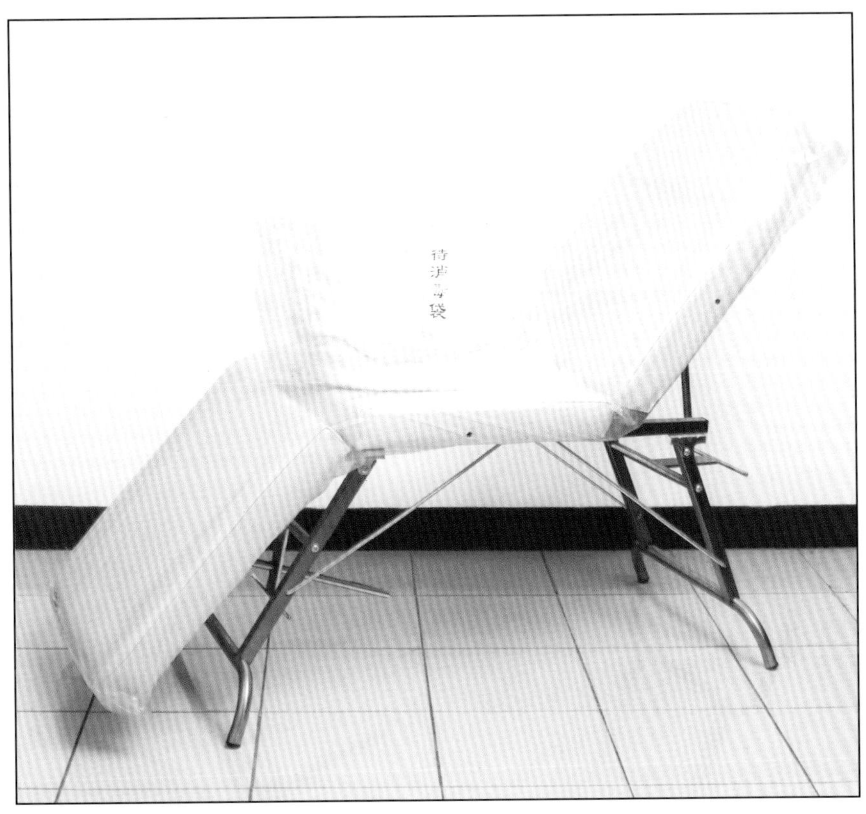

◆大、小毛巾收拾，美容床歸位

# 修眉

應檢人員在進行修眉測驗時可任選圓頭剪刀、安全刀片或鑷子等其中一項做為修眉的工具，為使你了解此三種修眉工具的正確使用法及注意事項，下文中皆附圖片與文字說明：僅供參考！

# 乙級修眉流程及注意事項

## 測驗項目：修眉

自備工具表：

| 項次 | 工具名稱 | 規格尺寸 | 數量 | 備註 |
|---|---|---|---|---|
| 1 | 修眉工具組 | 圓頭剪刀、安全刀片或鑷子 | 1組 | |
| 2 | 酒精棉球罐 | 附蓋 | 1罐 | 附鑷子，內含適量酒精棉球 |
| 3 | 化妝棉 | | 適量 | |
| 4 | 化妝紙 | | 適量 | |
| 5 | 修容刷 | 大支 | 1支 | |
| 6 | 化妝髮帶 | 白色 | 1條 | |
| 7 | 化妝圍巾 | 白色 | 1條 | |
| 8 | 小毛巾 | 白色 | 1條 | |
| 9 | 化妝水 | 屬合格保養製品 | | |
| 10 | 垃圾袋 | 約30×20cm以上 | 1個 | |
| 11 | 待消毒物品袋 | 約30×20cm以上 | 1個 | |

測驗時間：5分鐘

應檢前要完成下列準備工作：

1.進行修眉測驗前，應檢人可先將修眉時必須使用的修眉工具及美容用具擺設在工作檯上。

2.應檢人的儀容必須整潔並穿妥工作服、戴上口罩。

## 注意事項

1.應檢前必須先接受監評人員檢查，若發現模特兒眉型已經修剪整齊則該項不予計分。

2.應檢人員必須準備的修眉工具與物品有圓頭剪刀、安全刀片、鑷子及化妝棉、化妝水、扇形刷、酒精棉球。

3.應檢人在進行修眉前必須先進行手部消毒。

4.應檢過程中必須注意修眉工具的衛生及安全，且在進行修眉時須順著毛流生長的方向修整眉毛。

5.進行修眉時須注意顧客的安全且在修眉後其眉型必須潔淨合宜。

6.使用過的工具若不再使用時亦必須丟置待消毒物品袋內。

7.當應檢人在規定的時間內可使用三種修眉工具但未完成修眉時，則該項不予計分。

8.使用過的化妝紙或化妝棉必須隨即丟置垃圾袋內。

## 應檢流程

1.進行修眉的過程中可依個人習慣選用一種或三種工具展現修眉技能。

2.在應檢時的第一個步驟就是必須先清潔模特兒眼皮上的皮膚(須用不含酒精的化妝水)。

3.可用左手中指夾住化妝棉以便承接因修剪而掉落的眉毛。

4.修眉後，其兩邊眉毛的眉型周圍與眼皮上的皮膚必須呈現潔淨。

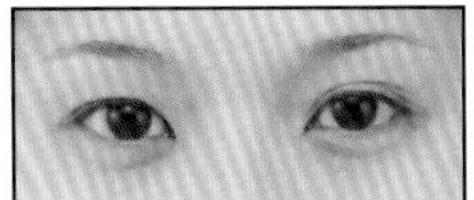

◆應檢時不符合規定之眉毛

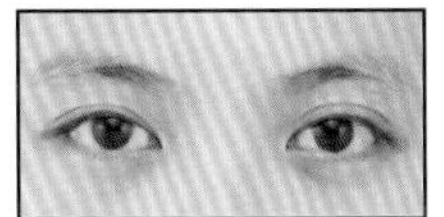

◆應檢時符合規定之眉毛

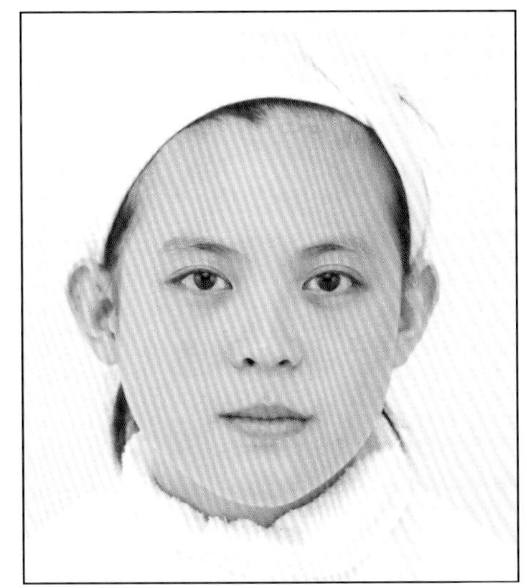

## 5分鐘修眉的運用訣竅

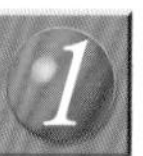


首先左手中指夾住化妝棉以便承接因修剪而掉落的眉毛。

眉夾的操作過程：每邊眉毛至少拔3根以上，然後將眉夾丟棄至待消毒物品袋內。

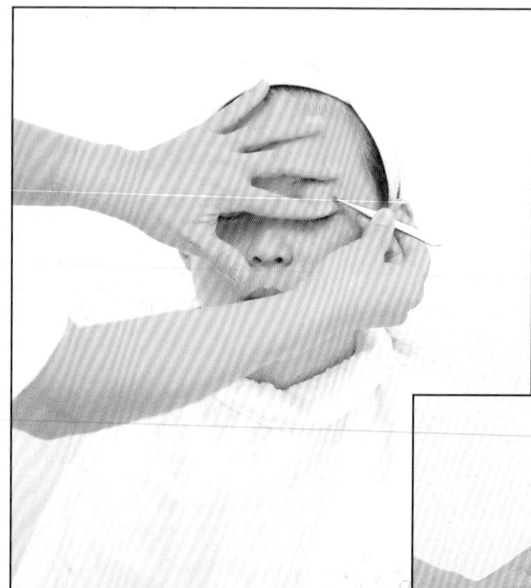

◆眉夾的運用

3 圓頭剪刀的操作過程：修剪兩邊眉毛的眉頭長度過高處及眉尾長度已垂下之處，然後將圓頭剪刀丟棄至待消毒物品袋內。

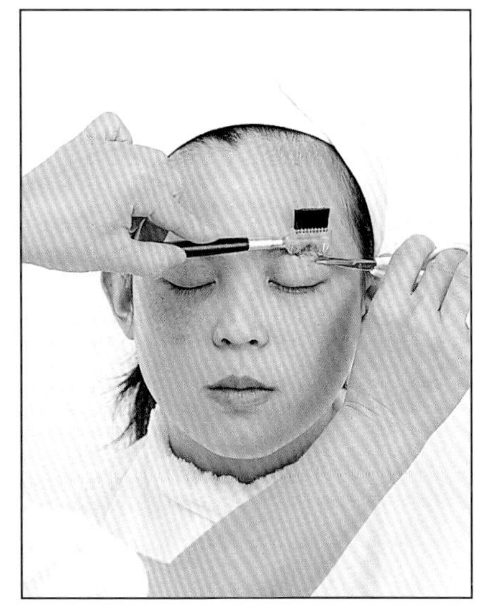

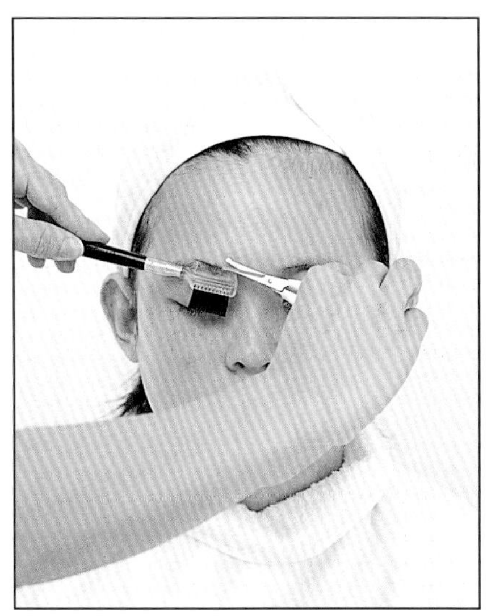

◆圓頭剪刀的運用

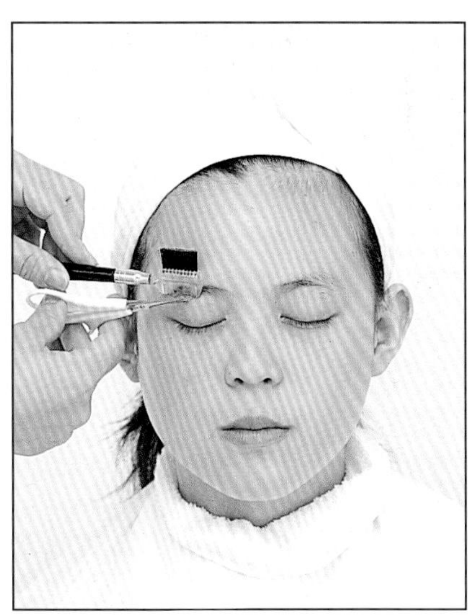

安全刀片的操作過程：清除兩邊眼皮上尚殘留的眉毛，需保持整個眼皮的清潔，然後將刀片丟棄至待消毒物品袋內。

◆刀片的運用

請顧客先閉上雙眼：當修眉工作完成後，可用化妝棉、化妝紙或大修容刷清理已修下且掉落在眼皮及臉上的斷毛。

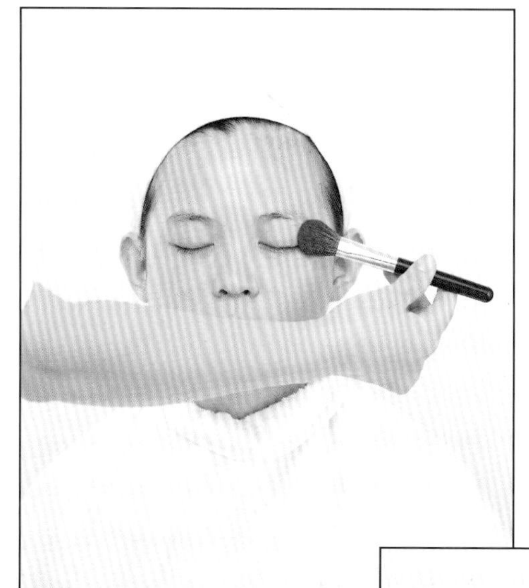

◆眼皮上眉屑的清除

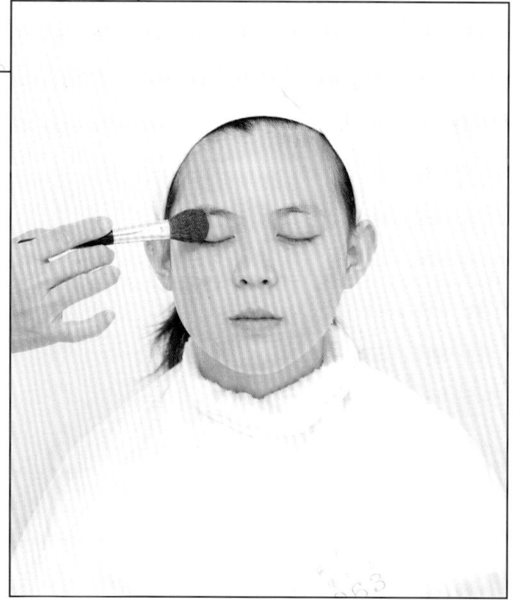

# 臉部化妝技巧設計圖

設計圖共5組，每組又有A、B之分，合計為十個設計主題，內容包括：粉底的修飾、腮紅的修飾、眉型的畫法、眼影的修飾、眼線的修飾、鼻影的修飾及唇型的修飾。

應檢人員在應考時必須熟悉各部位的描繪方法。而描繪時除了粉底、鼻影及唇型必須使用色彩化妝品之外，其餘部位可用其它色材（如彩色鉛筆、粉彩）為輔，為使妳能了解每張設計圖的修飾技巧與方法，下文中皆附圖片與文字說明：僅供參考。

# 臉部化妝技巧設計圖

自備工具表：

| 項次 | 工具名稱 | 規格尺寸 | 數量 | 備註 |
|---|---|---|---|---|
| 1 | 粉底 | | 1盒 | 深色 |
| 2 | 粉底 | | 1盒 | 淺色 |
| 3 | 眼影 | | 1盒 | |
| 4 | 腮紅 | | 1盒 | |
| 5 | 唇膏 | | 1支（個） | |
| 6 | 2B或6B鉛筆 | | 1支 | 黑色或咖啡色 |
| 7 | 尺 | 15cm | 1支 | |
| 8 | 橡皮擦 | | 1個 | |
| 9 | 自動眼線毛筆 | | 1支 | 亦可用圭筆 |
| 10 | 眼線餅 | | 1盒 | |
| 11 | 脫脂棉或化妝棉 | | 適量 | |
| 12 | 眼影棒 | | 數支 | |
| 13 | 唇筆 | | 1支 | |

測驗時間：30分鐘

應檢前要完成下列準備工作：

＊ 可將有關設計圖描繪的工具及化妝品先擺妥在桌面上。

## 注意事項

1.臉部化妝技巧設計圖共有五組，每組又分A、B兩款共計十個設計主題。

2.應檢時依抽出的題目進行繪製，內含粉底的修飾、腮紅的修飾、眉型的畫法、眼影的修飾、眼線的畫法、鼻影的修飾及唇型的修飾。

3.進行繪製時，不限用化妝品，亦可使用其它色材（如彩色鉛筆、粉彩），來呈現主題。

4.應檢人員在進行繪製前必須先仔細閱讀試題所附的特徵及欲修飾的部位。

5.進行粉底修飾時若須使用明色的粉底可用淺膚色粉底取代，但絕不可用白色或黃色的粉底。

6.當臉部化妝技巧設計圖的試題皆完成後，其設計圖圖面必須保持潔淨。

7.當應檢時間結束時，應檢人若有二項以上（含二項）未完成者，則臉部化妝技巧設計圖完全不予計分。

## 應檢流程

☆ 臉部化妝技巧設計圖描繪的順序不限，應檢人可依個人操作的習慣繪製。

為了使妳能明確瞭解粉底的修飾、腮紅的修飾、眉型的畫法、眼影的修飾、眼線的修飾、鼻影的修飾、唇型的修飾技巧及描繪的方法，下列附有各部位的圖片說明僅供參考……。

**粉底修飾**

以化妝品修飾；只需表現明暗色粉底所在位置及其均勻效果。

修飾方型臉

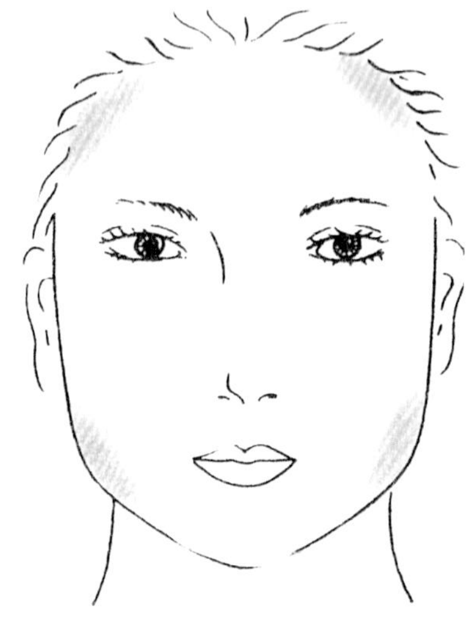

2 修飾逆三角型臉

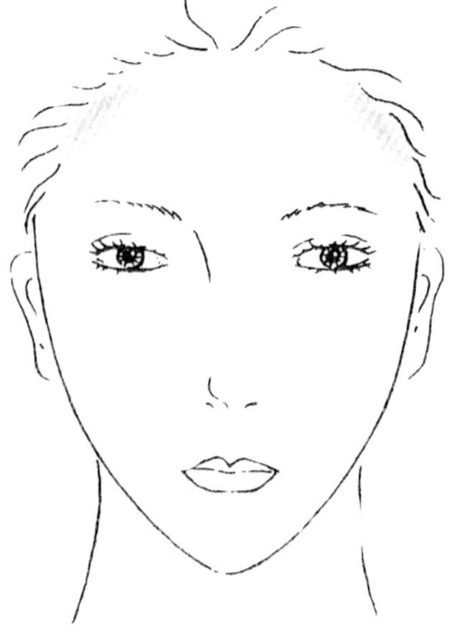

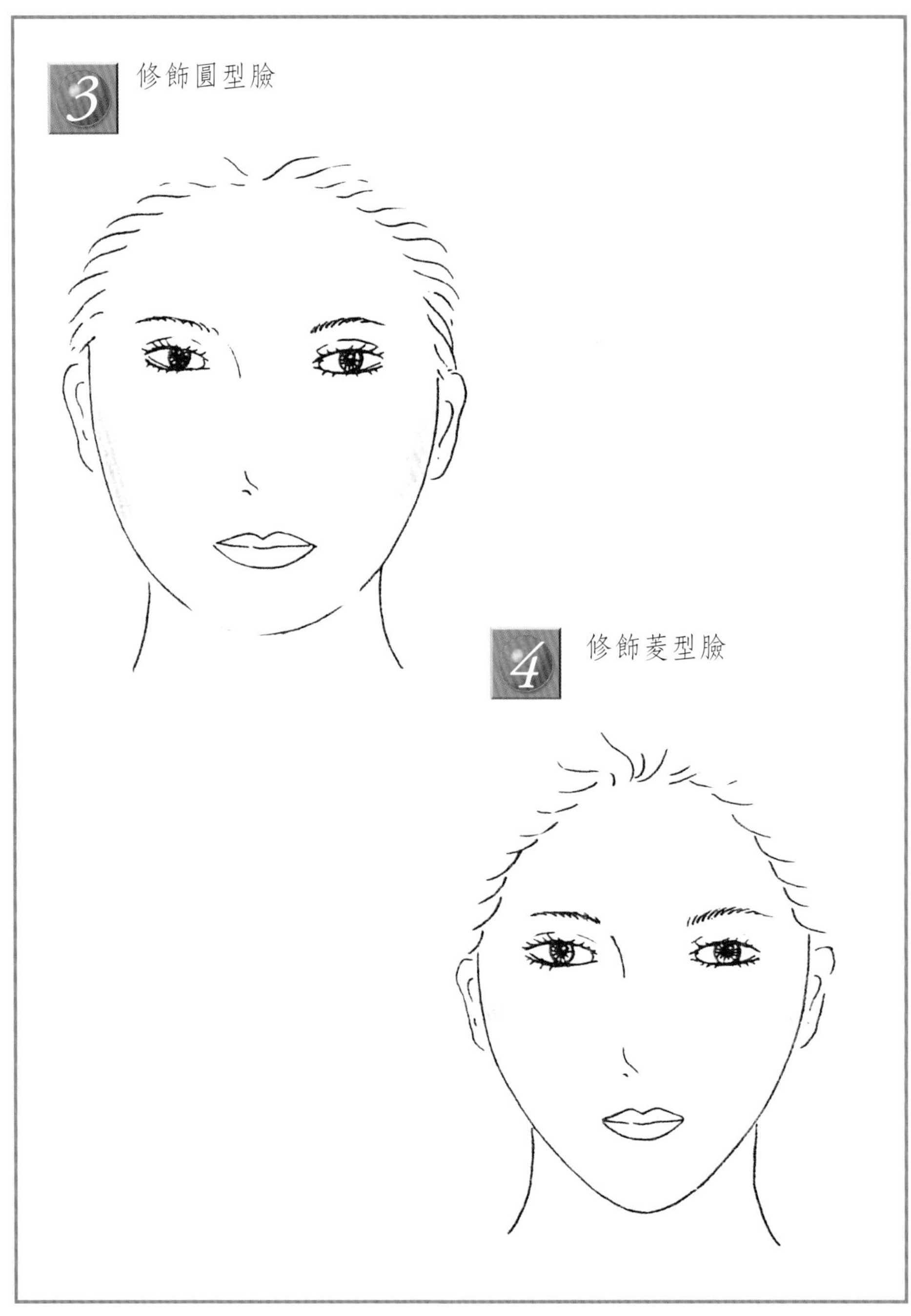
3
修飾圓型臉
4
修飾菱型臉

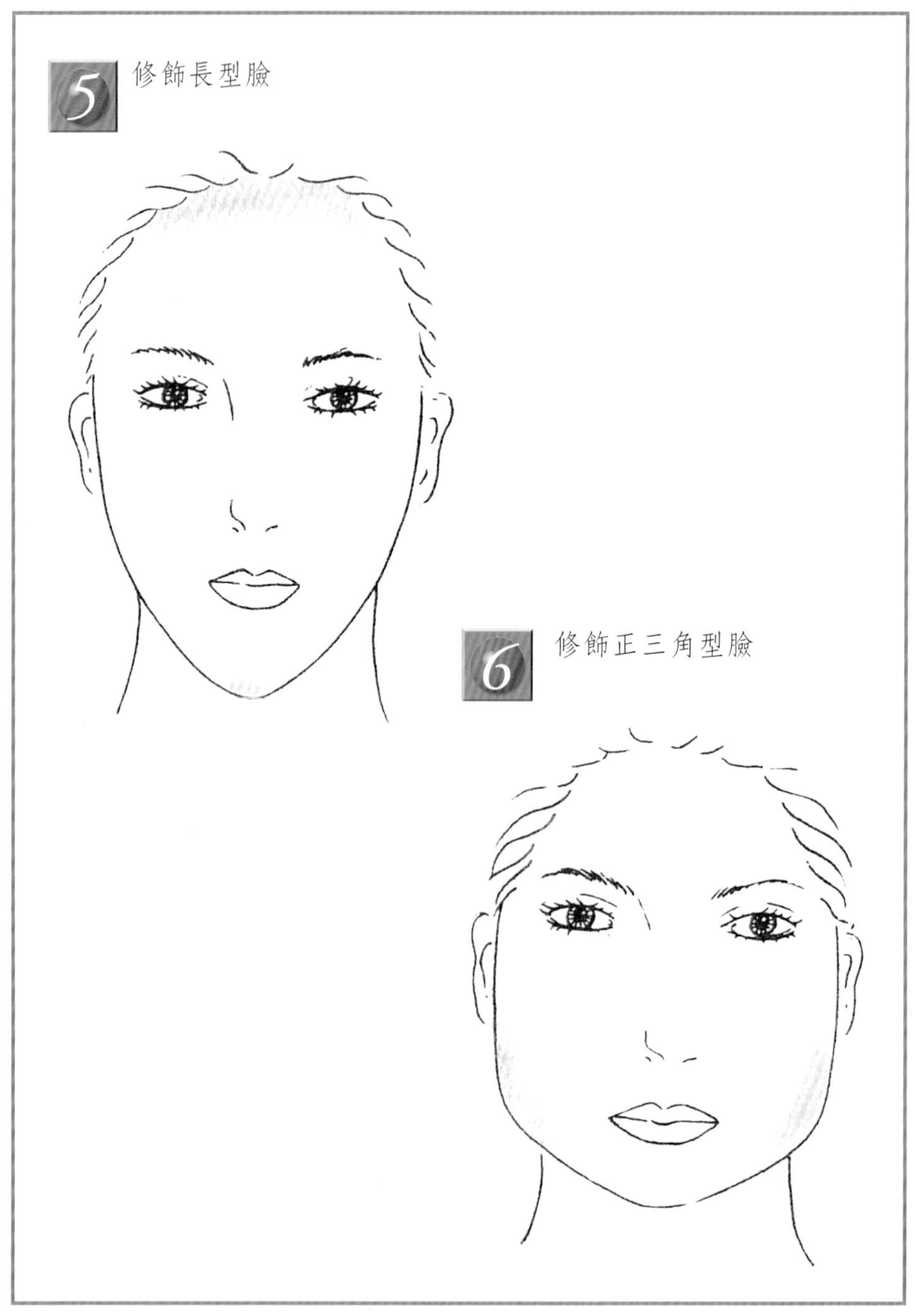
5
修飾長型臉
6
修飾正三角型臉

## 腮紅修飾

以化妝品修飾；表現修飾位置及其均勻效果。

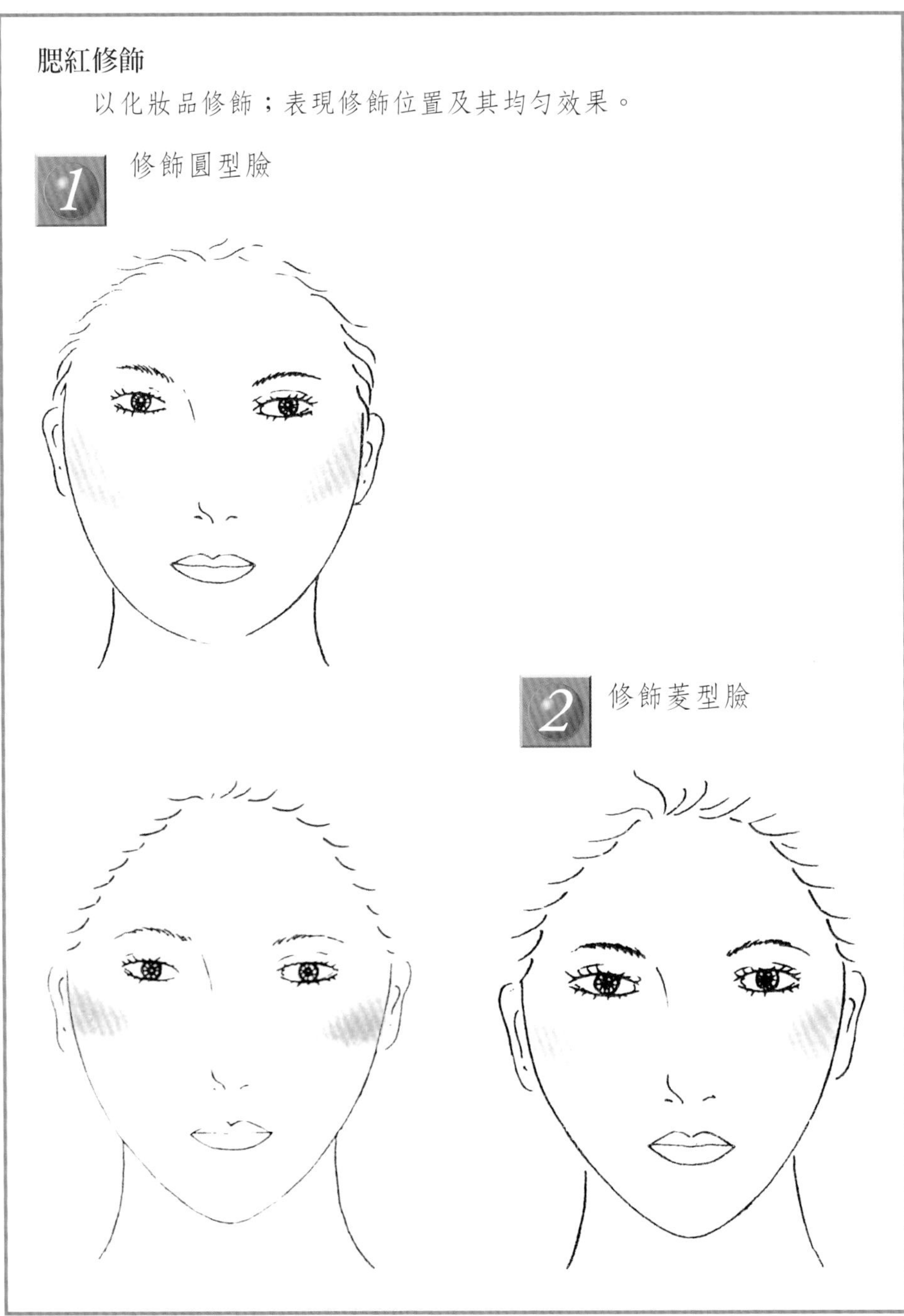

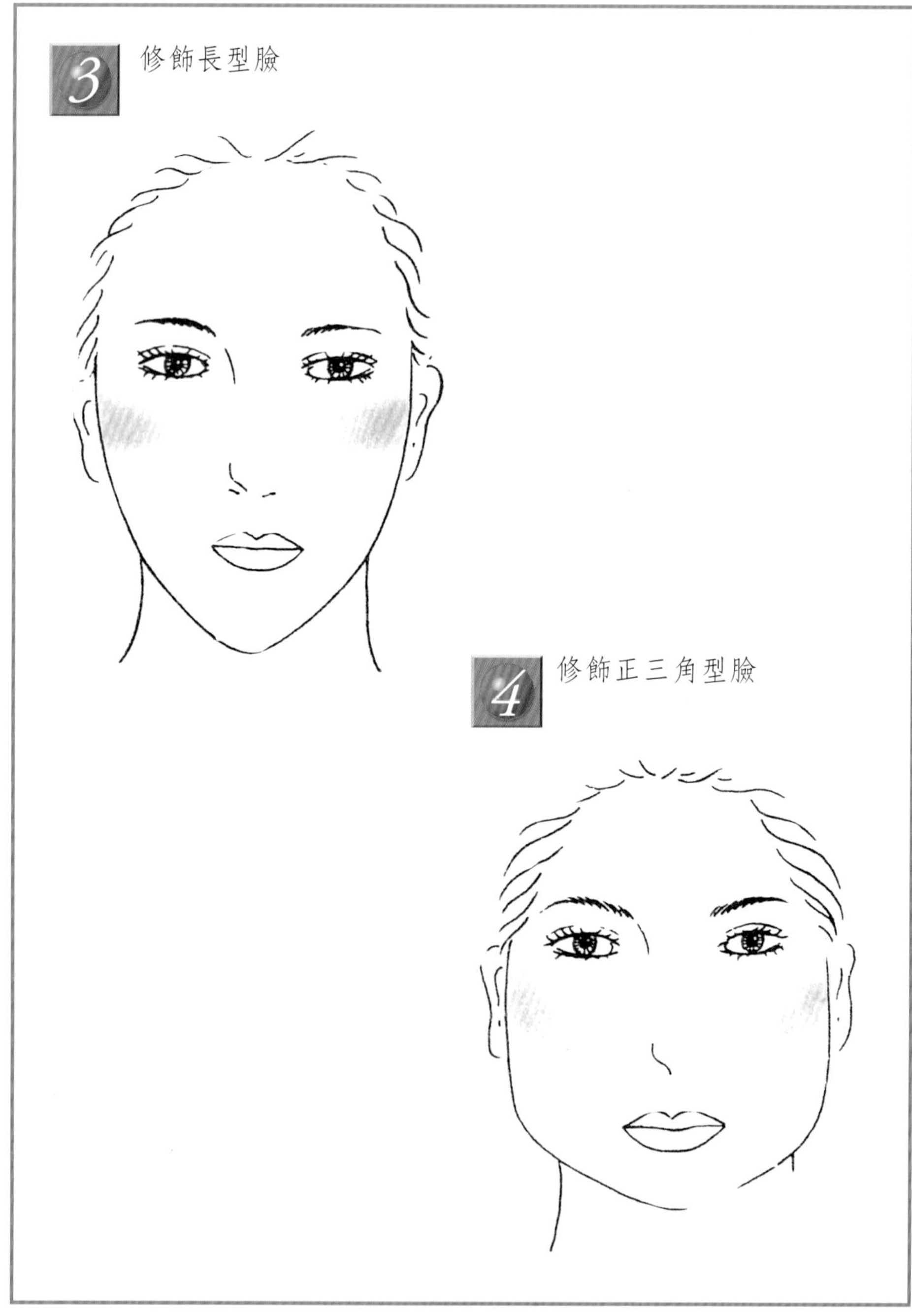
3
修飾長型臉
4
修飾正三角型臉

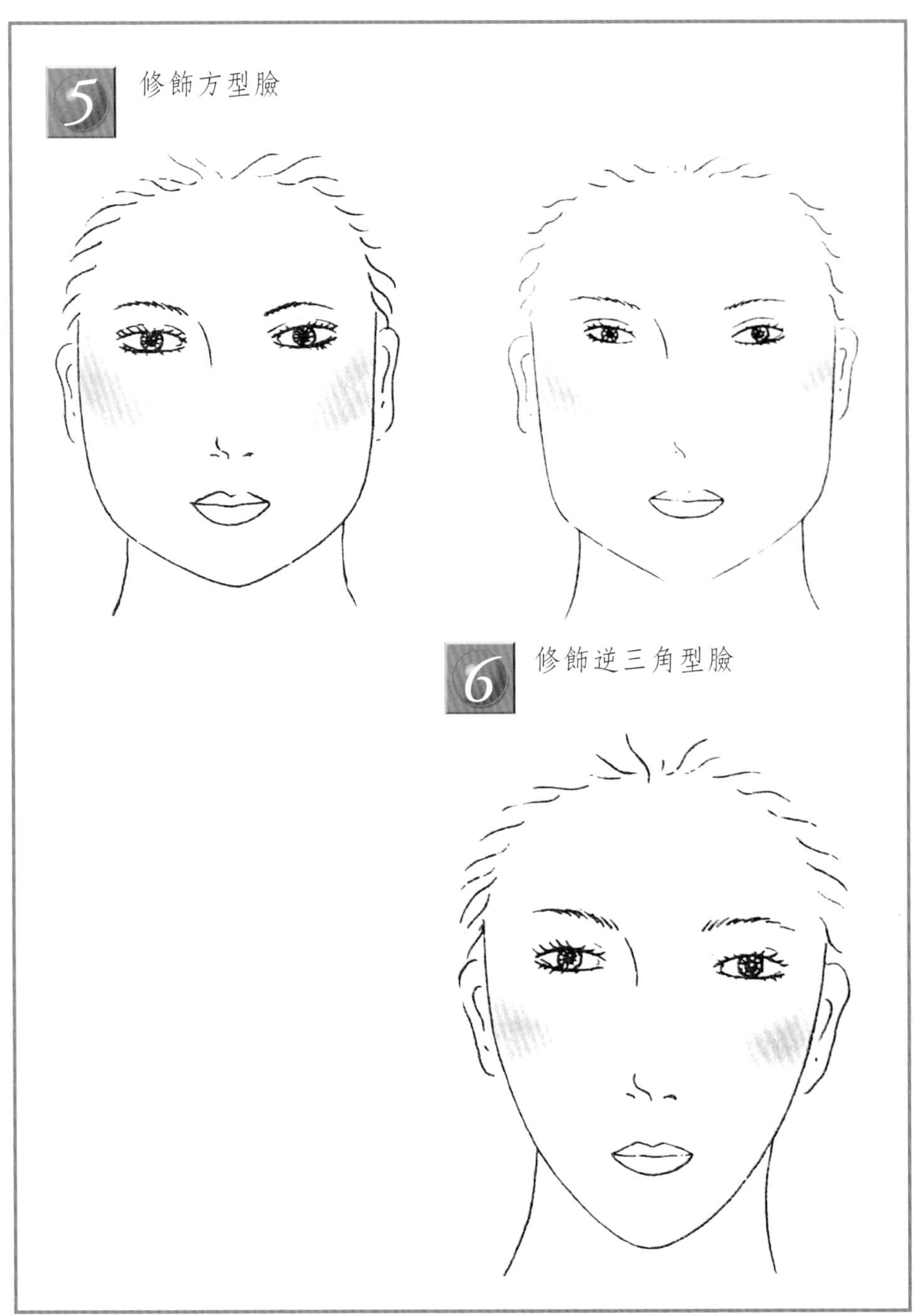
5
修飾方型臉
6
修飾逆三角型臉

## 眉型畫法

表現下垂眉型的畫法

2 表現上揚眉型的畫法

3 表現有角度眉型的畫法

4 表現直線眉型的畫法

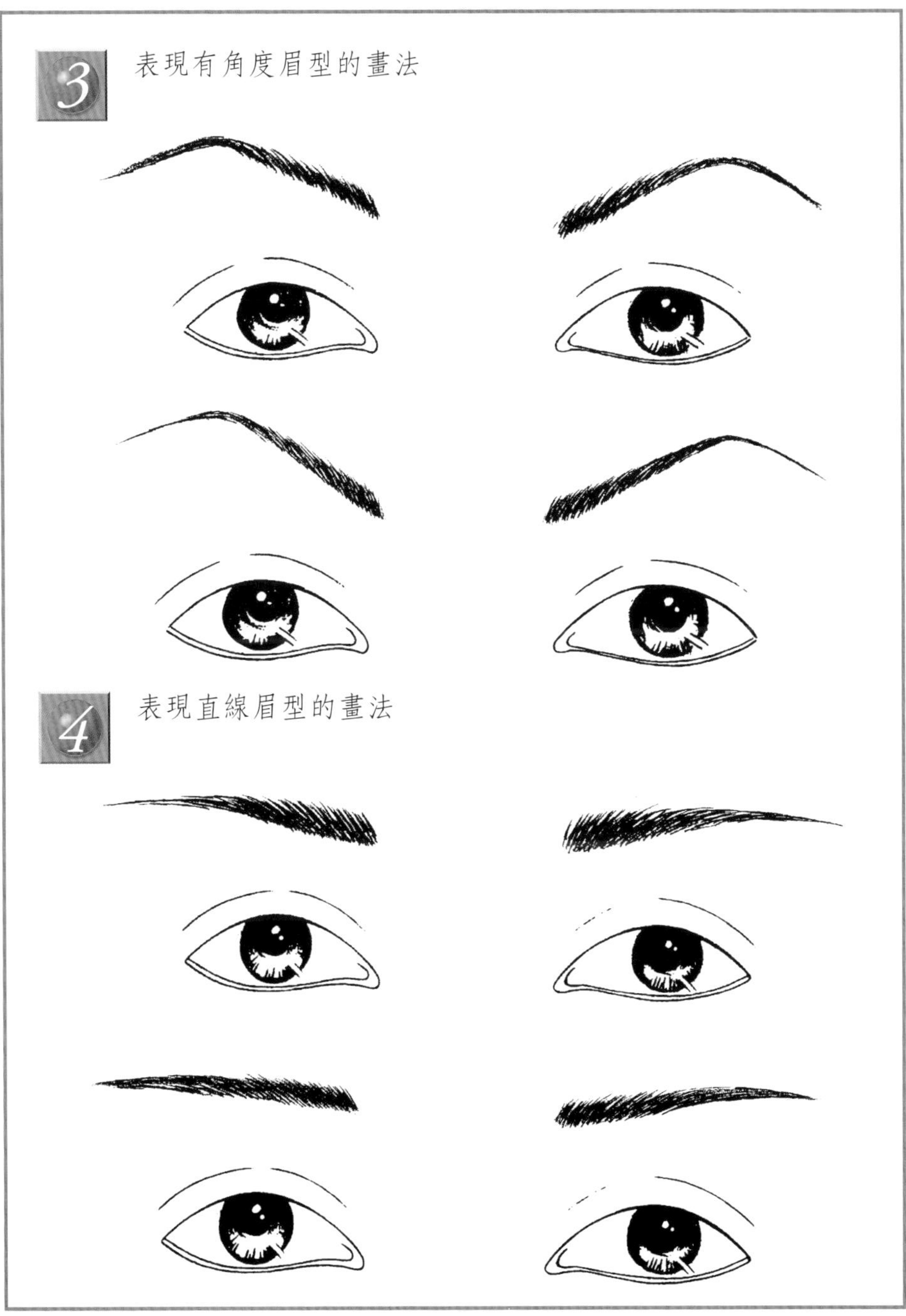

表現弓型眉的畫法

表現短眉（弧型）的畫法

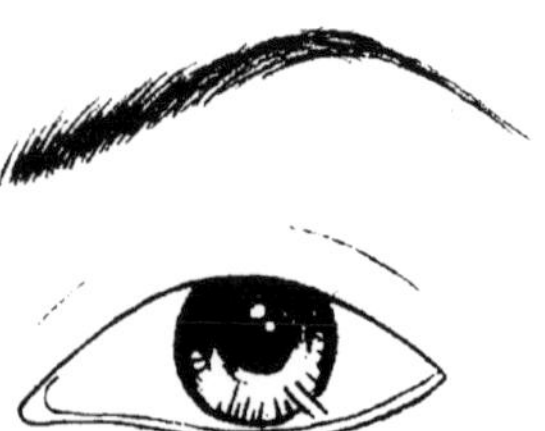

## 眼影修飾

以化妝品修飾；表現修飾位置及其均勻效果。

修飾浮腫眼型的畫法

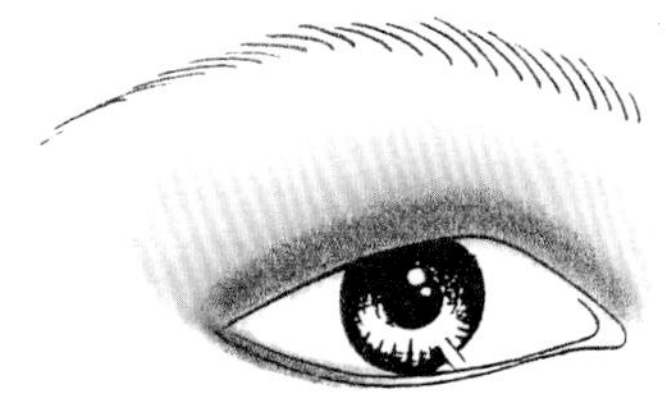

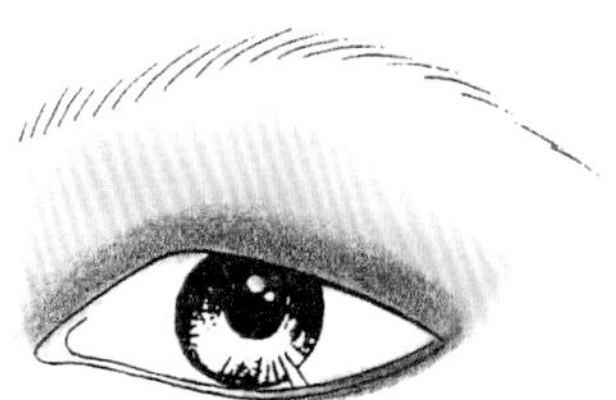

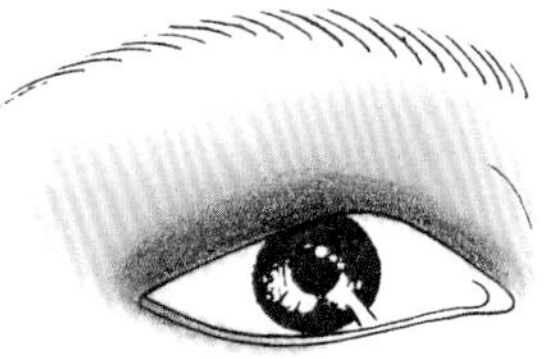

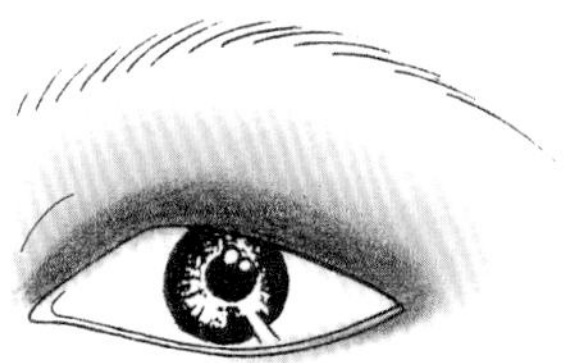

雙眼皮眼型的畫法

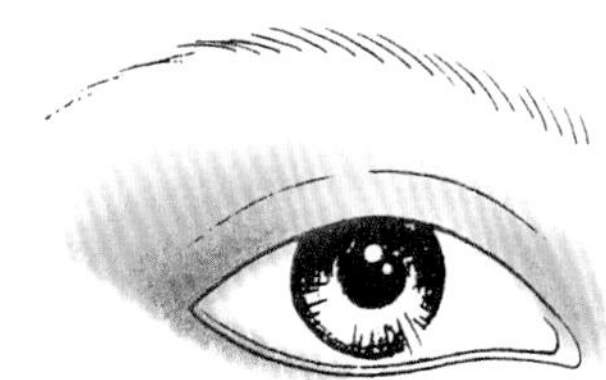

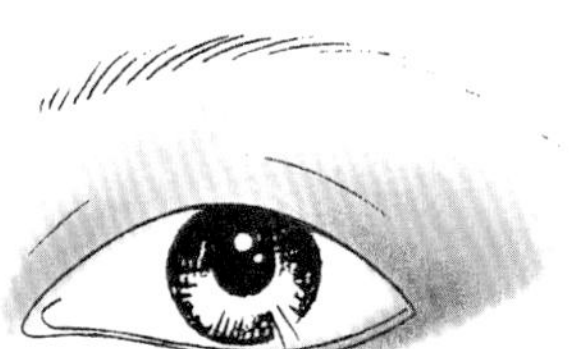

修飾下垂眼型的畫法

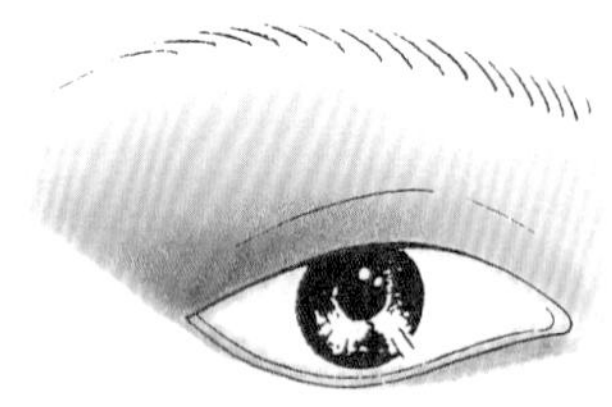
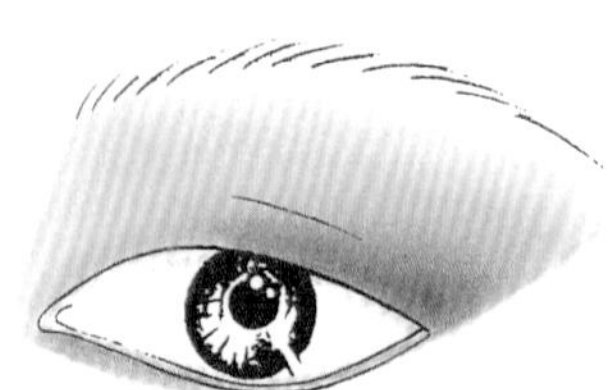
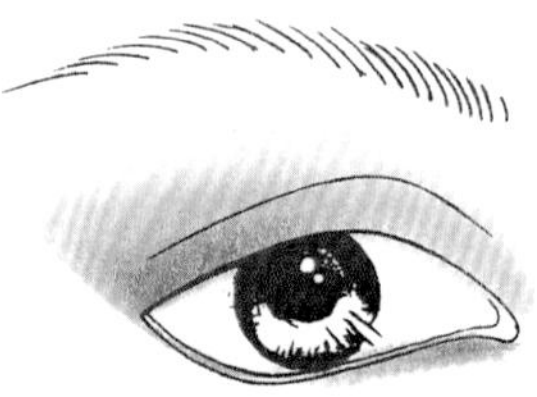
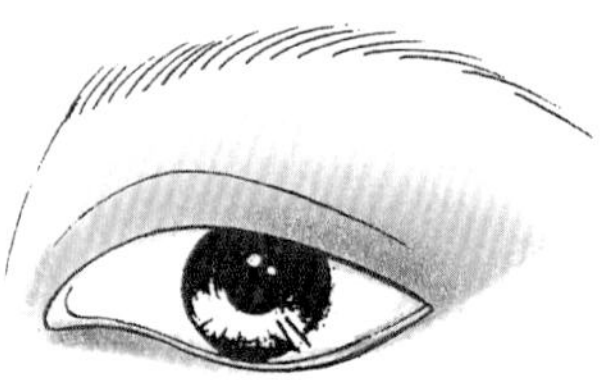

修飾單眼皮眼型的畫法

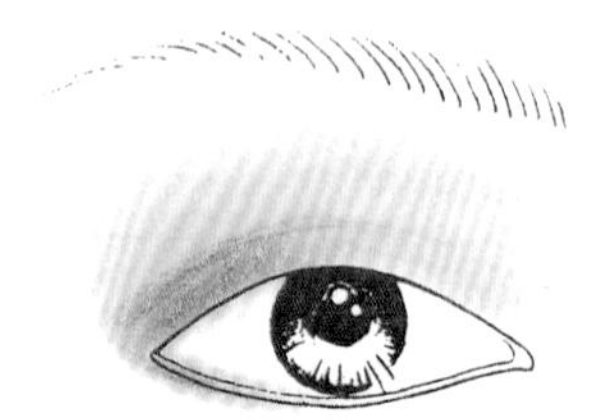
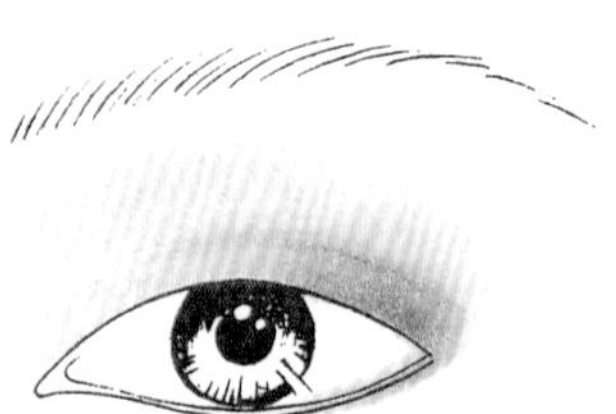

## 5 修飾凹陷眼型的畫法

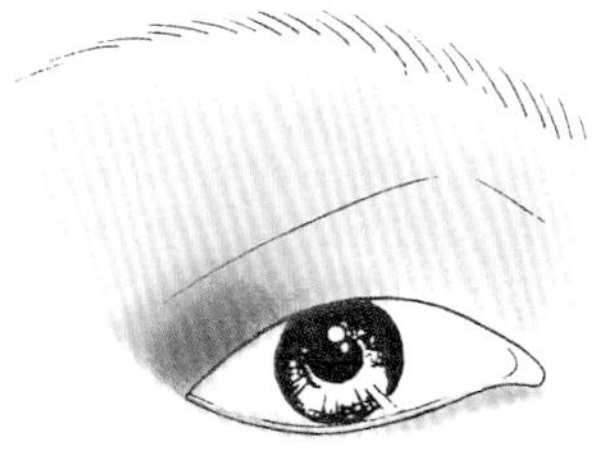

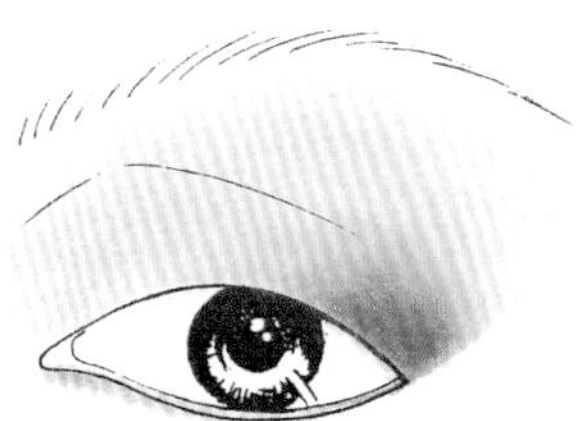

## 6 修飾上揚眼型的畫法

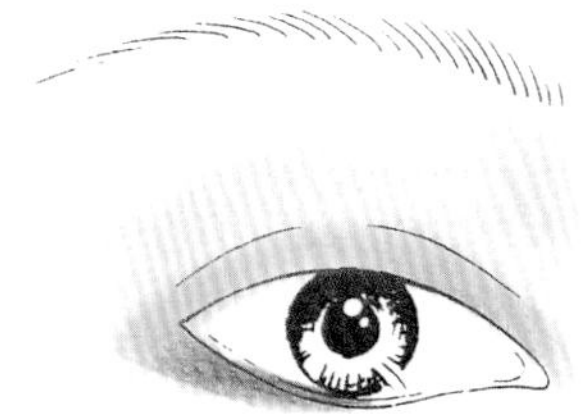

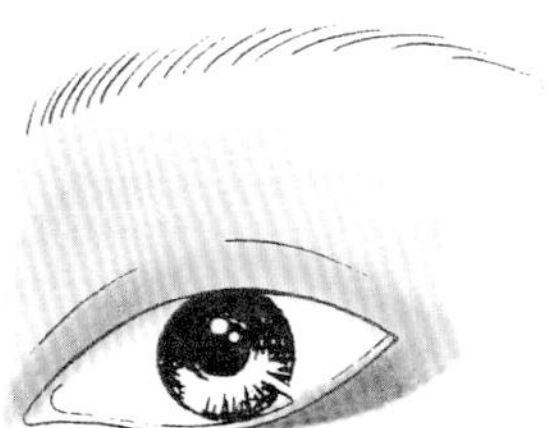

## 眼線修飾

表現上揚眼型的畫法

2 表現下垂眼型的畫法

表現細長眼型的畫法

表現圓眼型的畫法

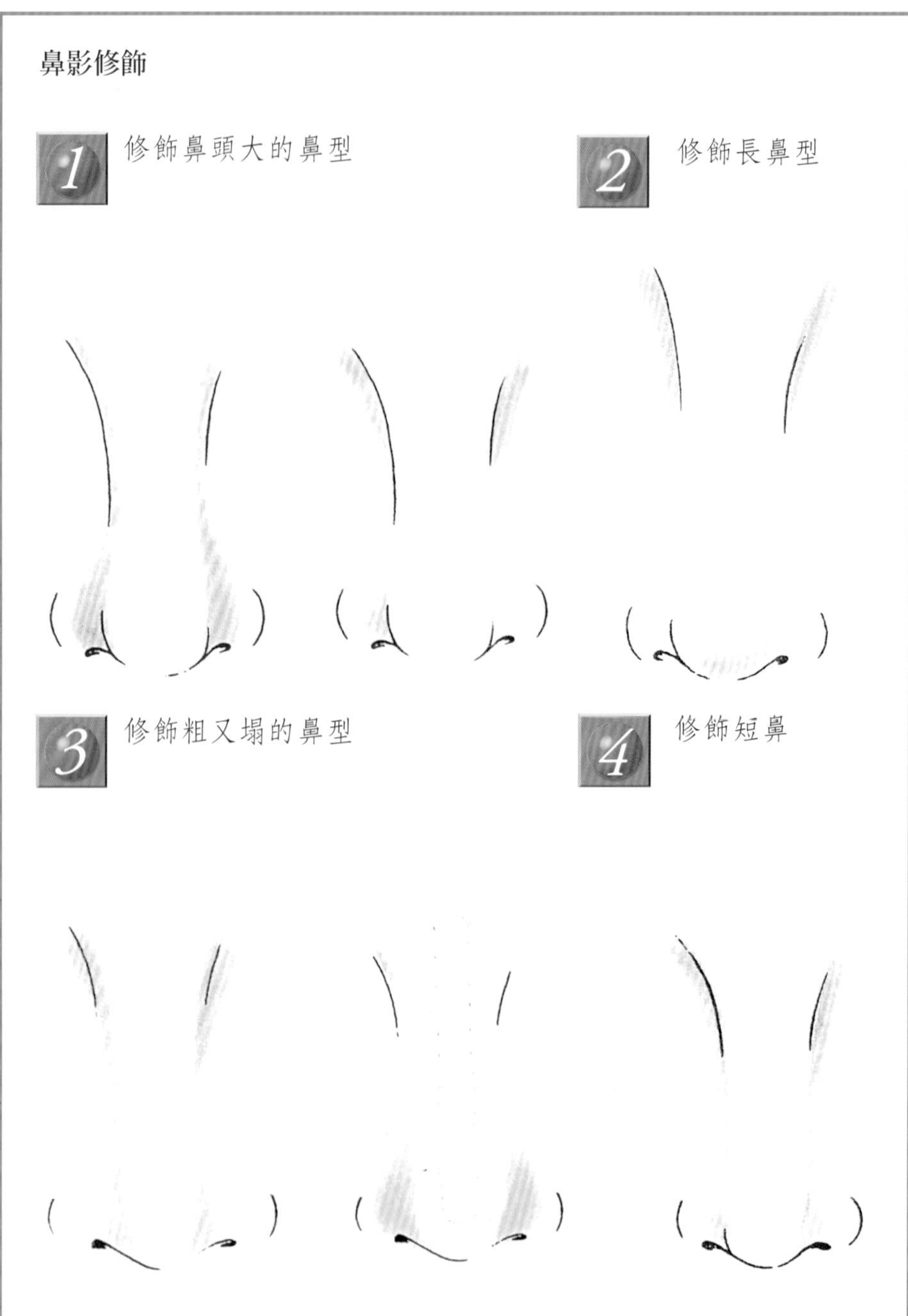
鼻影修飾
1 修飾鼻頭大的鼻型
2 修飾長鼻型
3 修飾粗又塌的鼻型
4 修飾短鼻

## 唇型修飾

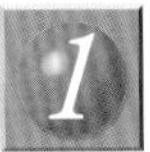

修飾下垂的唇型

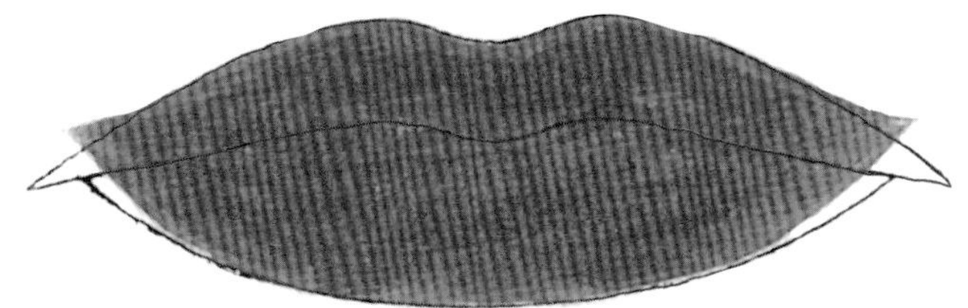

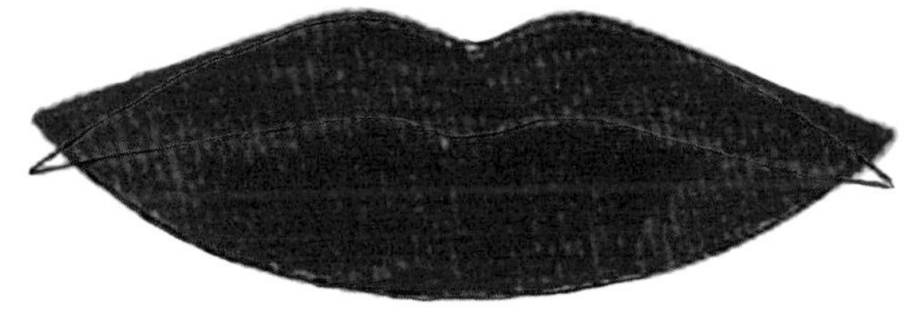

2 修飾厚的唇型

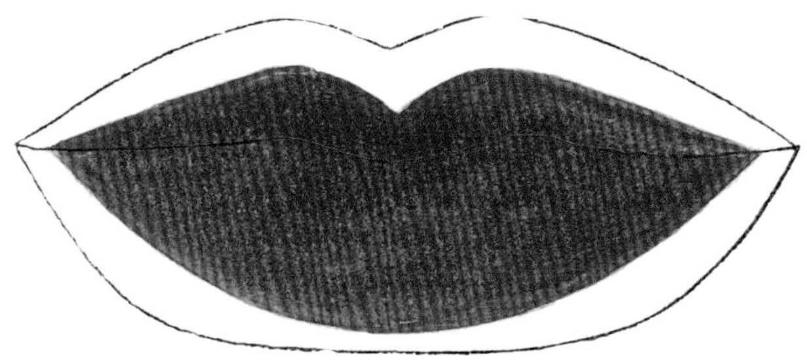

修飾上揚的唇型

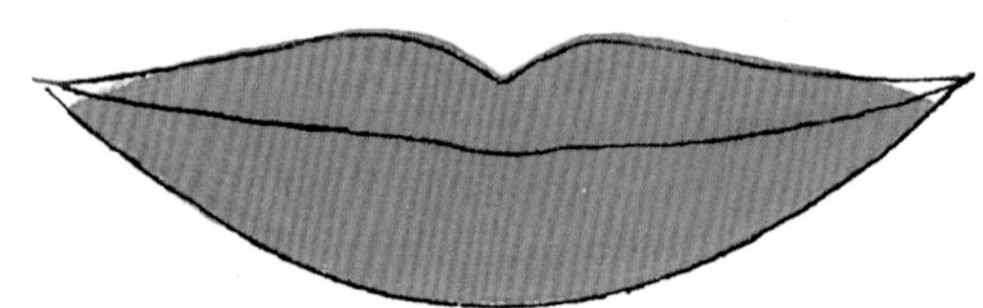

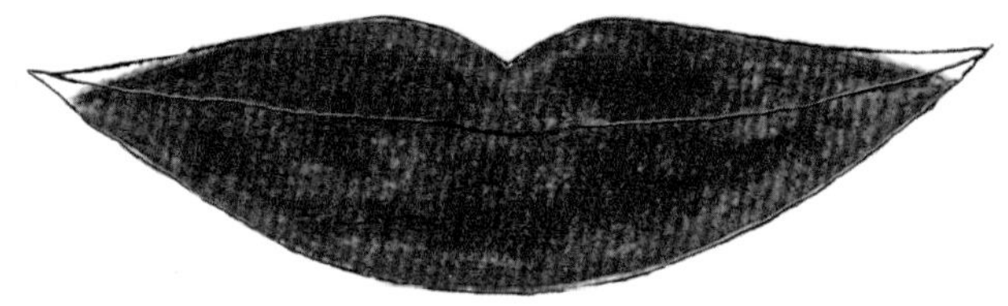

修飾不對稱的唇型

至於應檢試題中的五種臉型（十個設計主題）其臉部的特徵及要修飾的重點都已經有明確指出，因此不論在進行哪一張紙上作業圖其所表現出的色彩都應該是色彩自然且勻稱，為使妳能完全瞭解十個設計主題的眉型、眼型、眼線、腮紅、鼻型、唇型及粉底修飾重點在下圖中皆有圖片及文字說明僅供參考……。

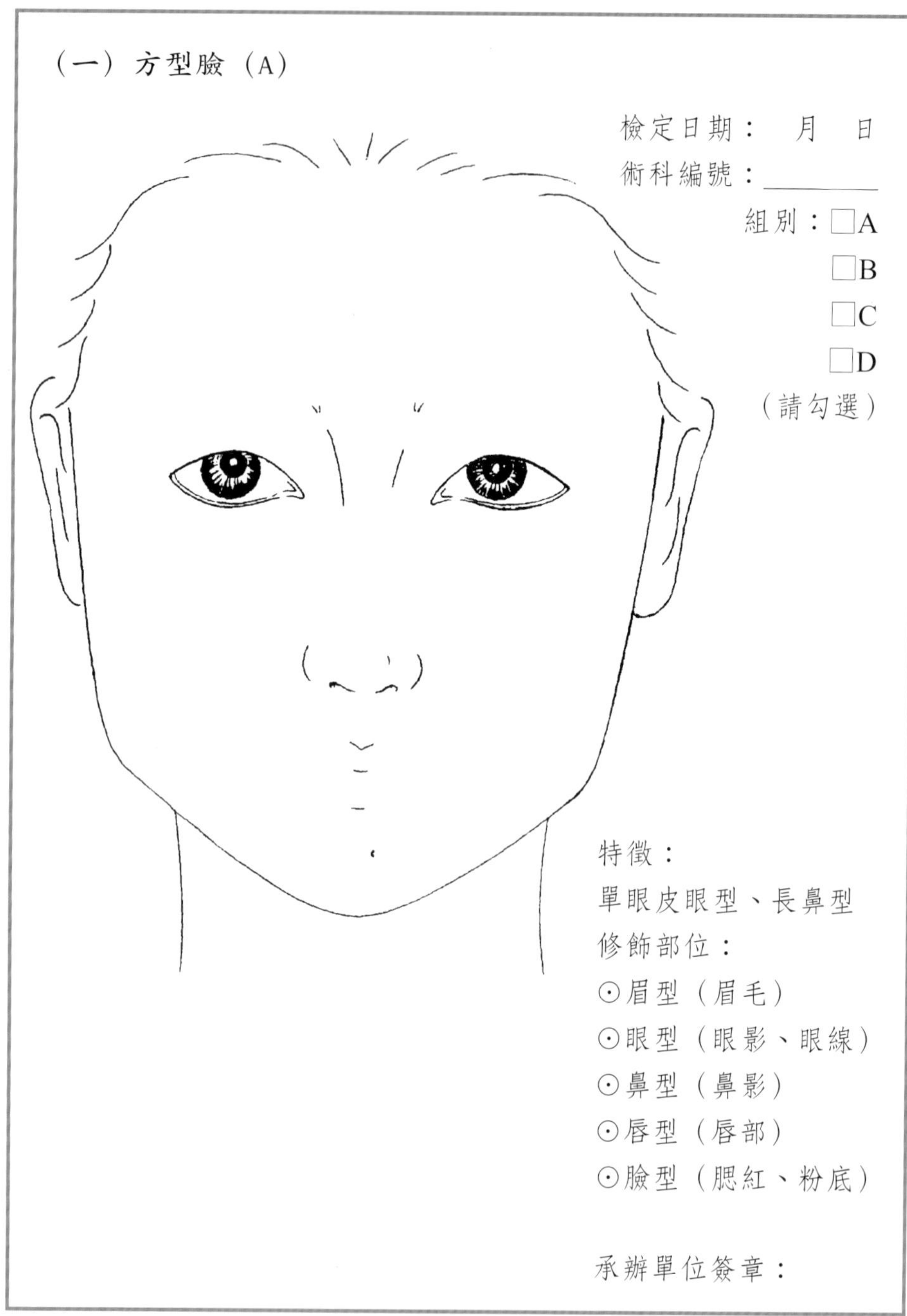

（一）方型臉（A）

檢定日期：　月　日

術科編號：＿＿＿＿

組別：□A

□B

□C

□D

（請勾選）

特徵：

單眼皮眼型、長鼻型

修飾部位：

⊙眉型（眉毛）

⊙眼型（眼影、眼線）

⊙鼻型（鼻影）

⊙唇型（唇部）

⊙臉型（腮紅、粉底）

承辦單位簽章：

方型臉（A）

修飾重點：如圖所示

粉底：上額（髮際至太陽穴）、下額（耳下至下顎角）。

眉型：可描繪成有弧度的眉，但不可描繪成有角度或直線眉。

眼型：單色或雙色漸層或假雙。

眼線：自然描繪，線條順暢。

長鼻型：由眉頭下方（不可連接眉頭），刷至鼻側1/3處，鼻尖以暗色修飾。

腮紅：由顴骨方向往嘴角刷成狹長型（略圓）。

唇型：唇峰不可太尖，下唇稍寬（船底型）。

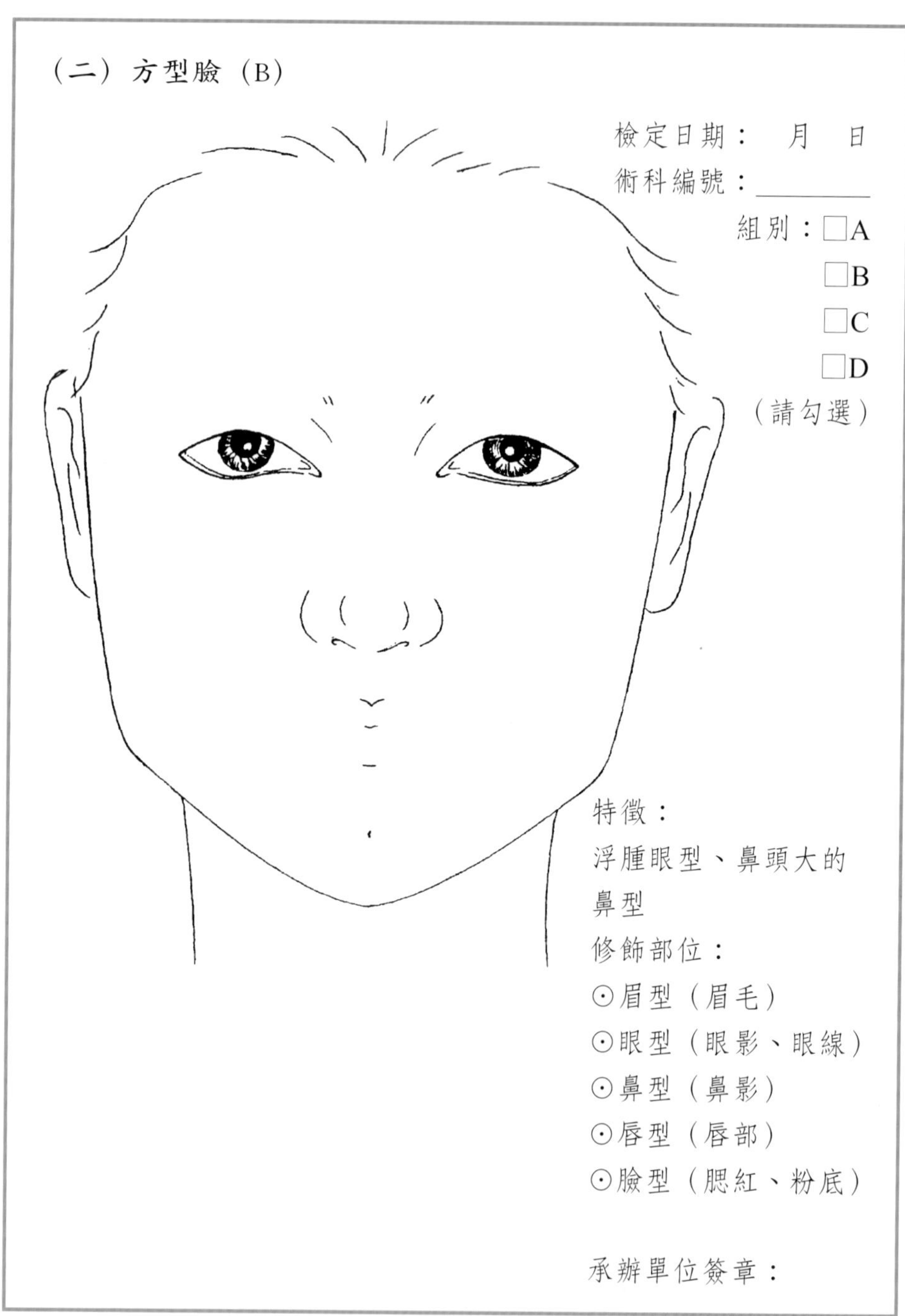

(二)方型臉(B)

檢定日期： 月 日

術科編號：________

組別：□A

□B

□C

□D

(請勾選)

特徵：

浮腫眼型、鼻頭大的鼻型

修飾部位：

⊙眉型(眉毛)

⊙眼型(眼影、眼線)

⊙鼻型(鼻影)

⊙唇型(唇部)

⊙臉型(腮紅、粉底)

承辦單位簽章：

方型臉（B）

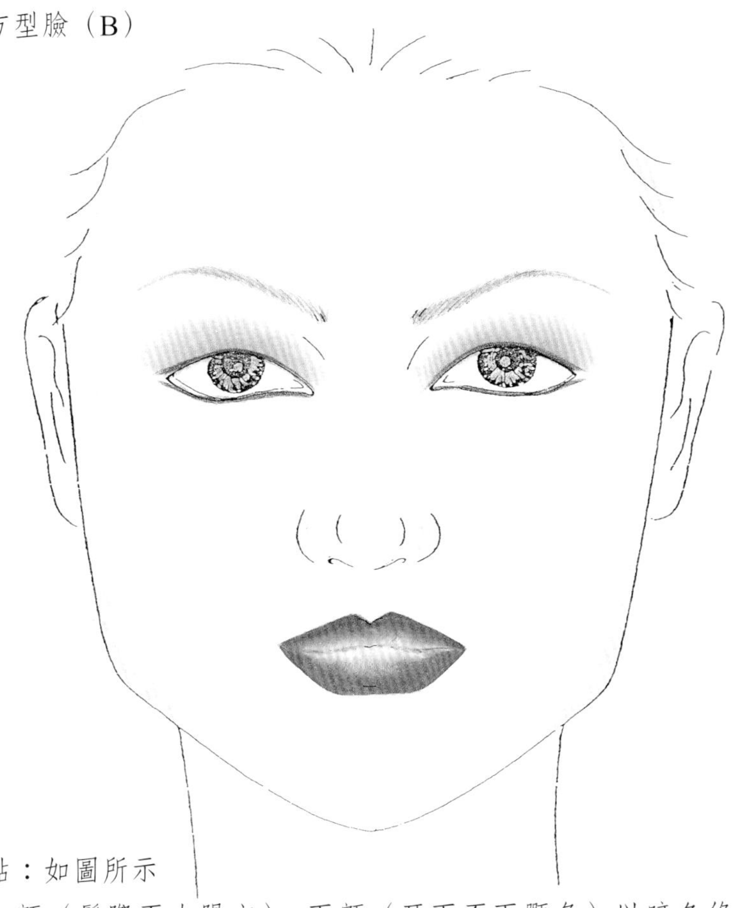

修飾重點：如圖所示

粉底：上額（髮際至太陽穴）、下額（耳下至下顎角）以暗色修飾。

眉型：可描繪成有弧度的眉，但不可描繪成有角度或直線眉。

眼型：近睫毛處與浮腫處以暗色漸層修飾。

眼線：自然描繪，線條順暢。

鼻頭大：由眉頭下方刷至鼻中，鼻翼兩側以暗色修飾。

腮紅：由顴骨方向往嘴角刷成狹長型（略圓）。

唇型：唇峰不可太尖，下唇稍寬（船底型）。

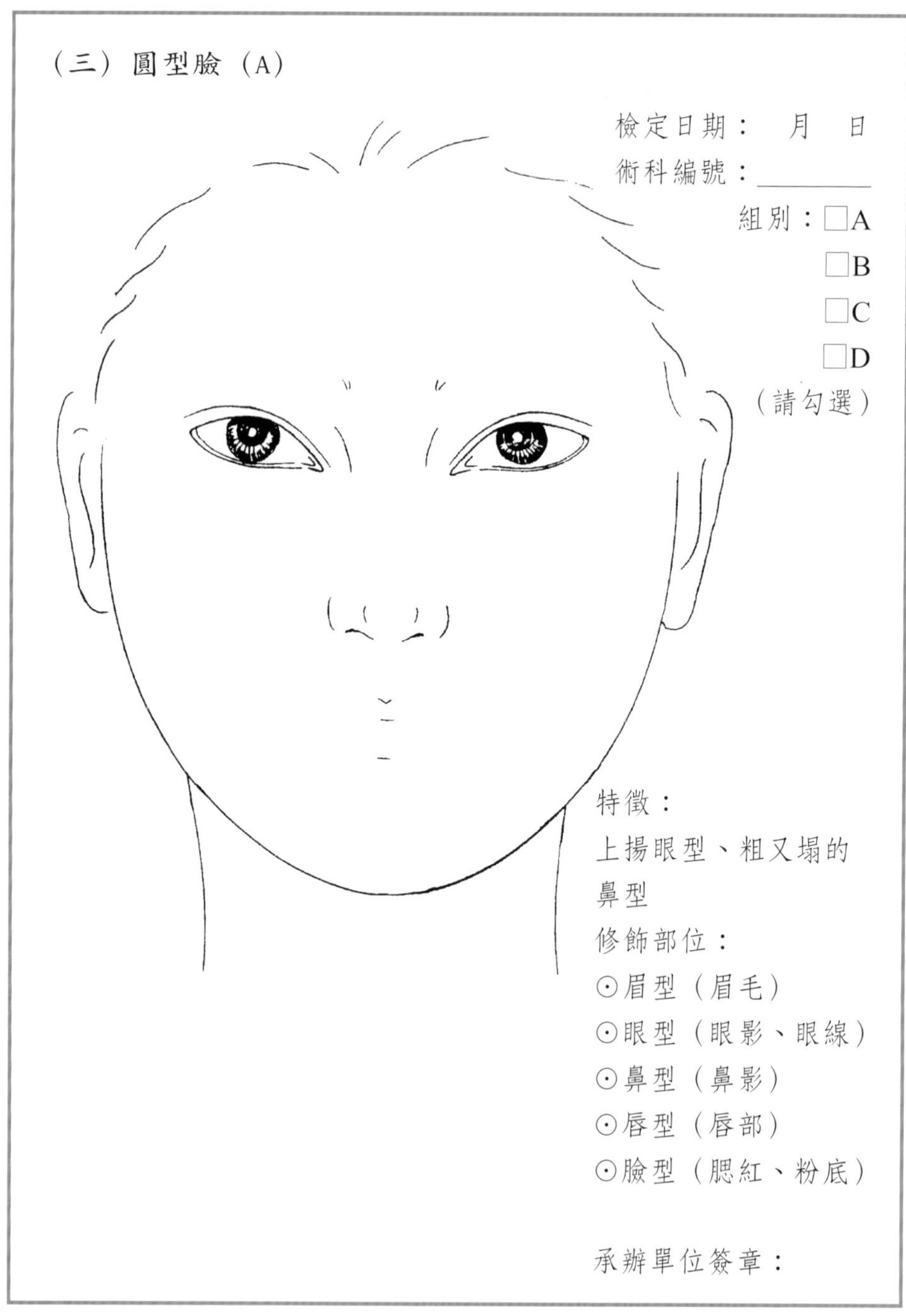

（三）圓型臉（A）

檢定日期：　月　日
術科編號：＿＿＿＿
組別：□A
□B
□C
□D
（請勾選）

特徵：
上揚眼型、粗又塌的鼻型
修飾部位：
⊙眉型（眉毛）
⊙眼型（眼影、眼線）
⊙鼻型（鼻影）
⊙唇型（唇部）
⊙臉型（腮紅、粉底）

承辦單位簽章：

## 圓型臉（A）

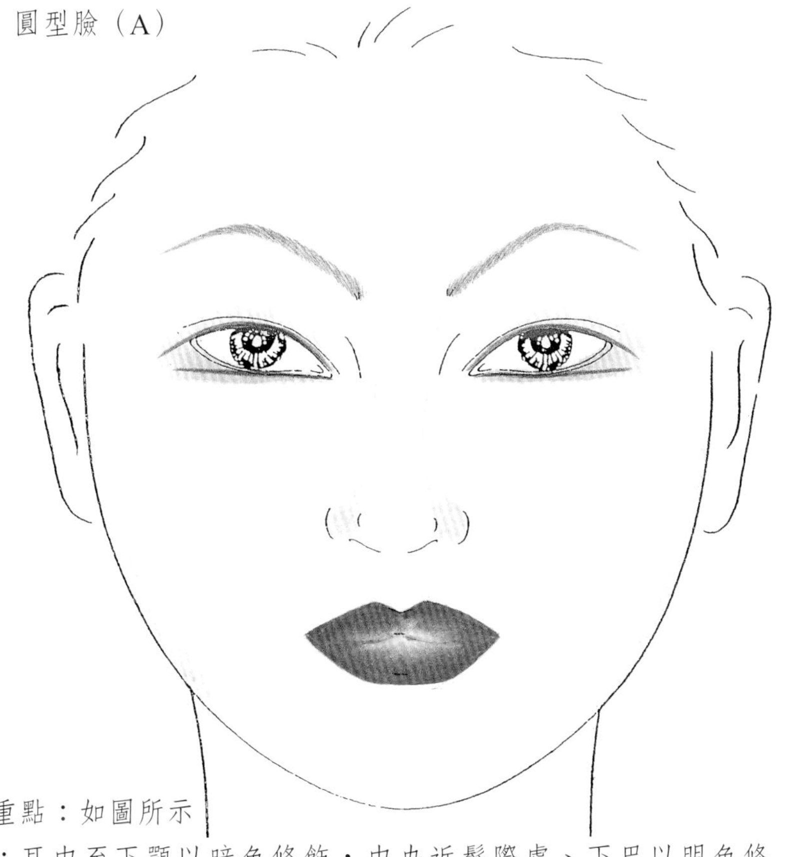

修飾重點：如圖所示

粉底：耳中至下顎以暗色修飾，中央近髮際處、下巴以明色修飾。

眉型：由眉頭斜上，眉峰略帶角度或弧度。

眼型：上眼影自然表現，下眼影眼尾處加深加寬。

眼線：上眼線自然描繪且線條須順暢，下眼線呈水平。

粗又塌的鼻型：由眉頭稍向鼻樑內側，鼻樑兩側連接鼻翼，兩側以暗色修飾。

腮紅：由顴骨方向往嘴角刷成狹長型。

唇型：上唇峰須帶角度，下唇不宜太尖太圓。

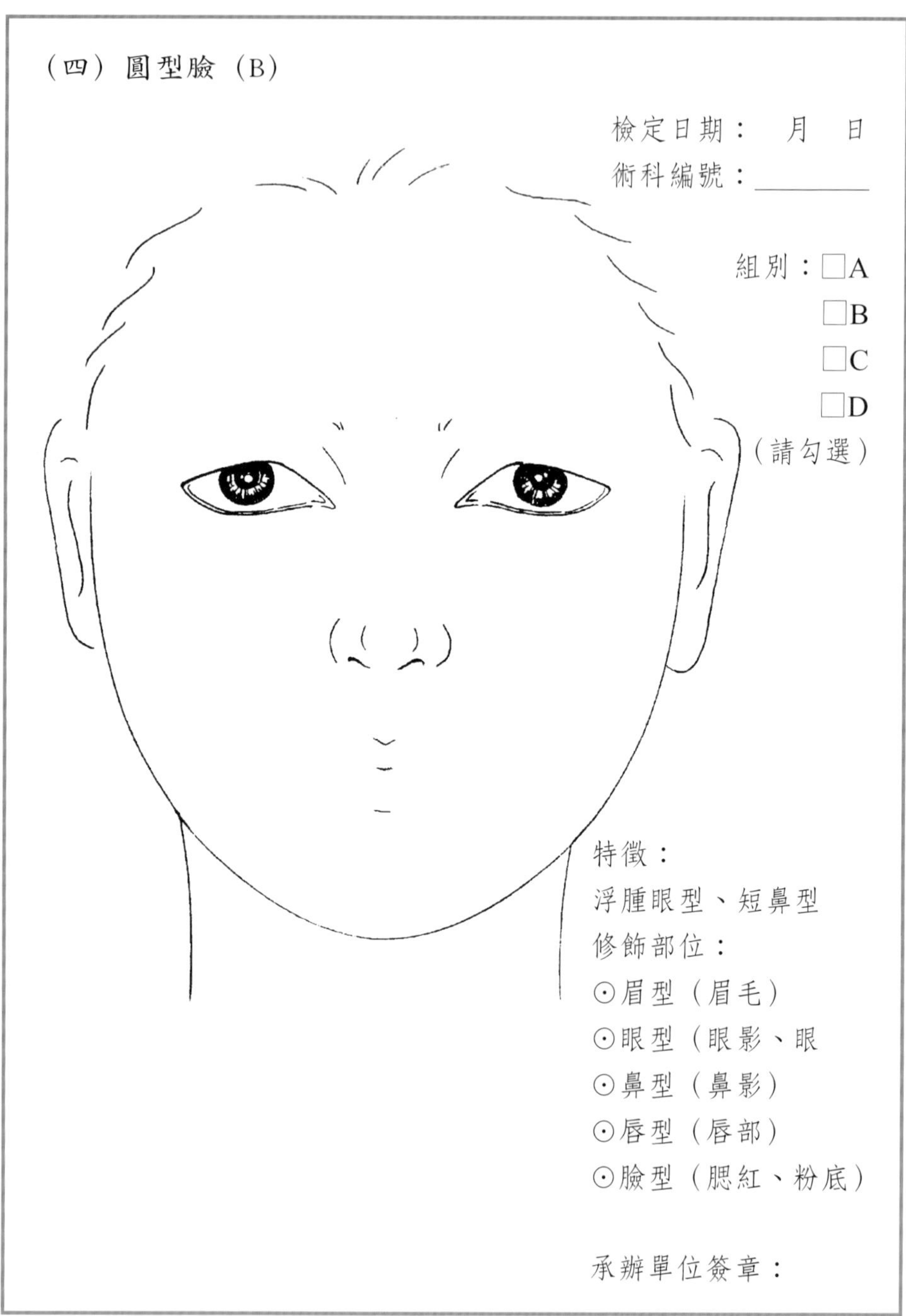

（四）圓型臉（B）

檢定日期：　月　日

術科編號：________

組別：□A

□B

□C

□D

（請勾選）

特徵：

浮腫眼型、短鼻型

修飾部位：

⊙眉型（眉毛）

⊙眼型（眼影、眼

⊙鼻型（鼻影）

⊙唇型（唇部）

⊙臉型（腮紅、粉底）

承辦單位簽章：

圓型臉（B）

修飾重點：如圖所示

粉底：耳中至下顎以暗色修飾，中央近髮際處、下巴以明色修飾。

眉型：由眉頭斜上，眉峰略帶角度或弧度。

眼型：近睫毛處與浮腫處以暗色漸層修飾。

眼線：自然描繪，線條順暢。

短鼻型：由眉頭刷至鼻頭兩側。

腮紅：由顴骨方向往嘴角刷成狹長型。

唇型：上唇峰須帶角度，下唇不宜太尖太圓。

（五）長型臉（A）

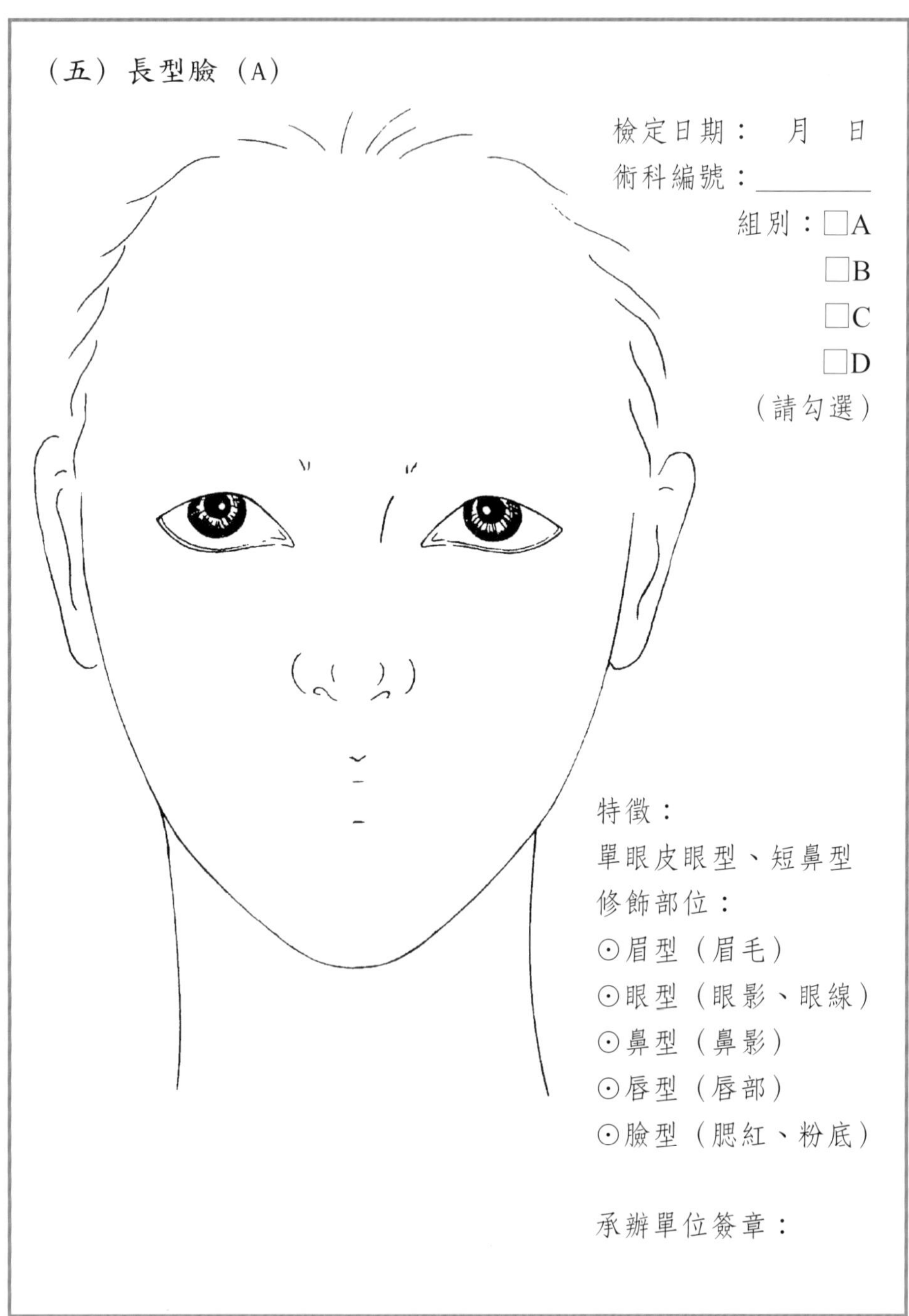

檢定日期：　月　日

術科編號：＿＿＿＿＿

組別：□A

□B

□C

□D

（請勾選）

特徵：

單眼皮眼型、短鼻型

修飾部位：

⊙眉型（眉毛）

⊙眼型（眼影、眼線）

⊙鼻型（鼻影）

⊙唇型（唇部）

⊙臉型（腮紅、粉底）

承辦單位簽章：

## 5 長型臉（A）

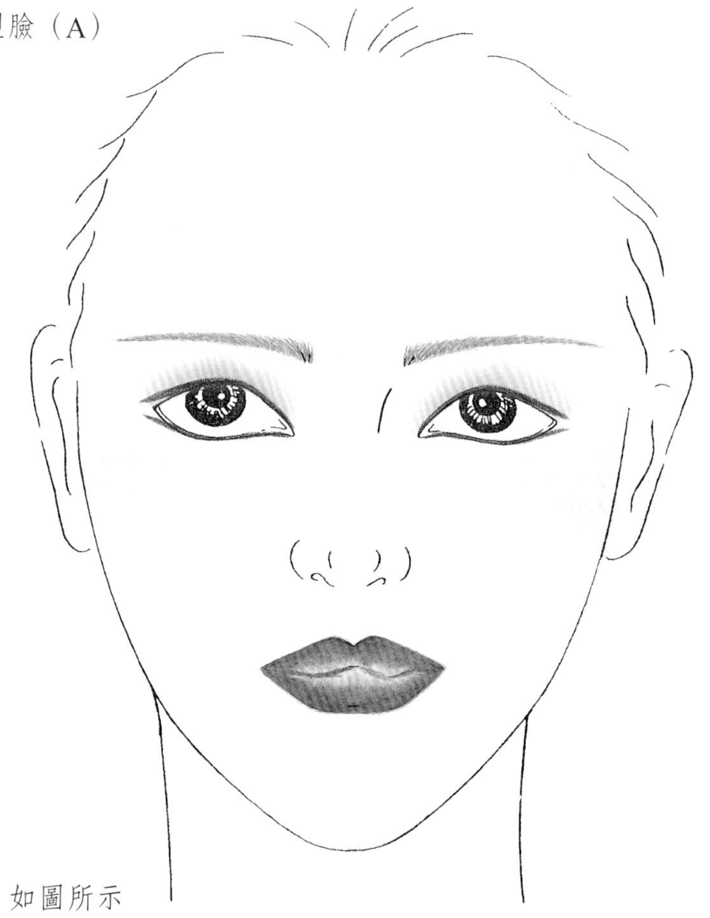

修飾重點：如圖所示

粉底：上額、下巴以暗色修飾。

眉型：略呈水平。

眼型：單色或雙色漸層或假雙。

眼線：自然描繪，線條順暢。

短鼻型：由眉頭刷至鼻頭兩側。

腮紅：由顴骨方向往內橫刷。

唇型：上唇峰避免角度，唇寬不宜超過瞳孔內側。

（六）長型臉（B）

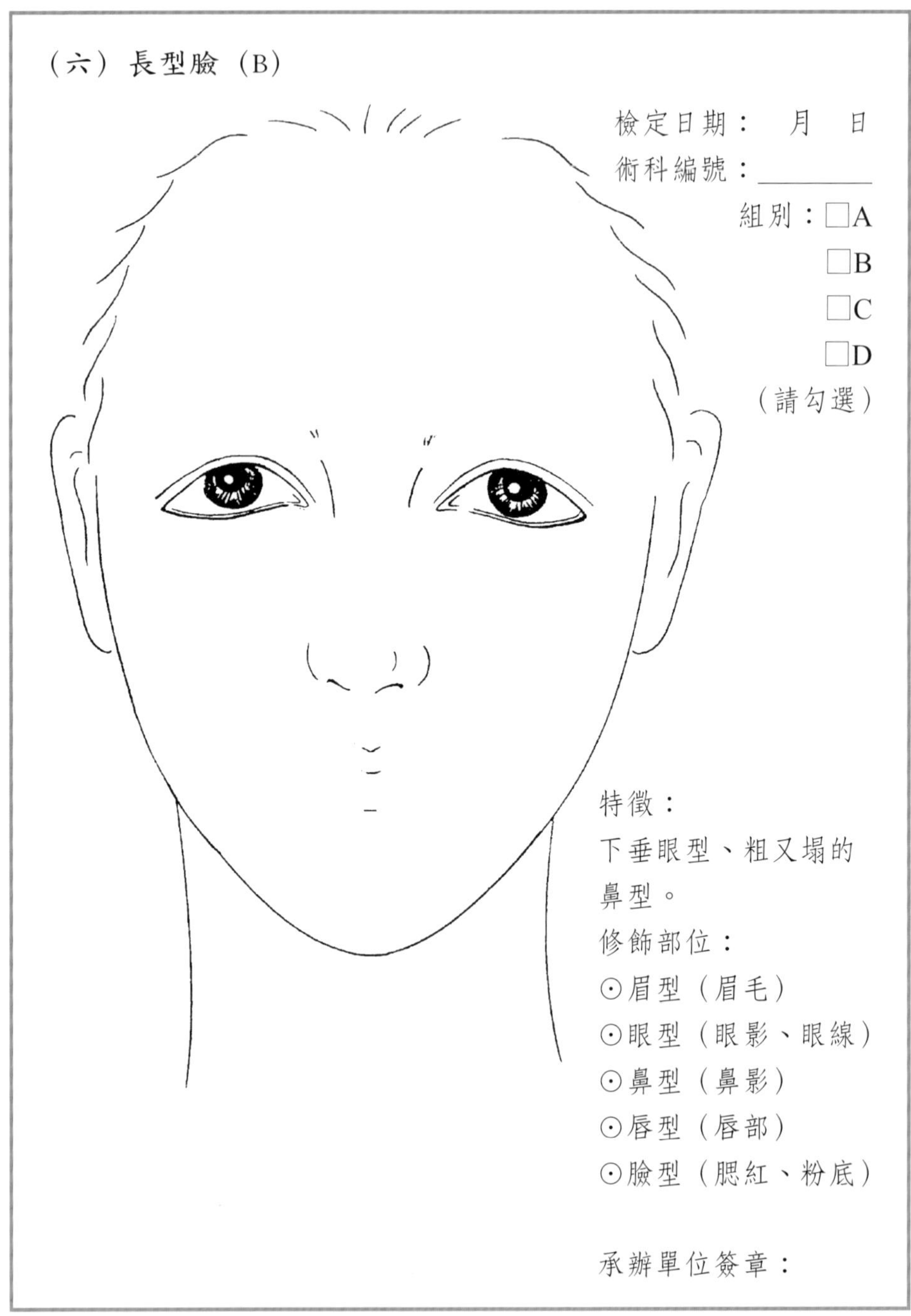

檢定日期：　月　日

術科編號：＿＿＿＿

組別：□A

□B

□C

□D

（請勾選）

特徵：

下垂眼型、粗又塌的鼻型。

修飾部位：

⊙眉型（眉毛）

⊙眼型（眼影、眼線）

⊙鼻型（鼻影）

⊙唇型（唇部）

⊙臉型（腮紅、粉底）

承辦單位簽章：

6 長型臉（B）

修飾重點：如圖所示

粉底：上額、下巴以暗色修飾。

眉型：略呈水平。

眼型：眼尾色彩加濃且上揚。

眼線：上眼線：眼尾前內側即上揚。下眼線：水平稍上揚。

粗又塌的鼻型：由眉頭稍向鼻樑內側，鼻樑兩側連接鼻翼，兩側以暗色修飾。

腮紅：由顴骨方向往內橫刷。

唇型：上唇峰避免角度，唇寬不宜超過瞳孔內側。

（七）倒三角型臉（A）

檢定日期：　月　日
術科編號：________
組別：□A
□B
□C
□D
（請勾選）

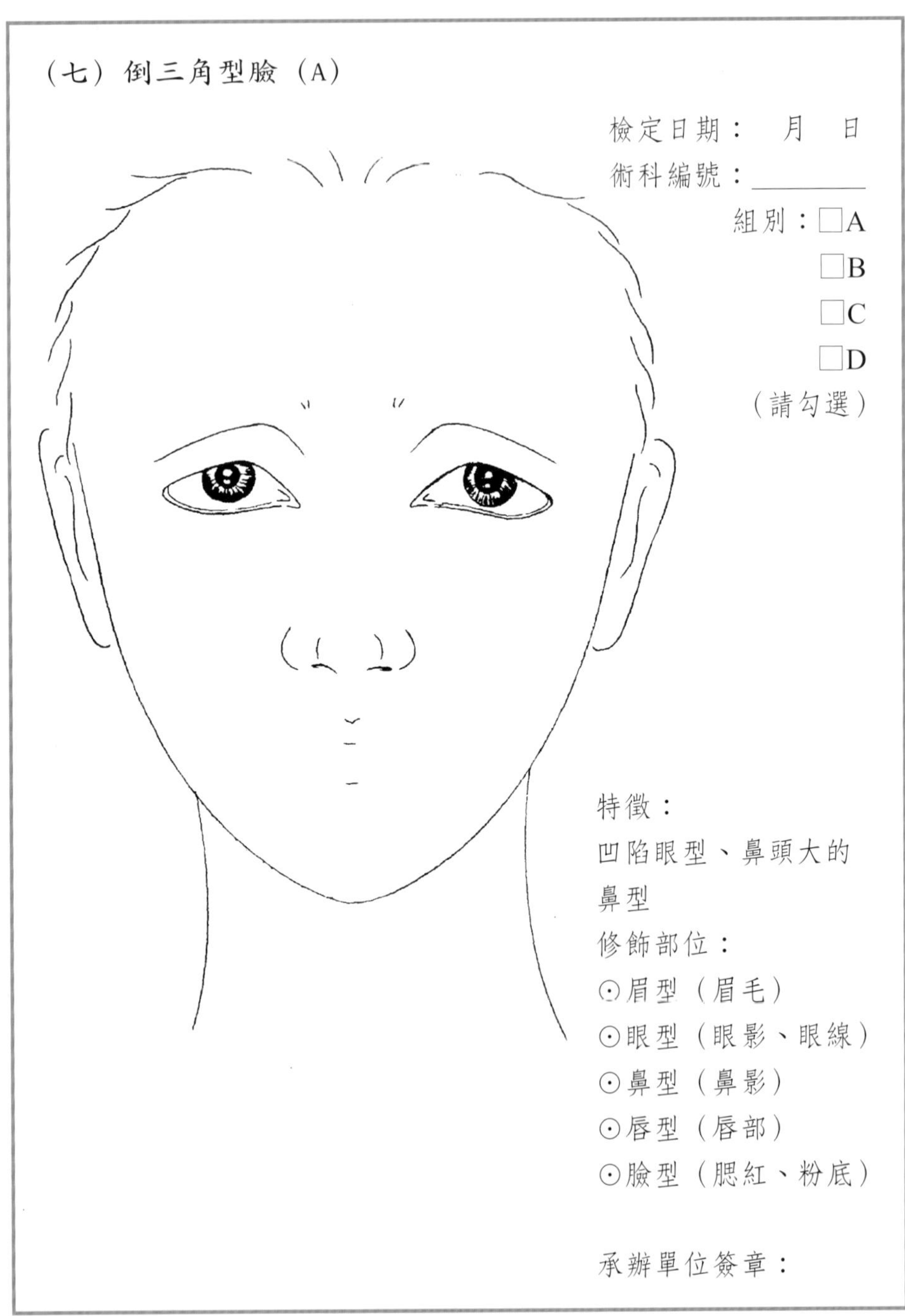

特徵：
凹陷眼型、鼻頭大的鼻型
修飾部位：
⊙眉型（眉毛）
⊙眼型（眼影、眼線）
⊙鼻型（鼻影）
⊙唇型（唇部）
⊙臉型（腮紅、粉底）

承辦單位簽章：

## 倒三角型臉（A）

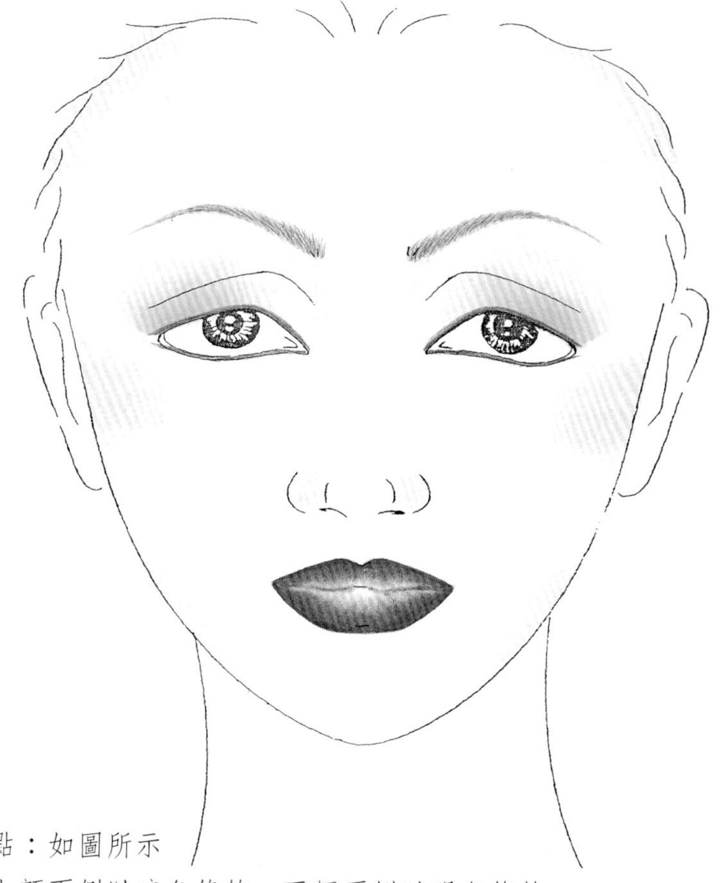

修飾重點：如圖所示

粉底：上額兩側以暗色修飾，下額兩側以明色修飾。

眉型：不適合直線眉或有角度眉。

眼型：凹陷處以明色修飾。

眼線：自然描繪，線條順暢。

鼻頭大鼻型：由眉頭下方刷至鼻中，鼻翼兩側以暗色修飾。

腮紅：由顴骨方向往內橫刷，位置稍高略短。

唇型：下唇不宜太寬及太尖。

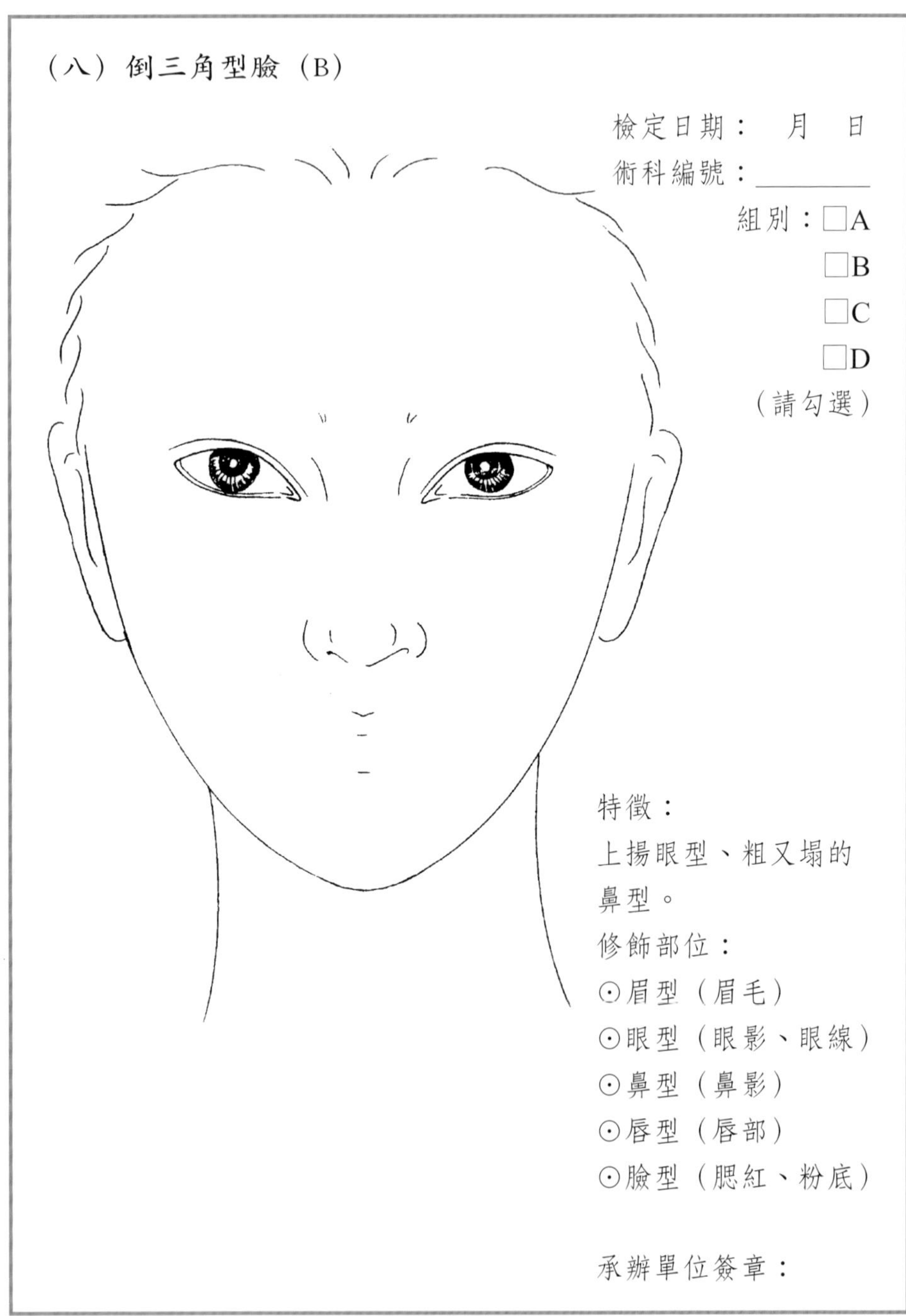

## （八）倒三角型臉（B）

檢定日期： 月 日

術科編號：________

組別：□A □B □C □D（請勾選）

特徵：

上揚眼型、粗又塌的鼻型。

修飾部位：

⊙眉型（眉毛）

⊙眼型（眼影、眼線）

⊙鼻型（鼻影）

⊙唇型（唇部）

⊙臉型（腮紅、粉底）

承辦單位簽章：

倒三角型臉（B）

修飾重點：如圖所示

粉底：上額兩側以暗色修飾，下額兩側以明色修飾。

眉型：不適合直線眉或有角度眉。

眼型：上眼影自然表現，下眼影眼尾處加深加寬。

眼線：上眼線自然描繪且線條須順暢，下眼線呈水平。

粗又塌的鼻型：由眉頭稍向鼻樑內側，鼻樑兩側連接鼻翼，兩側以暗色修飾。

腮紅：由顴骨方向往內橫刷，位置稍高略短。

唇型：下唇不宜太寬及太尖。

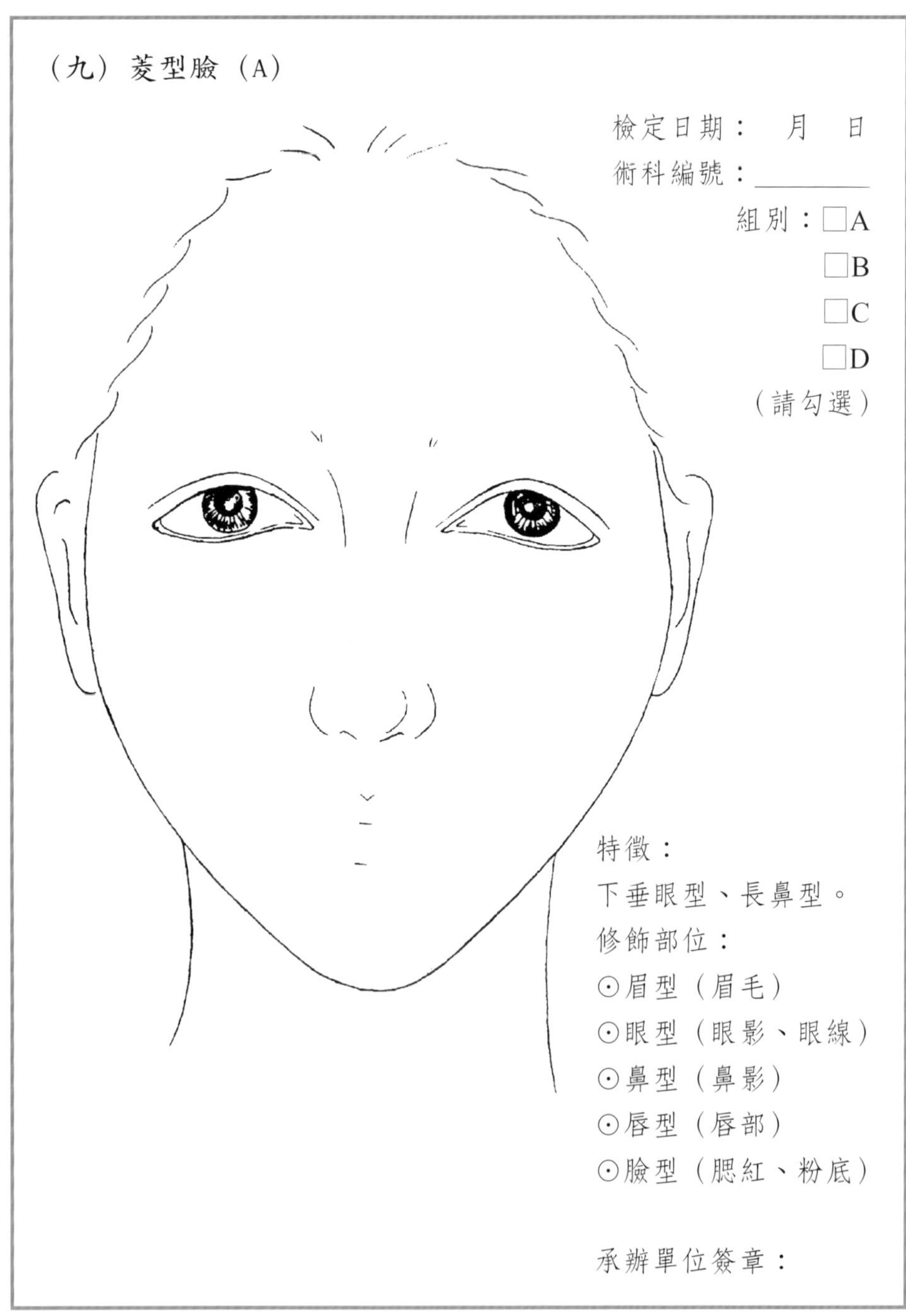

（九）菱型臉（A）

檢定日期：　月　日

術科編號：________

組別：□A

□B

□C

□D

（請勾選）

特徵：

下垂眼型、長鼻型。

修飾部位：

⊙眉型（眉毛）

⊙眼型（眼影、眼線）

⊙鼻型（鼻影）

⊙唇型（唇部）

⊙臉型（腮紅、粉底）

承辦單位簽章：

菱型臉（A）

修飾重點：如圖所示

粉底：上額、下額兩側以明色修飾。

眉型：眉型避免有明顯眉峰，以較平直之線條為主，眉長比眼尾稍長。

眼型：眼尾色彩加濃且上揚。

眼線：上眼線：眼尾前內側即上揚。下眼線：水平稍上揚。

長鼻型：由眉頭下方（不可連接眉頭），刷至鼻側1/3處，鼻尖以暗色修飾。

腮紅：由顴骨為中心刷成圓弧型。

唇型：唇峰不可太尖，下唇不宜太寬及太尖。

（十）菱型臉（B）

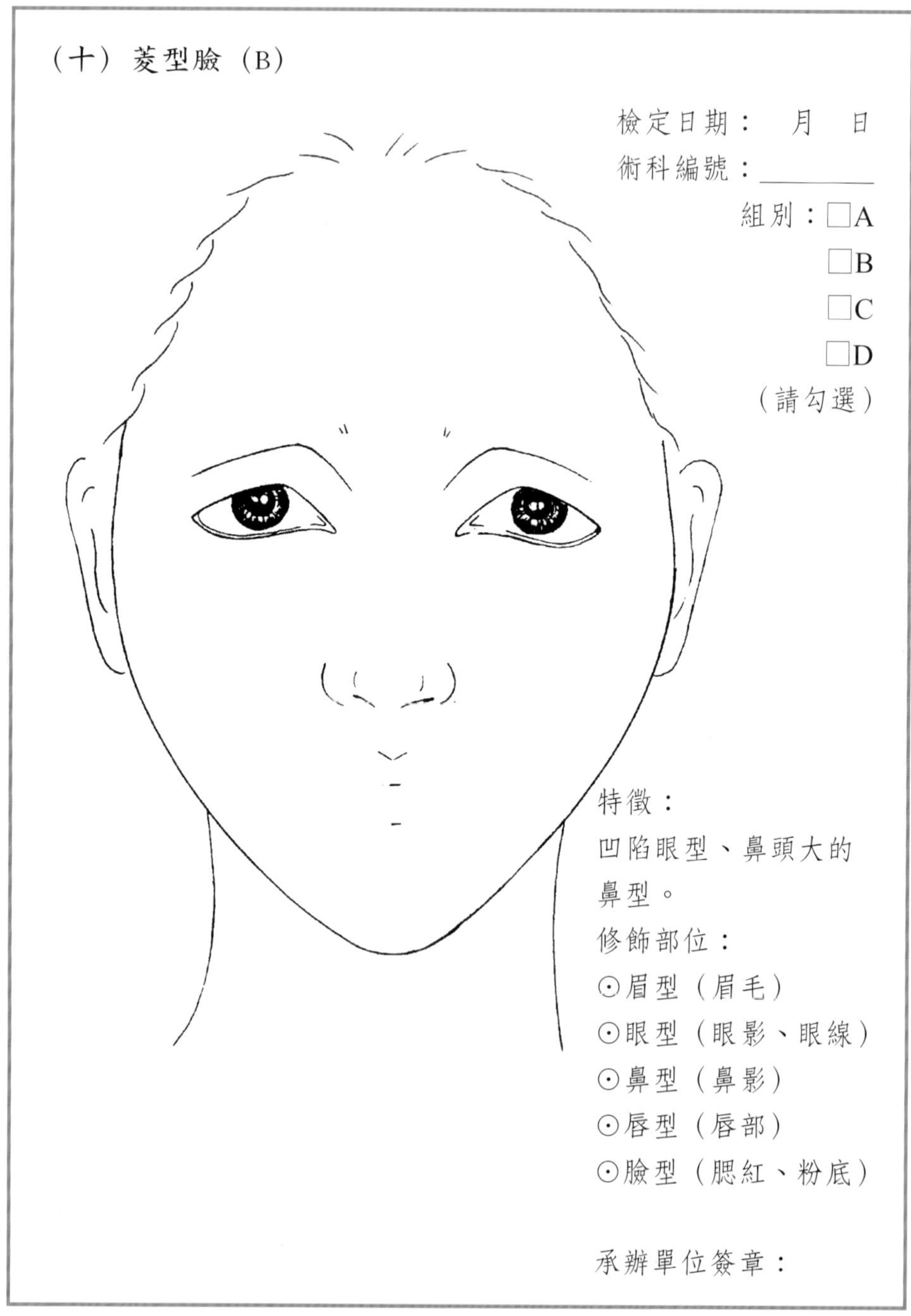

檢定日期：　月　日
術科編號：________
組別：□A
□B
□C
□D
（請勾選）

特徵：
凹陷眼型、鼻頭大的鼻型。

修飾部位：
⊙眉型（眉毛）
⊙眼型（眼影、眼線）
⊙鼻型（鼻影）
⊙唇型（唇部）
⊙臉型（腮紅、粉底）

承辦單位簽章：

菱型臉（B）

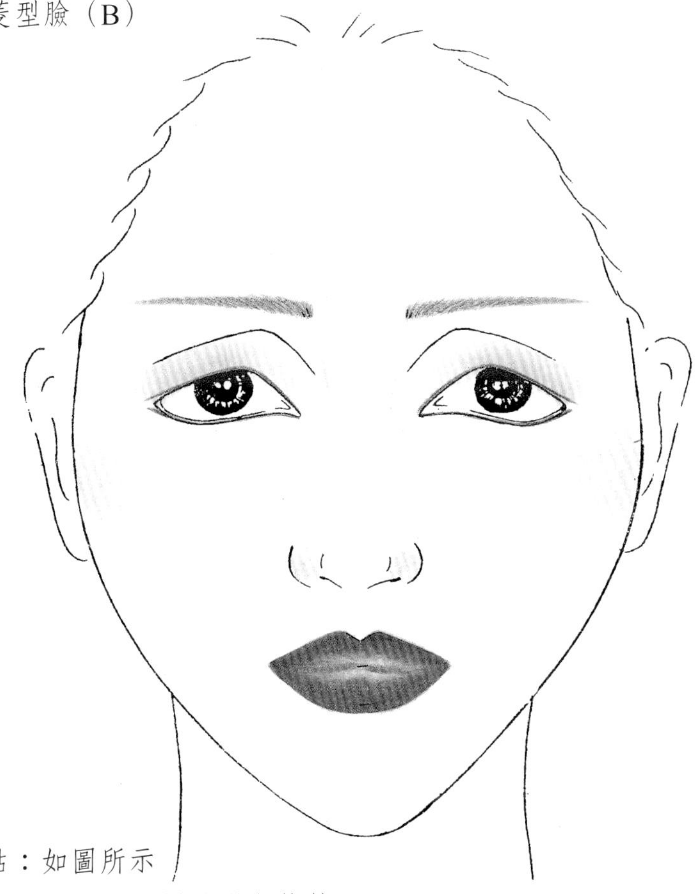

修飾重點：如圖所示

粉底：上額、下額兩側以明色修飾。

眉型：眉型避免有明顯眉峰，以較平直之線條為主，眉長比眼尾稍長。

眼型：凹陷處以明色修飾。

眼線：自然描繪，線條順暢。

鼻頭大鼻型：由眉頭下方刷至鼻中，鼻翼兩側以暗色修飾。

腮紅：由顴骨為中心刷成圓弧型。

唇型：唇峰不可太尖，下唇不宜太寬及太尖。

# 攝影妝

攝影妝又分黑白攝影妝與彩色攝影妝，應考生於乙級技能檢定時，只需選其一種應考，下列為黑白攝影妝與彩色攝影妝之重點提示：僅供參考！

# 黑白攝影妝

# 黑白攝影妝

## 測驗項目：黑白攝影妝

自備工具表：

| 項次 | 工具名稱 | 規格尺寸 | 數量 | 備註 |
|---|---|---|---|---|
| 1 | 卸妝乳 | 屬合格保養製品 | | |
| 2 | 化妝水 | 屬合格保養製品 | | |
| 3 | 乳液或面霜 | 屬合格保養製品 | | |
| 4 | 粉底 | 屬合格保養製品 | | 深色、淺色及適合模特兒的膚色 |
| 5 | 蜜粉 | 屬合格保養製品 | | |
| 6 | 眼影 | 屬合格保養製品 | | 黑、灰、白或咖啡 |
| 7 | 眼線筆或眼線液 | 屬合格保養製品 | | |
| 8 | 腮紅 | 屬合格保養製品 | | |
| 9 | 唇膏 | 屬合格保養製品 | | |
| 10 | 睫毛膏 | 屬合格保養製品 | | |
| 11 | 白色髮帶 | | 1條 | |
| 12 | 白色圍巾 | | 1條 | |
| 13 | 小毛巾 | | 1條 | 白色 |
| 14 | 化妝棉 | | 適量 | |
| 15 | 化妝紙 | | 適量 | |
| 16 | 海綿 | | 數片 | |
| 17 | 眼影棒 | | 數支 | |
| 18 | 修容刷 | | 數支 | |
| 19 | 唇筆 | | 1支 | |
| 20 | 挖杓 | | 數支 | |
| 21 | 酒精棉罐 | 附蓋 | 1罐 | 附鑷子，內含適量酒精棉球 |
| 22 | 睫毛夾 | | 1支 | |
| 23 | 垃圾袋 | 約30×20cm以上 | 1個 | |
| 24 | 待消毒物品袋 | 約30×20cm以上 | 1個 | |

測驗時間：40分鐘
應檢前要完成下列準備工作：

1.可先將有關黑白攝影妝的工具及化妝品先擺妥在桌面上或推車上。
2.用白色髮帶、大圍巾及小毛巾為模特兒裝置完成，並使模特兒臉部保持素面。
3.應檢人員的儀容必須整潔並穿妥工作服、戴上口罩。

## 注意事項

☆本項測驗自基礎保養開始。
☆所有重點色彩不要含銀粉，粉底不可有發亮的感覺。
☆整體感要潔淨。
☆黑白照片以立體呈現為主。
☆粉底強調陰影效果。
☆眼影色彩限用咖啡色、黑、灰、白的顏色。表現要有漸層的立體效果，且避免使用帶銀粉的色彩。
☆唇部避免使用油質過高的唇膏。
☆唇膏選用中明度、中彩度的色彩，如珊瑚色或肉色的唇膏。
☆刷睫毛前務必先將睫毛夾翹，且不可使用透明睫毛膏。
☆於規定時間內未完成項目超過二項以上（含二項）者，則此妝完全不予計分。

## 應檢流程：黑白攝影妝檢定程序

☆應檢人員先進行手部消毒。

☆基礎保養：擦拭化妝水與乳液（面霜），且需順肌肉紋理使用。

☆粉底色彩需均勻：粉底顏色需配合膚色，不可太白或太厚，更不可有塊狀及浮粉現象。

☆粉底無分界線：粉底在髮際處、下顎線至頸部不可有明顯界線之分。

☆粉底配合臉型修飾：粉底要有層次感，斑點、面皰、眼袋要修飾，臉部輪廓的凹凸部位需以明暗色來呈現出立體感。

☆眉色自然、勻稱：眉色應與眉毛相同，不可太黑或太淡。

☆眉型配合臉型修飾、對稱：需配合臉型修飾，兩邊眉型的型狀、高低、粗細、長短要一致。

☆眼影色彩需均勻：色彩與色彩之間無分界線且均勻、調合。

☆眼影配合眼型修飾、對稱：配合眼型修飾且兩邊對稱。

☆眼線線條順暢：線條不可有參差不齊的現象。

☆眼線配合眼型修飾、對稱：配合眼型修飾且兩眼之線條要一樣。

☆睫毛修飾：不需裝戴假睫毛，但需先將睫毛夾翹，再刷睫毛膏。

☆鼻影自然立體：鼻影的線條需順暢且立體自然。

☆鼻影配合鼻型修飾：鼻影需配合鼻型。

☆腮紅色彩均勻：兩邊色彩不可太濃且需均勻，不可有明顯界線。

☆腮紅配合臉型修飾、對稱：需配合臉型修飾，且兩邊的型狀與色彩需對稱。

☆唇膏色彩需均勻：色彩需配合眼影與腮紅。

☆唇型修飾、對稱：線條要平穩且唇角兩邊要對稱。

☆整體色彩搭配：眼影、腮紅、唇膏的色彩要協調且需配合主題。

☆整體感切題：整體感要潔淨。

☆動作優雅、熟練、尊重顧客：正確的使用化妝品且動作必須熟練，工作進行中必須尊重模特兒。

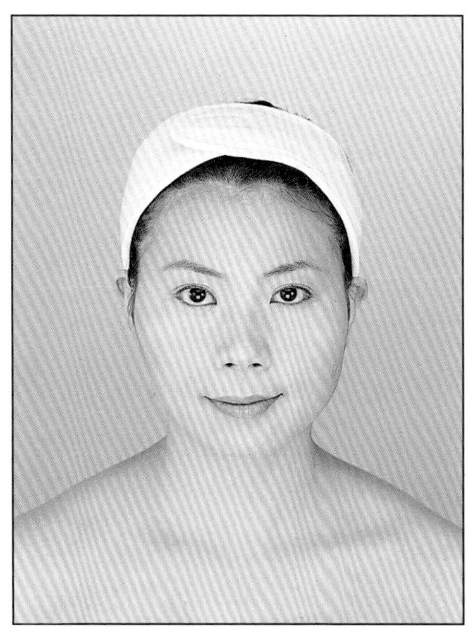

◆黑白攝影妝化妝前

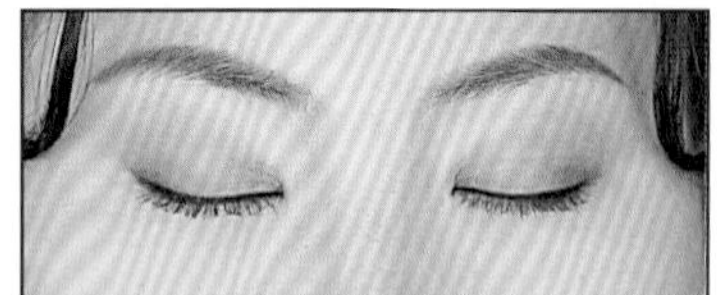

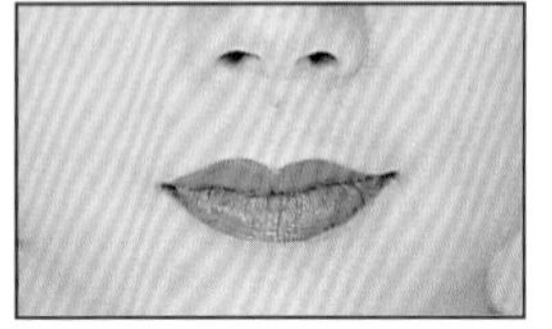

◆眼線、眼影、眉毛、唇型修飾

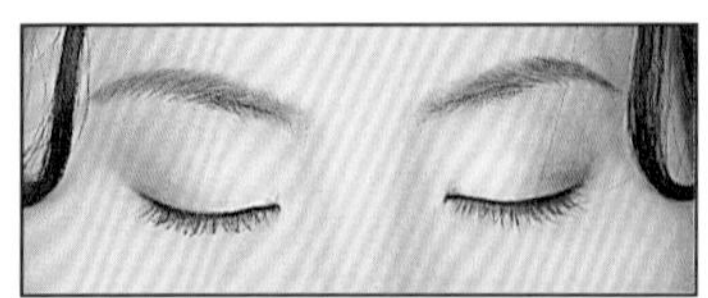

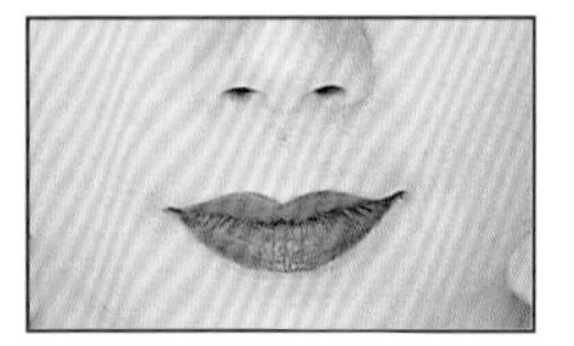

◆眼線、眼影、眉毛、唇型修飾

◆粉底、腮紅修飾

◆黑白攝影妝完成圖

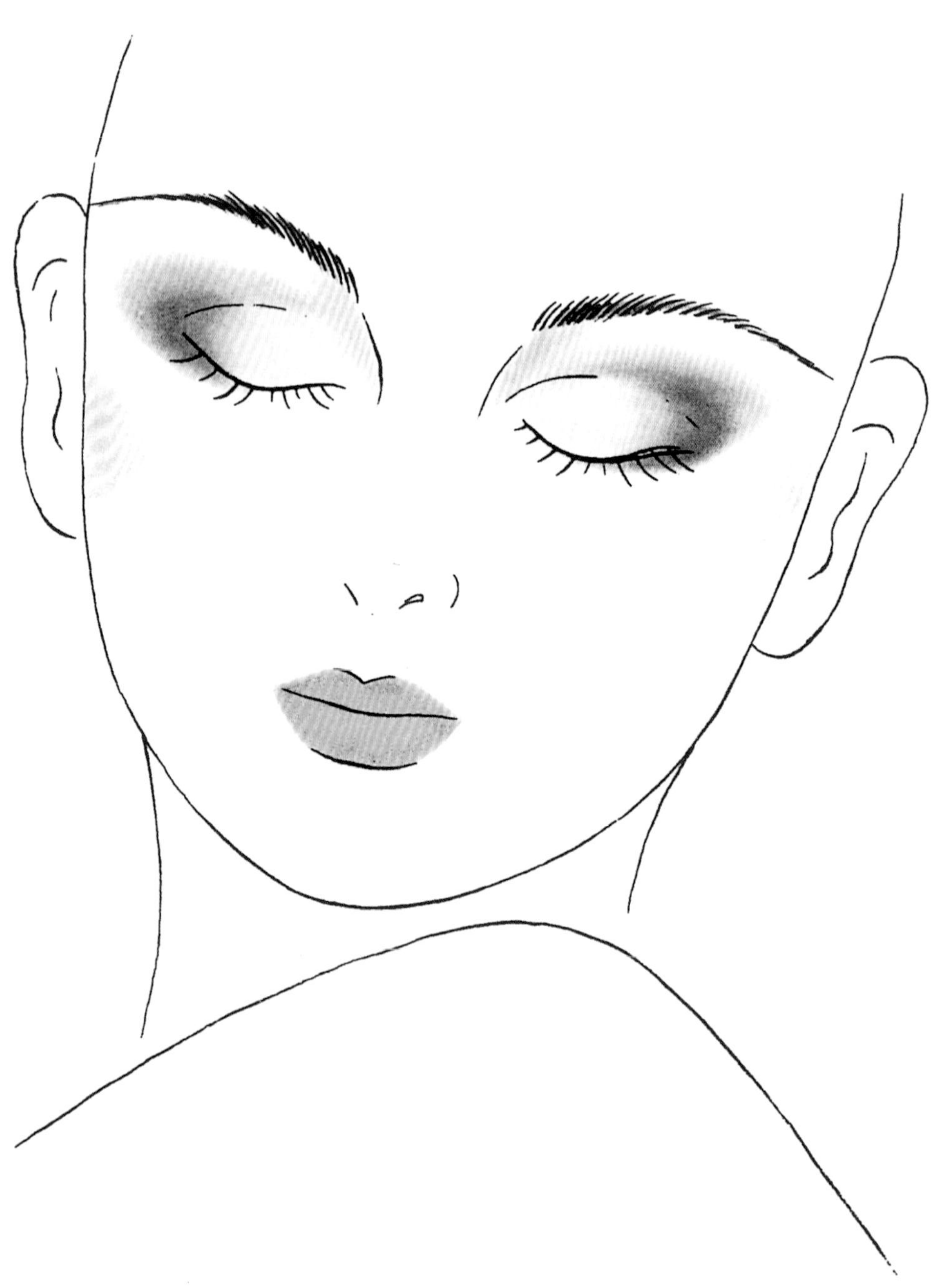

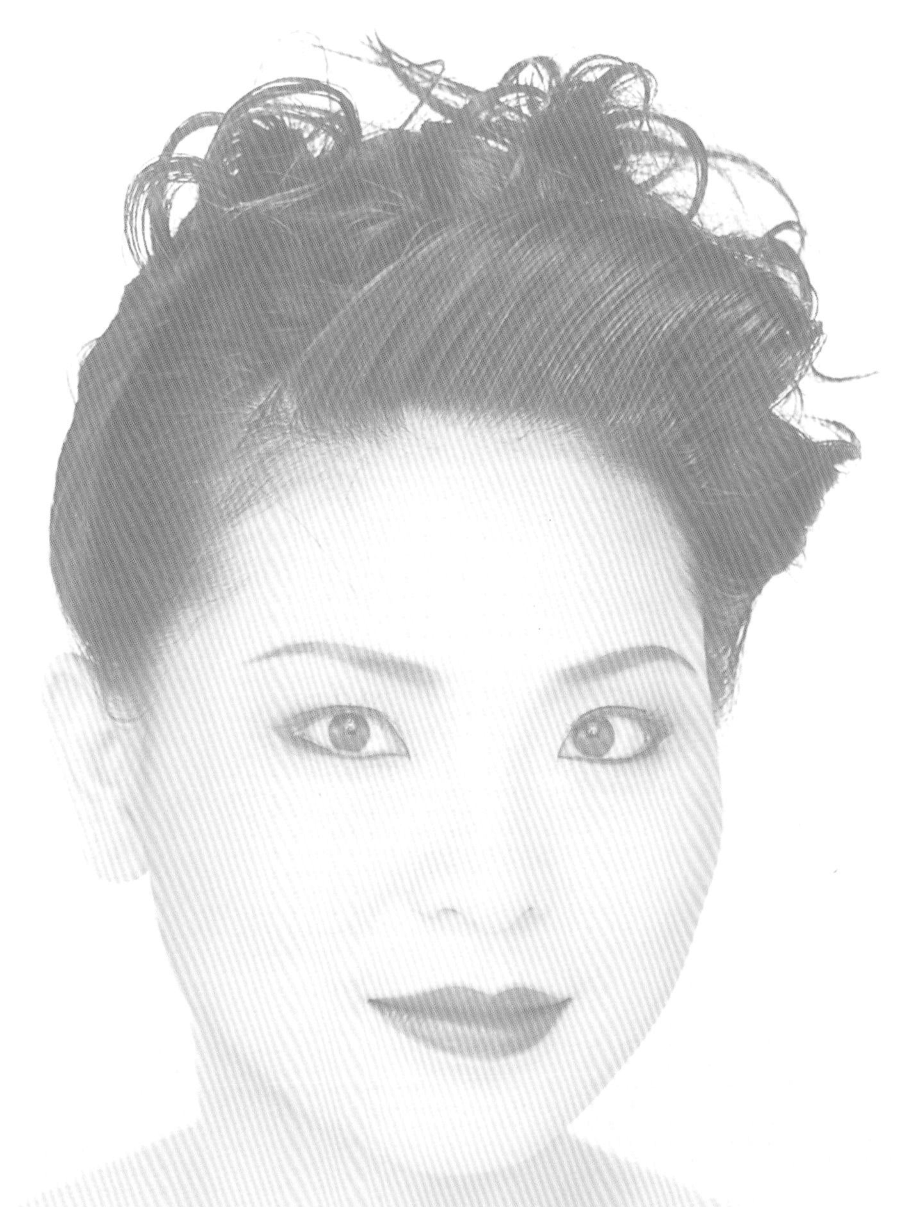

# 彩色攝影妝

# 彩色攝影妝

## 測驗項目：彩色攝影妝

自備工具表：

| 項次 | 工具名稱 | 規格尺寸 | 數量 | 備註 |
|---|---|---|---|---|
| 1 | 卸妝乳 | 屬合格保養製品 | | |
| 2 | 化妝水 | 屬合格保養製品 | | |
| 3 | 乳液或面霜 | 屬合格保養製品 | | |
| 4 | 粉底 | 屬合格保養製品 | | 深色、淺色及適合模特兒的膚色 |
| 5 | 蜜粉 | 屬合格保養製品 | | |
| 6 | 眼影 | 屬合格保養製品 | | 色彩不限 |
| 7 | 眼線筆或眼線液 | 屬合格保養製品 | | |
| 8 | 腮紅 | 屬合格保養製品 | | |
| 9 | 唇膏 | 屬合格保養製品 | | |
| 10 | 睫毛膏 | 屬合格保養製品 | | |
| 11 | 白色髮帶 | | 1條 | |
| 12 | 白色圍巾 | | 1條 | |
| 13 | 小毛巾 | | 1條 | 白色 |
| 14 | 化妝棉 | | 適量 | |
| 15 | 化妝紙 | | 適量 | |
| 16 | 海綿 | | 數片 | |
| 17 | 眼影棒 | | 數支 | |
| 18 | 修容刷 | | 數支 | |
| 19 | 唇筆 | | 1支 | |
| 20 | 挖杓 | | 數支 | |
| 21 | 酒精棉罐 | 附蓋 | 1罐 | 附鑷子，內含適量酒精棉球 |
| 22 | 睫毛夾 | | 1支 | |
| 23 | 垃圾袋 | 約30×20cm以上 | 1個 | |
| 24 | 待消毒物品袋 | 約30×20cm以上 | 1個 | |

測驗時間：40分鐘

應檢前要完成下列準備工作：

1.可先將有關彩色攝影妝的工具及化妝品先擺妥在桌面上或推車上。
2.用白色髮帶、大圍巾及小毛巾為模特兒裝置完成，並使模特兒臉部保持素面。
3.應檢人員的儀容必須整潔並穿妥工作服、戴上口罩。

## 注意事項

☆本項測驗自基礎保養開始。
☆所有色彩（重點）皆不可有發亮的感覺。
☆是一種彩色照相化妝，整體的色彩以柔和為主。
☆整體不需強調線條與濃的色彩。
☆避免使用帶銀粉的色彩。
☆選用中明度、中彩度的色彩。
☆刷睫毛前務必先將睫毛夾翹，且不可使用透明睫毛膏。
☆於規定時間內未完成項目超過二項以上（含二項）者，則此妝完全不予計分。

## 應檢流程：彩色攝影妝檢定程序

☆應檢人員先進行手部消毒。

☆基礎保養：擦拭化妝水與乳液（面霜），且需順肌肉紋理使用。

☆粉底色彩需均勻：粉底顏色需配合膚色，不可太白或太厚，更不可有塊狀及浮粉現象。

☆粉底無分界線：粉底在髮際處、下顎線至頸部不可有明顯界線之分。

☆粉底配合臉型修飾：粉底要有層次感，斑點、面皰、眼袋要修飾，臉部輪廓的凹凸部位需以明暗色來呈現出立體感。

☆眉色自然、勻稱：眉色應與眉毛相同，不可太黑或太淡。

☆眉型配合臉型修飾、對稱：需配合臉型修飾，兩邊眉型的型狀、高低、粗細、長短要一致。

☆眼影色彩需均勻：色彩與色彩之間無分界線且均勻、調合。

☆眼影配合眼型修飾、對稱：配合眼型修飾且兩邊對稱。

☆眼線線條順暢：線條不可有參差不齊的現象。

☆眼線配合眼型修飾、對稱：配合眼型修飾且兩眼之線條要一樣。

☆睫毛修飾：不需裝戴假睫毛，但需先將睫毛夾翹，再刷睫毛膏。

☆鼻影自然立體：鼻影的線條需順暢且立體自然。

☆鼻影配合鼻型修飾：鼻影需配合鼻型。

☆腮紅色彩均勻：兩邊色彩不可太濃且需均勻，不可有明顯界線。

☆腮紅配合臉型修飾、對稱：需配合臉型修飾，且兩邊的型狀與色彩需對稱。

☆唇膏色彩需均勻：色彩需配合眼影與腮紅。

☆唇型修飾、對稱：線條要平穩且唇角兩邊要對稱。

☆整體色彩搭配：眼影、腮紅、唇膏的色彩要協調且需配合主題。

☆整體感切題：整體感要潔淨。

☆動作優雅、熟練、尊重顧客：正確的使用化妝品且動作必須熟練，工作進行中必須尊重模特兒。

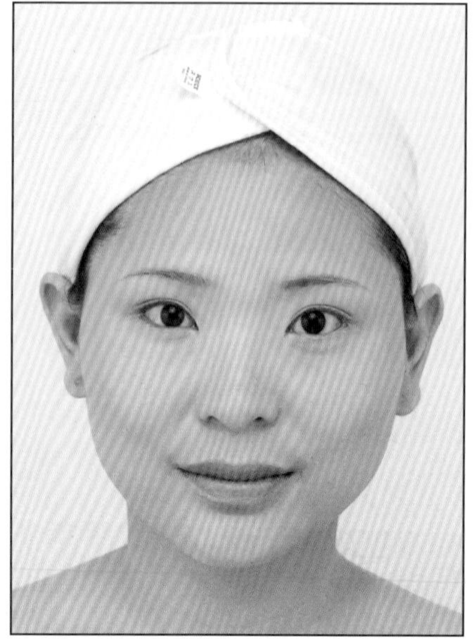

◆彩色攝影妝化妝前

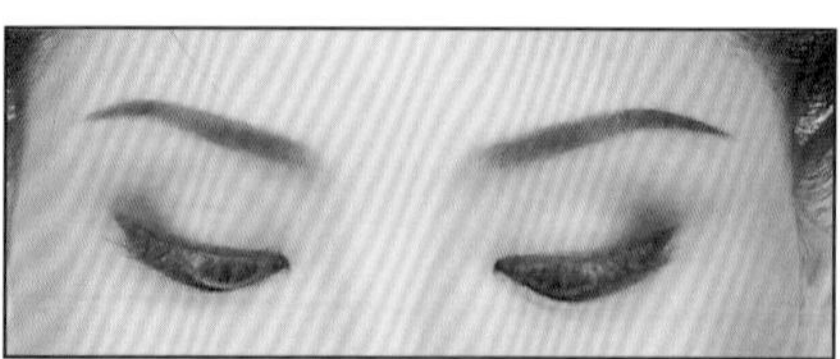

◆眼線、眼影、眉毛、唇型修飾

◆粉底、腮紅修飾

◆彩色攝影妝完成圖

# 舞台妝

舞台妝又分大舞台妝與小舞台妝，應考生於乙級技能檢定時，只需依抽籤選其中一種應考，下列為大舞台妝與小舞台妝之重點提示：僅供參考！

# 大舞台妝

# 大舞台妝

## 測驗項目：大舞台妝

自備工具表：

| 項次 | 工具名稱 | 規格尺寸 | 數量 | 備註 |
|---|---|---|---|---|
| 1 | 卸妝乳 | 屬合格保養製品 | | |
| 2 | 化妝水 | 屬合格保養製品 | | |
| 3 | 乳液或面霜 | 屬合格保養製品 | | |
| 4 | 粉底 | 屬合格保養製品 | | 深色、淺色及適合模特兒的膚色 |
| 5 | 蜜粉 | 屬合格保養製品 | | |
| 6 | 眼影 | 屬合格保養製品 | | 色彩不限 |
| 7 | 眼線筆或眼線液 | 屬合格保養製品 | | |
| 8 | 腮紅 | 屬合格保養製品 | | |
| 9 | 唇膏 | 屬合格保養製品 | | |
| 10 | 唇筆 | | 1支 | |
| 11 | 白色髮帶 | | 1條 | |
| 12 | 白色圍巾 | | 1條 | |
| 13 | 小毛巾 | | 1條 | 白色 |
| 14 | 化妝棉 | | 適量 | |
| 15 | 化妝紙 | | 適量 | |
| 16 | 海綿 | | 數片 | |
| 17 | 眼影棒 | | 數支 | |
| 18 | 修容刷 | | 數支 | |
| 19 | 挖杓 | | 數支 | |
| 20 | 酒精棉罐 | 附蓋 | 1罐 | 附鑷子，內含適量酒精棉球 |
| 21 | 剪刀 | | 1支 | |
| 22 | 假睫毛 | | 1組 | 適合大舞台 |
| 23 | 睫毛膠 | | 1瓶 | |
| 24 | 棉花棒 | | 適量 | |
| 25 | 垃圾袋 | 約30×20cm以上 | 1個 | |
| 26 | 待消毒物品袋 | 約30×20cm以上 | 1個 | |

測驗時間：50分鐘

應檢前要完成下列準備工作：

1.可先將有關大舞台妝的工具及化妝品先擺妥在桌面上或推車上。

2.用白色髮帶、大圍巾及小毛巾為模特兒裝置完成，並使模特兒臉部保持素面。

3.應檢人員的儀容必須整潔並穿妥工作服、戴上口罩。

## 注意事項

☆粉底要白，但需配合膚色。

☆眉毛粗但線條要具柔合感。

☆眉毛的眉尾可挑高。

☆需裝戴長而濃密的假睫毛。

☆眼線可強調眼尾。

☆整體妝扮需強調立體並潔淨。

☆於規定時間內未完成項目超過二項以上（含二項）者，則此妝完全不予計分。

## 應檢流程：大舞台妝檢定程序

☆應檢人員先進行手部消毒。

☆基礎保養：擦拭化妝水與乳液（面霜）、且需順肌肉紋理使用。

☆粉底色彩需均勻：粉底顏色需配合膚色，不可太白或太厚，更不可有塊狀及浮粉現象。

☆粉底無分界線：粉底在髮際處、下顎線至頸部不可有明顯界線之分。

☆粉底修飾：臉部如有斑點、面皰、眼袋要做修飾，亦需配合臉部輪廓做明暗的立體修飾。

☆眉色自然需勻稱：眉色深淺與線條粗細須與主題搭配。

☆眉型配合主題修飾、對稱：眉型需配合臉型且兩邊形狀要對稱，長短、高低要一致。

☆眼影色彩、均勻：兩邊眼影色彩需均勻。

☆眼影配合主題修飾、對稱：兩邊眼影的修飾技巧需一致。

☆眼線線條順暢：兩邊眼線線條皆需順暢。

☆眼線配合主題修飾、對稱：眼線需配合主題修飾且兩邊要對稱。

☆假睫毛配合主題修飾、對稱：選用適合的假睫毛且雙眼裝戴技巧亦須一致。

☆鼻影自然立體：鼻影線條需順暢立體。

☆鼻影配合主題修飾：鼻影需配合鼻型修飾。

☆腮紅色彩需均勻 ：腮紅色彩兩邊要均勻。

☆腮紅配合主題修飾、對稱：色彩及修飾部位均需配合主題。

☆唇膏色彩需均勻：唇膏色系需配合眼影與腮紅，且色彩需均勻。

☆唇型配合主題修飾、對稱：唇型需配合整體彩妝且兩邊唇角要對稱。

☆五官搭配比例協調：五官比例應配合臉型做協調性的修飾。

☆整體感潔淨、配合主題：眼影、腮紅、唇膏的色彩要協調且要配合主題，整體彩妝亦要潔淨。

☆動作優雅、熟練、尊重顧客：正確的使用化妝品且動作必須熟練，工作進行中必須尊重模特兒。

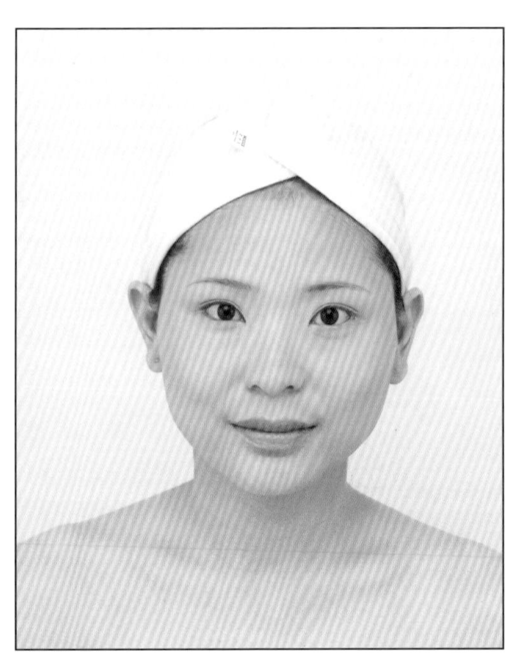

◆大舞台妝化妝前

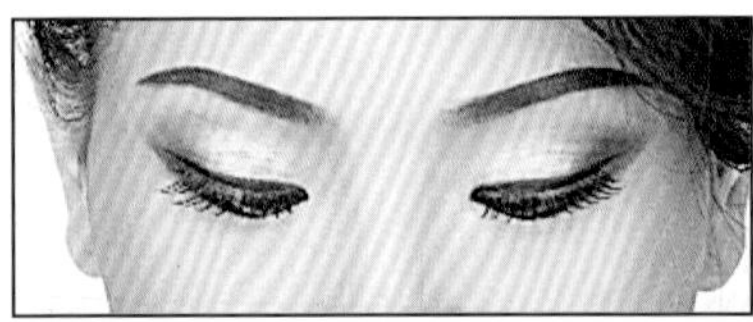

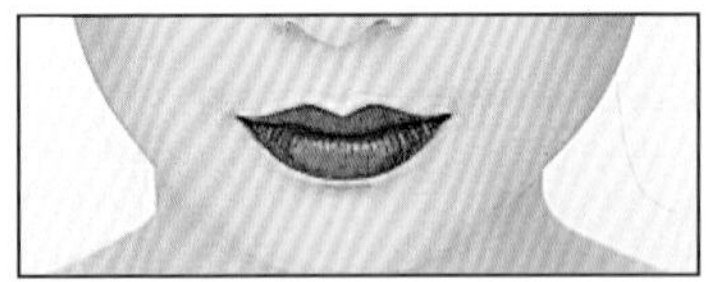

◆眼線、眼影、眉毛、唇型修飾

◆粉底、腮紅修飾

◆大舞台妝完成圖

# 小舞台妝

# 小舞台妝

## 測驗項目：小舞台妝

自備工具表：

| 項次 | 工具名稱 | 規格尺寸 | 數量 | 備註 |
|---|---|---|---|---|
| 1 | 卸妝乳 | 屬合格保養製品 | | |
| 2 | 化妝水 | 屬合格保養製品 | | |
| 3 | 乳液或面霜 | 屬合格保養製品 | | |
| 4 | 粉底 | 屬合格保養製品 | | 深色、淺色及適合模特兒的膚色 |
| 5 | 蜜粉 | 屬合格保養製品 | | |
| 6 | 眼影 | 屬合格保養製品 | | 色彩不限 |
| 7 | 眼線筆或眼線液 | 屬合格保養製品 | | |
| 8 | 腮紅 | 屬合格保養製品 | | |
| 9 | 唇膏 | 屬合格保養製品 | | |
| 10 | 唇筆 | | 1支 | |
| 11 | 白色髮帶 | | 1條 | |
| 12 | 白色圍巾 | | 1條 | |
| 13 | 小毛巾 | | 1條 | 白色 |
| 14 | 化妝棉 | | 適量 | |
| 15 | 化妝紙 | | 適量 | |
| 16 | 海綿 | | 數片 | |
| 17 | 眼影棒 | | 數支 | |
| 18 | 修容刷 | | 數支 | |
| 19 | 挖杓 | | 數支 | |
| 20 | 酒精棉罐 | 附蓋 | 1罐 | 附鑷子，內含適量酒精棉球 |
| 21 | 剪刀 | | 1支 | |
| 22 | 假睫毛 | | 1組 | 適合小舞台 |
| 23 | 睫毛膠 | | 1瓶 | |
| 24 | 棉花棒 | | 適量 | |
| 25 | 垃圾袋 | 約30×20cm以上 | 1個 | |
| 26 | 待消毒物品袋 | 約30×20cm以上 | 1個 | |

測驗時間：50分鐘

應檢前要完成下列準備工作：

1.可先將有關小舞台妝的工具及化妝品先擺妥在桌面上或推車上。
2.用白色髮帶、大圍巾及小毛巾為模特兒裝置完成，並使模特兒保持素面。
3.應檢人員的儀容必須整潔並穿妥工作服、戴上口罩。

## 注意事項

☆粉底要白，但需配合膚色。

☆需裝戴配合主題的假睫毛。

☆眉毛的眉尾不需挑高。

☆整體妝扮需潔淨與自然。

☆於規定時間內未完成項目超過二項以上（含二項）者，則此妝完全不予計分。

## 應檢流程：小舞台妝檢定程序

☆應檢人員先進行手部消毒。

☆基礎保養：擦拭化妝水與乳液（面霜）、且需順肌肉紋理使用。

☆粉底色彩需均勻：粉底顏色需配合膚色，不可太白或太厚；更不可有塊狀及浮粉現象。

☆粉底無分界線：粉底在髮際處、下顎線至頸部不可有明顯界線之分。

☆粉底修飾：臉部如有斑點、面皰、眼袋要作修飾，亦需配合臉部輪廓做明暗的立體修飾。

☆眉色自然、均勻：眉色深淺與線條粗細須與主題搭配。

☆眉色配合臉型、對稱：眉型需配合臉型且兩邊型狀要對稱，長短、高低要一致。

☆眼影色彩需均勻：兩邊眼影色彩需均勻。

☆眼影配合主題修飾、對稱：兩邊眼影的修飾技巧需一致。

☆眼線線條順暢：兩邊眼線線條皆需順暢。

☆眼線配合主題修飾、對稱：眼線需配合主題修飾且兩邊需對稱。

☆假睫毛配合主題修飾、對稱：選用適合的假睫毛且雙眼裝戴技巧亦需一致。

☆鼻影自然立體：鼻影線條需順暢立體。

☆鼻影配合主題修飾：鼻影需配合鼻型修飾。

☆腮紅色彩需均勻：腮紅色彩兩邊要均勻。

☆腮紅配合主題修飾、對稱：色彩以及修飾部位均需配合主題。

☆唇膏色彩需均勻：唇膏色系需配合眼影與腮紅，且色彩需均勻。

☆唇型配合主題修飾、對稱：唇型需配合整體彩妝且兩邊唇角要對稱。

☆五官搭配比例協調：五官比例應配合臉型做協調性的修飾。

☆整體感潔淨、配合主題：眼影、腮紅、唇膏的色彩要協調且要配合主題，整體彩妝亦要潔淨。

☆動作優雅、熟練、尊重顧客：正確的使用化妝品且動作必須熟練，工作進行中必須尊重模特兒。

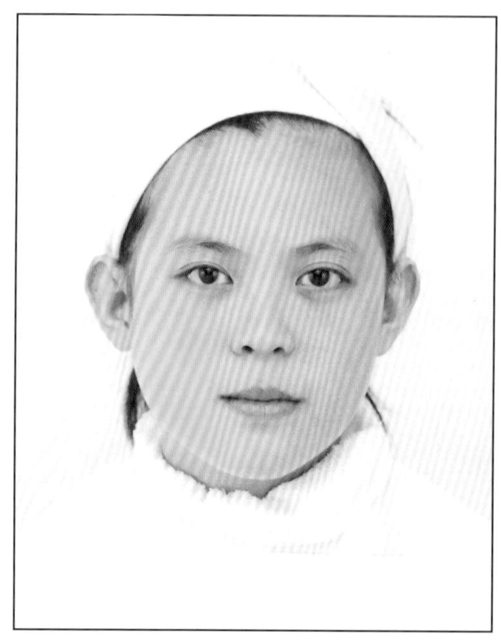

◆小舞台妝化妝前

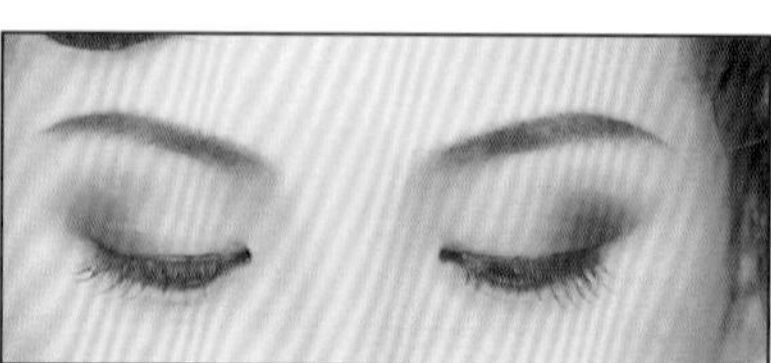

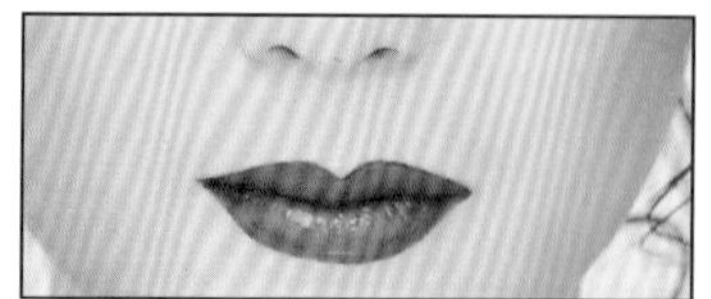

◆眼線、眼影、眉毛、唇型修飾

◆粉底、腮紅修飾

◆小舞台妝完成圖

# 新娘妝

新娘妝化妝設計圖是以橢圓形臉做為臉型圖，考生必須在設計圖上進行紙上作業（化妝品配色），但不必操作粉底修飾。

新娘妝設計圖又可分為：清純型、華麗型等兩種，考生參加乙級術科檢定時，需依現場抽籤的結果再依指示操作清純型或華麗型的紙上作業（化妝品配色），測試時間為20分鐘；在此時間內，考生需依模特兒的臉型順序在紙上描繪出眉毛、眼線、眼影、鼻影、腮紅及口紅，操作過程中一切皆需以化妝品為主、彩色筆為輔。

進行紙上作業時所選用的化妝品顏色皆需記住，因屆時必須與新娘妝真人實際操作完全一樣。

新娘設計圖操作時的注意事項：

☆自行設定的色彩設計圖需符合主題。
☆設計圖中的色彩與實作符合。
☆眉型修飾與實作符合。
☆眼影修飾與實作符合。
☆眼線修飾與實作符合。
☆鼻影修飾與實作符合。
☆腮紅修飾與實作符合。
☆唇膏修飾與實作符合。

## 測驗項目：新娘化妝設計圖

自備工具表：

| 項次 | 工具名稱 | 規格尺寸 | 數量 | 備註 |
|---|---|---|---|---|
| 1 | 粉底 | | 1盒 | 深色 |
| 2 | 眼影 | | 1盒 | |
| 3 | 腮紅 | | | |
| 4 | 唇膏 | | 1支（個） | |
| 5 | 2B或6B鉛筆 | | 1支 | 黑色或咖啡色 |
| 6 | 尺 | 15cm | 1支 | |
| 7 | 橡皮擦 | | 1個 | |
| 8 | 細簽字筆 | | 1支 | |
| 9 | 眼影棒 | | 數支 | |
| 10 | 脱脂棉或化妝棉 | | 適量 | |
| 11 | 彩色鉛筆 | | 數支 | |

測驗時間：20分鐘

應檢前要完成下列準備工作：

☆可將有關設計圖描繪的工具及化妝品先擺妥在桌面上。

## 注意事項

☆本項測驗雖不須進行粉底修飾，但設計圖上的眉型、眼影、眼線、鼻影及腮紅的色彩、線條與形狀都必須與模特兒臉上的新娘妝相符合。

☆設計圖繪製包含眉型的畫法、眼影的修飾、眼線的畫法、腮紅的修飾、鼻影的修飾及唇型的修飾，進行繪製時雖可使用其它的色材相輔，但鼻影及唇型卻必須使用化妝品進行。

☆當新娘妝設計圖的試題皆完成後其設計圖圖面必須保持潔淨。

☆當應檢時間結束時，應檢人若有二項以上（含二項）未完成者則新娘妝設計圖完全不予計分。

## 應檢流程

☆應檢時必須先勾選應考的題目（清純或華麗）。

☆新娘化妝設計圖描繪的順序不限，應檢人可依個人操作的習慣繪製。

新娘妝紙上作業─清純型

# 新娘妝清純型

# 清純型

## 測驗項目：清純型新娘妝

自備工具表：

| 項次 | 工具名稱 | 規格尺寸 | 數量 | 備註 |
|---|---|---|---|---|
| 1 | 卸妝乳 | 屬合格保養製品 | | |
| 2 | 化妝水 | 屬合格保養製品 | | |
| 3 | 乳液或面霜 | 屬合格保養製品 | | |
| 4 | 粉底 | 屬合格保養製品 | | 深色、淺色及適合模特兒的膚色 |
| 5 | 蜜粉 | 屬合格保養製品 | | |
| 6 | 眼影 | 屬合格保養製品 | | 色彩不限 |
| 7 | 眼線筆或眼線液 | 屬合格保養製品 | | |
| 8 | 腮紅 | 屬合格保養製品 | | |
| 9 | 唇膏 | 屬合格保養製品 | | |
| 10 | 唇筆 | | 1支 | |
| 11 | 白色髮帶 | | 1條 | |
| 12 | 白色圍巾 | | 1條 | |
| 13 | 小毛巾 | | 1條 | 白色 |
| 14 | 化妝棉 | | 適量 | |
| 15 | 化妝紙 | | 適量 | |
| 16 | 海綿 | | 數片 | |
| 17 | 眼影棒 | | 數支 | |
| 18 | 修容刷 | | 數支 | |
| 19 | 挖杓 | | 數支 | |
| 20 | 酒精棉罐 | 附蓋 | 1罐 | 附鑷子，內含適量酒精棉球 |
| 21 | 剪刀 | | 1支 | |
| 22 | 假睫毛 | | 1組 | |
| 23 | 睫毛膠 | | 1瓶 | |
| 24 | 垃圾袋 | 約30×20cm以上 | 1個 | |
| 25 | 待消毒物品袋 | 約30×20cm以上 | 1個 | |

測驗時間：50分鐘

應檢前要完成下列準備工作：

1.可先將有關新娘妝的工具及化妝品先擺妥在桌面上或推車上。

2.用白色髮帶、大圍巾及小毛巾為模特兒裝置完成，並使模特兒保持素面。

3.應檢人員的儀容必須整潔並穿著工作服、戴上口罩。

## 注意事項

☆清純型新娘妝可選用高明度、低彩度的色彩。

☆模特兒臉上表現的眉毛形狀與眉色、眼影線條與色彩、眼線粗細與寬度、腮紅修飾形狀與色彩、唇部線條與色彩等，皆必須與新娘妝設計圖完全一樣。

☆塗抹指甲油色彩時要均勻，且與唇部色彩需屬同一色系。

☆整體感要切合主題，並具潔淨感。

☆應檢人員在操作時，動作需熟練，不可粗魯且儀態要優雅(兩腳併攏)，整個應考過程中亦要做到照顧模特兒及尊重模特兒。

## 應檢流程：清純型新娘妝檢定程序

☆應檢人員先進行手部消毒。

☆基礎保養：擦拭化妝水與乳液（面霜），且需順肌肉紋理使用。

☆粉底自然、均勻、無分界線：粉底顏色需配合膚色，不可太白或太厚，更不可有塊狀及浮粉現象，且在髮際、下顎線至頸部不可有明顯界線之分。

☆粉底修飾：臉部如有面皰、斑點、眼袋等瑕疵需修飾，並配合臉部輪廓的凹凸部位以明暗色來呈現出立體感。

☆腮紅色彩需均勻：色彩需勻稱、不得呈塊狀及分界線。

☆腮紅配合臉型修飾：需與主題符合。

☆眉色自然、勻稱：眉色深淺須與主題搭配，眉色亦需勻稱不得有懸殊色差。

☆眉型對稱、配合臉型：眉型需配合臉型，且兩眉形狀、角度、粗細、長短均需一致。

☆眼影色彩需均勻：眼影整體色澤需搭配主題，且色彩搭配要調合、無分界線且均勻及潔淨。

☆眼影配合眼型修飾：眼影之修飾技巧需搭配眼型且雙眼修飾的角度及技巧要一致。

☆眼線線條順暢：不得有參差不齊的現象。

☆眼線配合眼型修飾：要配合眼型修飾且雙眼的線條與形狀須一致。

☆假睫毛修剪、裝戴：睫毛長度的修剪需比眼睛長度稍短，裝戴時需平整、角度適中，且不得與本身睫毛界線分明。

☆鼻影自然、立體：鼻影修飾需順暢、自然且富立體感。

☆鼻影配合鼻型修飾：針對鼻型做適合的修飾。

☆唇膏色彩需均勻：唇線與唇彩不得界線分明，且唇膏色彩需勻稱。

☆唇型對稱、配合臉型修飾：唇膏描繪要配合臉型及唇型修飾，且唇型左、右要對稱，上下唇的厚薄需調合。

☆指甲油色彩、均勻度：指甲色彩要配合主題，塗抹時需均勻及注意邊緣清潔。

☆整體感切題、色彩搭配協調、化妝潔淨：整體彩妝必須要潔淨，其色彩及線條的運用需配合主題。

☆五官搭配協調：眉型、眼部、唇部及臉型修飾技巧皆具協調性。

☆儀態優美、動作熟練、尊重顧客：正確的使用及取用化妝品，操作時動作需熟練、儀態優美且尊重模特兒。

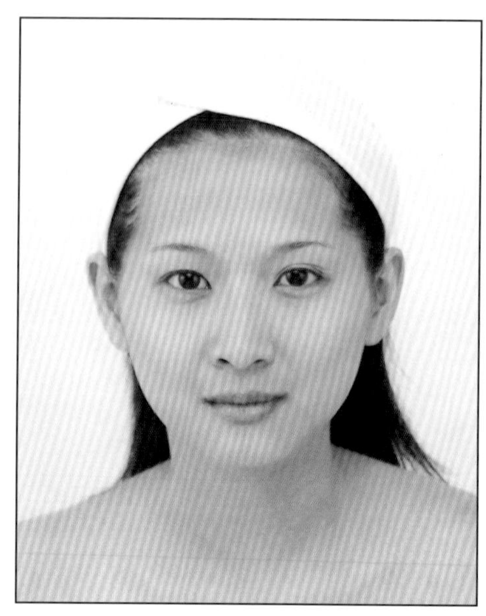

◆新娘妝化妝前

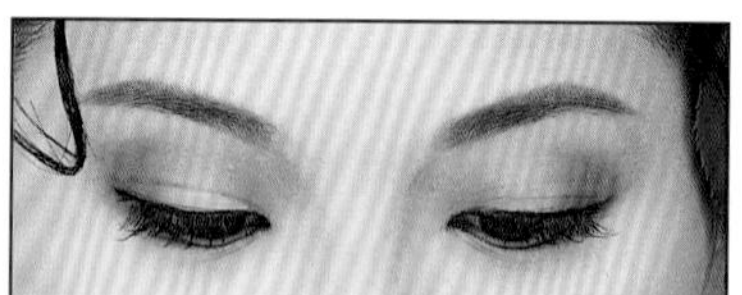

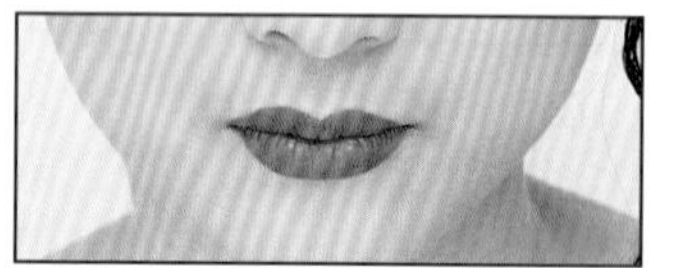

◆眼線、眼影、眉毛、唇型修飾

◆粉底、腮紅修飾

◆清純型完成圖

新娘妝紙上作業—華麗型

# 新娘妝華麗型

# 華麗型

## 測驗項目：華麗型新娘妝

自備工具表：

| 項次 | 工具名稱 | 規格尺寸 | 數量 | 備註 |
|---|---|---|---|---|
| 1 | 卸妝乳 | 屬合格保養製品 | | |
| 2 | 化妝水 | 屬合格保養製品 | | |
| 3 | 乳液或面霜 | 屬合格保養製品 | | |
| 4 | 粉底 | 屬合格保養製品 | | 深色、淺色及適合模特兒的膚色 |
| 5 | 蜜粉 | 屬合格保養製品 | | |
| 6 | 眼影 | 屬合格保養製品 | | 色彩不限 |
| 7 | 眼線筆或眼線液 | 屬合格保養製品 | | |
| 8 | 腮紅 | 屬合格保養製品 | | |
| 9 | 唇膏 | 屬合格保養製品 | | |
| 10 | 唇筆 | | 1支 | |
| 11 | 白色髮帶 | | 1條 | |
| 12 | 白色圍巾 | | 1條 | |
| 13 | 小毛巾 | | 1條 | 白色 |
| 14 | 化妝棉 | | 適量 | |
| 15 | 化妝紙 | | 適量 | |
| 16 | 海綿 | | 數片 | |
| 17 | 眼影棒 | | 數支 | |
| 18 | 修容刷 | | 數支 | |
| 19 | 挖杓 | | 數支 | |
| 20 | 酒精棉罐 | 附蓋 | 1罐 | 附鑷子，內含適量酒精棉球 |
| 21 | 剪刀 | | 1支 | |
| 22 | 假睫毛 | | 1組 | |
| 23 | 睫毛膠 | | 1瓶 | |
| 24 | 垃圾袋 | 約30×20cm以上 | 1個 | |
| 25 | 待消毒物品袋 | 約30×20cm以上 | 1個 | |

測驗時間：50分鐘

應檢前要完成下列準備工作：

1.可先將有關新娘妝的工具及化妝品先擺妥在桌面上或推車上。

2.用白色髮帶、大圍巾及小毛巾為模特兒裝置完成，並使模特兒保持素面。

3.應檢人員的儀容必須整潔並穿著工作服、戴上口罩。

## 注意事項

☆華麗型新娘妝可選用中高明度、高彩度的色彩。

☆模特兒臉上表現的眉毛形狀與眉色、眼影線條與色彩、眼線粗細與寬度、腮紅修飾形狀與色彩、唇部線條與色彩等，皆必須與新娘妝設計圖完全一樣。

☆塗抹指甲油色彩時要均勻，且與唇部色彩需屬同一色系。

☆整體感要切合主題，並具潔淨感。

☆應檢人員在操作時，動作需熟練，不可粗魯且儀態要優雅（兩腳併儱），整個應考過程中亦要做到照顧模特兒及尊重模特兒。

## 應檢流程：華麗型新娘妝檢定程序

☆應檢人員先進行手部消毒。

☆基礎保養：擦拭化妝水與乳液（面霜），且需順肌肉紋理使用。

☆粉底自然、均勻、無分界線：粉底顏色需配合膚色，不可太白或太厚，更不可有塊狀及浮粉現象且在髮際、下顎線至頸部不可有明顯界線之分。

☆粉底修飾：臉部如有面皰、斑點、眼袋等瑕疵需修飾，並配合臉部輪廓的凹凸部位以明暗色來呈現出立體感。

☆腮紅色彩需均勻：色彩需勻稱、不得呈塊狀及分界線。

☆腮紅配合臉型修飾：需與主題符合。

☆眉色自然、勻稱：眉色深淺須與主題搭配，眉色亦需勻稱不得有懸殊色差。

☆眉型對稱、配合臉型：眉型需配合臉型，且兩眉形狀、角度、粗細、長短均需一致。

☆眼影色彩需均勻：眼影整體色澤需搭配主題，且色彩搭配要調合、無分界線且均勻及潔淨。

☆眼影配合眼型修飾：眼影之修飾技巧需搭配眼型，且雙眼修飾的角度及技巧要一致。

☆眼線線條順暢：不得有參差不齊的現象。

☆眼線配合眼型修飾：要配合眼型修飾且雙眼的線條與形狀需一致。

☆假睫毛修剪、裝戴：睫毛長度的修剪需比眼睛長度稍短，裝戴時，需平整、角度適中，且不得與本身睫毛界線分明。

☆鼻影自然、立體：鼻影修飾需順暢、自然且富立體感。

☆鼻影配合鼻型修飾：針對鼻型做適合的修飾。

☆唇膏色彩需均勻：唇線與唇彩不得界線分明，且唇膏色彩需勻稱。

☆唇型對稱、配合臉型修飾：唇膏描繪要配合臉型及唇型修飾，且唇型左、右要對稱，上下唇的厚薄需調合。

☆指甲油色彩、均勻度：指甲色彩要配合主題，塗抹時需均勻及注意邊緣清潔。

☆整體感切題、色彩搭配協調、化妝潔淨：整體彩妝必須要潔淨，其色彩及線條的運用需配合主題。

☆五官搭配協調：眉型、眼部、唇部及臉型修飾技巧皆需具協調性。

☆儀態優美、動作熟練、尊重顧客：正確的使用及取用化妝品，操作時動作需熟練、儀態優美且需尊重模特兒。

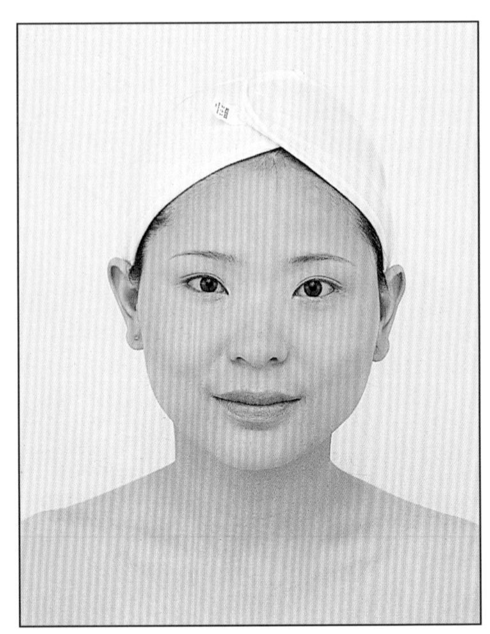

◆新娘妝華麗型化妝前

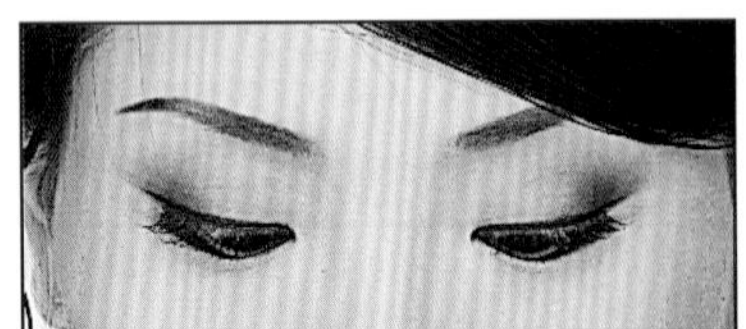

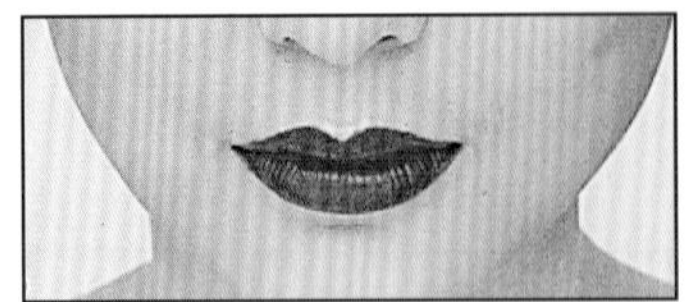

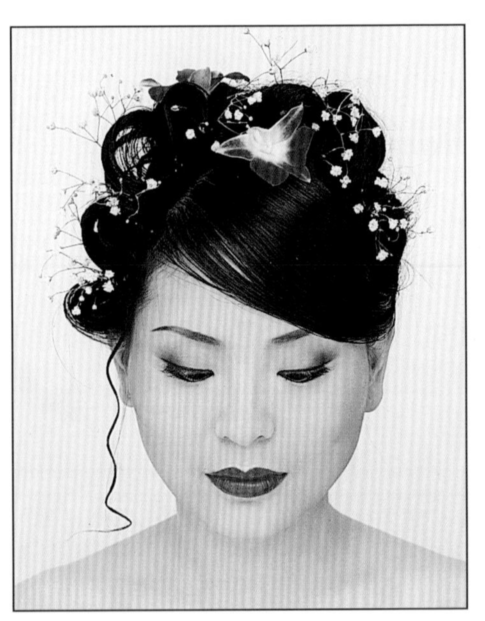

◆眼線、眼影、眉毛、唇型修飾

◆粉底、腮紅修飾

◆新娘妝華麗型完成圖

# 衛生技能

衛生技能實作試題共分化妝品安全衛生之辨識、消毒液和消毒方法之辨識與操作、洗手與手部消毒操作等三站，應檢人員應按部就班接受每一站的技能測驗，下列為各站之重點提示：僅供參考！

# 化妝品安全衛生之辨識

## 注意事項

1.應檢人員必須依書面內容作答，作答問題時以打勾的方式填答。
2.本測驗試題雖分兩大題但第一大題又細分為七小題，所以應檢人員必須每題都填答。
3.第二大題為判定此化妝品是否合格？（若上述七小題中有任一小題答錯，雖然第二大題答對但也不給分）
4.此項測驗為書面作答題，應檢人員不須進行實作測驗。

## 應檢流程

☆當應檢人員取得書面測驗卷時必須先將個人姓名、檢定編號及組別填妥，然後再集體進行填答。
☆應檢人員依檢定現場所抽出的化妝品外包裝代號籤（題卡編號）做為檢定的試題。
☆當檢定試題內容公布後，應檢人員即開始集體以書面作答，統一作答完畢後即由監評人員評定。
☆為使妳明確瞭解化妝品安全衛生之辨識書面作答的方式，特舉下列數例說明：

※美容乙級技術士技能檢定術科測驗衛生技能實作評分表

<table>
<tr><td rowspan="2">題卡編號</td><td rowspan="2"></td><td rowspan="2">姓名</td><td rowspan="2"></td><td>檢定編號</td><td></td></tr>
<tr><td>組　別</td><td>□A □B □C □D</td></tr>
<tr><td colspan="6">一、化妝品安全衛生之辨識測驗用卷（30分）（發給應檢人）<br>說明：由應檢人依據化妝品外包裝題卡，以書面勾選作答方式填答下列內容，作答完畢後，交由監評人員評定（未填寫題卡號碼者，本項以零分計）。<br>測驗時間：4分鐘</td></tr>
<tr><td colspan="6">一、本化妝品標示內容：<br>（一）中文品名：（3分）<br>□有標示　□未標示<br>（二）1.□國產品：（3分）<br>製造廠商名稱□有標示　□未標示<br>地　址□有標示　□未標示<br>2.□輸入品：<br>輸入廠商名稱□有標示　□未標示<br>地　址□有標示　□未標示<br>（三）出廠日期或批號：（3分）<br>□有標示　□未標示<br>（四）保存期限：（3分）<br>□有標示　□未標示<br>□已過期　□未過期　□無法判定是否過期<br>（五）用途：（3分）<br>□有標示　□未標示<br>（六）許可字號（或備查字號）：（3分）<br>□免標示　□有標示　□未標示<br>（七）重量或容量：（3分）<br>□有標示　□未標示<br>二、依上述七項判定本化妝品是否合格：（9分）（若上述（一）至（七）小項有任一小項答錯，則本項不給分）<br>□合格　□不合格</td></tr>
<tr><td colspan="4">監評人員簽章：</td><td colspan="2">得分：</td></tr>
</table>

例一

美利可面皰液

成　　份：金縷梅、水陽酸、尿囊素
容　　量：30ml
許可字號：衛署妝製字第0163號
廠　　商：多姿那有限公司
廠　　址：台北縣中和市水源街246號
製造日期：1996.12.10
保存期限：三年

P.S.不合格原因：a.因保存期限已過期。
b.用途未標示。

例二

雪膚精

容　　量：20ml
許可字號：衛署妝製字第0163號
廠　　商：益工實業有限公司
廠　　址：新竹縣香山村185號
批　　號：G40.16783
保存期限：三年

P.S.不合格原因：a.無保存期限導致無法辨識是否過期。
b.用途未標示。

## 例一、美利可面皰液

※美容乙級技術士技能檢定術科測驗衛生技能實作評分表

| 題卡編號 | 1 | 姓名 | 柯秀娟 | 檢定編號 | 28 |
|---|---|---|---|---|---|
| | | | | 組　　別 | □A ☑B □C □D |

一、化妝品安全衛生之辨識測驗用卷（30分）（發給應檢人）

說明：由應檢人依據化妝品外包裝題卡，以書面勾選作答方式填答下列內容，作答完畢後，交由監評人員評定（未填寫題卡號碼者，本項以零分計）。

測驗時間：4分鐘

一、本化妝品標示內容：

（一）中文品名：（3分）
☑有標示　　□未標示

（二）1.☑國產品：（3分）
製造廠商名稱☑有標示　　□未標示
地　　址☑有標示　　□未標示
2.□輸入品：
輸入廠商名稱□有標示　　□未標示
地　　址□有標示　　□未標示

（三）出廠日期或批號：（3分）
☑有標示　　□未標示

（四）保存期限：（3分）
☑有標示　　□未標示
☑已過期　　□未過期　　□無法判定是否過期

（五）用途：（3分）
□有標示　　☑未標示

（六）許可字號（或備查字號）：（3分）
□免標示　　☑有標示　　□未標示

（七）重量或容量：（3分）
☑有標示　　□未標示

二、依上述七項判定本化妝品是否合格：（9分）（若上述（一）至（七）小項有任一小項答錯，則本項不給分）
□合格　　☑不合格

| 監評人員簽章： | 得分： |
|---|---|

## 例二、雪膚精

※美容乙級技術士技能檢定術科測驗衛生技能實作評分表

| 題卡編號 | 2 | 姓名 | 柯秀娟 | 檢定編號 | 28 |
|---|---|---|---|---|---|
| | | | | 組　　別 | □A ☑B □C □D |

一、化妝品安全衛生之辨識測驗用卷（30分）（發給應檢人）

說明：由應檢人依據化妝品外包裝題卡，以書面勾選作答方式填答下列內容，作答完畢後，交由監評人員評定（未填寫題卡號碼者，本項以零分計）。

測驗時間：4分鐘

一、本化妝品標示內容：

（一）中文品名：（3分）

☑有標示　　□未標示

（二）1.☑國產品：（3分）

製造廠商名稱☑有標示　　□未標示

地　　址☑有標示　　□未標示

2.□輸入品：

輸入廠商名稱□有標示　　□未標示

地　　址□有標示　　□未標示

（三）出廠日期或批號：（3分）

☑有標示　　□未標示

（四）保存期限：（3分）

☑有標示　　□未標示

□已過期　　□未過期　　☑無法判定是否過期

（五）用途：（3分）

□有標示　　☑未標示

（六）許可字號（或備查字號）：（3分）

□免標示　　☑有標示　　□未標示

（七）重量或容量：（3分）

☑有標示　　□未標示

二、依上述七項判定本化妝品是否合格：（9分）（若上述（一）至（七）小項有任一小項答錯，則本項不給分）

□合格　　☑不合格

| 監評人員簽章： | 得分： |
|---|---|

例三

玫瑰柔膚水

成　　份：甘菊、玫瑰
容　　量：150ml
用　　途：可皮膚達到鎮定，並使皮膚柔軟
用　　法：洗完臉後，用化妝棉沾取再擦拭全臉

P.S.不合格原因：a.無法辨識屬於國產或進口（因無標示廠名、廠址或代理商名稱、地址）。
b.無出廠日期或批號。
c.無保存期限導致無法辨識是否過期。

例四

傑米娜美容霜

成　　份：NMF保濕因子、甘菊、蛋黃素
容　　量：50ml
用　　法：於化妝前，取適量抹於全臉
用　　途：有效地隔離紫外線防止皮膚被曬傷
廠　　商：傑米娜有限公司
廠　　址：台北市仁愛路四段185號
出廠日期：1999.12.18
保存期限：三年

P.S.不合格原因：因保存期限已過期。

## 例三、玫瑰柔膚水

※美容乙級技術士技能檢定術科測驗衛生技能實作評分表

| 題卡編號 | 3 | 姓名 | 柯秀娟 | 檢定編號 | 28 |
|---|---|---|---|---|---|
| | | | | 組　　別 | □A ☑B □C □D |

一、化妝品安全衛生之辨識測驗用卷（30分）（發給應檢人）

說明：由應檢人依據化妝品外包裝題卡，以書面勾選作答方式填答下列內容，作答完畢後，交由監評人員評定（未填寫題卡號碼者，本項以零分計）。

測驗時間：4分鐘

一、本化妝品標示內容：

（一）中文品名：（3分）
☑有標示　□未標示

（二）1.□國產品：（3分）
製造廠商名稱□有標示　☑未標示
地　址□有標示　☑未標示
2.□輸入品：
輸入廠商名稱□有標示　□未標示
地　址□有標示　□未標示

（三）出廠日期或批號：（3分）
□有標示　☑未標示

（四）保存期限：（3分）
□有標示　☑未標示
□已過期　□未過期　☑無法判定是否過期

（五）用途：（3分）
☑有標示　□未標示

（六）許可字號（或備查字號）：（3分）
☑免標示　□有標示　□未標示

（七）重量或容量：（3分）
☑有標示　□未標示

二、依上述七項判定本化妝品是否合格：（9分）（若上述（一）至（七）小項有任一小項答錯，則本項不給分）
□合格　☑不合格

| 監評人員簽章： | 得分： |
|---|---|

## 例四、傑米娜美容霜

※美容乙級技術士技能檢定術科測驗衛生技能實作評分表

| 題卡編號 | 4 | 姓名 | 柯秀娟 | 檢定編號 | 28 |
|---|---|---|---|---|---|
| | | | | 組　　別 | □A ☑B □C □D |

一、化妝品安全衛生之辨識測驗用卷（30分）（發給應檢人）

說明：由應檢人依據化妝品外包裝題卡，以書面勾選作答方式填答下列內容，作答完畢後，交由監評人員評定（未填寫題卡號碼者，本項以零分計）。

測驗時間：4分鐘

一、本化妝品標示內容：

（一）中文品名：（3分）

☑有標示　　□未標示

（二）1.☑國產品：（3分）

製造廠商名稱☑有標示　　□未標示

地　　址☑有標示　　□未標示

2.□輸入品：

輸入廠商名稱□有標示　　□未標示

地　　址□有標示　　□未標示

（三）出廠日期或批號：（3分）

☑有標示　　□未標示

（四）保存期限：（3分）

☑有標示　　□未標示

☑已過期　　□未過期　　□無法判定是否過期

（五）用途：（3分）

☑有標示　　□未標示

（六）許可字號（或備查字號）：（3分）

☑免標示　　□有標示　　□未標示

（七）重量或容量：（3分）

☑有標示　　□未標示

二、依上述七項判定本化妝品是否合格：（9分）（若上述（一）至（七）小項有任一小項答錯，則本項不給分）

□合格　　☑不合格

| 監評人員簽章： | 得分： |
|---|---|

**例五**

**保濕乳液**

成　　份：PCA,防曬因子，鯊稀
容　　量：60ml
用　　途：柔軟皮膚並使皮膚達到保濕效果。
用　　法：化妝水用完後，倒取適量抹於全臉
代 理 商：西柏有限公司
地　　址：台北市信義路三段108號
批　　號：1998.3.3
保存期限：三年

P.S.不合格原因：因保存期限已過期。

**例六**

**麗柔嫩香沐浴精**

成　　份：茉莉花、維生素 F
容　　量：250ml
用　　途：可柔軟皮膚並令清潔皮膚
用　　法：先將身體淋濕，取適量抹於全身，再用清水沖洗
代 理 商：伊絲麗有限公司

P.S.不合格原因：a.未標示代理商地址。
b.無出廠日期或批號。
c.無保存期限導致無法辨識是否過期。

## 例五、保濕乳液

※美容乙級技術士技能檢定術科測驗衛生技能實作評分表

<table>
<tr><td rowspan="2">題卡編號</td><td rowspan="2">5</td><td rowspan="2">姓名</td><td rowspan="2">柯秀娟</td><td>檢定編號</td><td>28</td></tr>
<tr><td>組　　別</td><td>□A ☑B □C □D</td></tr>
</table>

一、化妝品安全衛生之辨識測驗用卷（30分）（發給應檢人）

說明：由應檢人依據化妝品外包裝題卡，以書面勾選作答方式填答下列內容，作答完畢後，交由監評人員評定（未填寫題卡號碼者，本項以零分計）。

測驗時間：4分鐘

一、本化妝品標示內容：

（一）中文品名：（3分）

☑有標示　　□未標示

（二）1.□國產品：（3分）

製造廠商名稱□有標示　　□未標示

地　　址□有標示　　□未標示

2.☑輸入品：

輸入廠商名稱☑有標示　　□未標示

地　　址☑有標示　　□未標示

（三）出廠日期或批號：（3分）

☑有標示　　□未標示

（四）保存期限：（3分）

☑有標示　　□未標示

☑已過期　　□未過期　　□無法判定是否過期

（五）用途：（3分）

☑有標示　　□未標示

（六）許可字號（或備查字號）：（3分）

☑免標示　　□有標示　　□未標示

（七）重量或容量：（3分）

☑有標示　　□未標示

二、依上述七項判定本化妝品是否合格：（9分）（若上述（一）至（七）小項有任一小項答錯，則本項不給分）

□合格　　☑不合格

| 監評人員簽章： | 得分： |
|---|---|

## 例六、麗柔嫩香沐浴精

※美容乙級技術士技能檢定術科測驗衛生技能實作評分表

| 題卡編號 | 6 | 姓名 | 柯秀娟 | 檢定編號 | 28 |
|---|---|---|---|---|---|
| | | | | 組　　別 | □A ☑B □C □D |

一、化妝品安全衛生之辨識測驗用卷（30分）（發給應檢人）

說明：由應檢人依據化妝品外包裝題卡，以書面勾選作答方式填答下列內容，作答完畢後，交由監評人員評定（未填寫題卡號碼者，本項以零分計）。

測驗時間：4分鐘

一、本化妝品標示內容：

（一）中文品名：（3分）

☑有標示　　□未標示

（二）1.□國產品：（3分）

製造廠商名稱□有標示　　□未標示

地　　址□有標示　　□未標示

2.☑輸入品：

輸入廠商名稱☑有標示　　□未標示

地　　址□有標示　　☑未標示

（三）出廠日期或批號：（3分）

□有標示　　☑未標示

（四）保存期限：（3分）

□有標示　　☑未標示

□已過期　　□未過期　　☑無法判定是否過期

（五）用途：（3分）

☑有標示　　□未標示

（六）許可字號（或備查字號）：（3分）

☑免標示　　□有標示　　□未標示

（七）重量或容量：（3分）

☑有標示　　□未標示

二、依上述七項判定本化妝品是否合格：（9分）（若上述（一）至（七）小項有任一小項答錯，則本項不給分）

□合格　　☑不合格

| 監評人員簽章： | 得分： |
|---|---|

**例七**

綜合柔性乳液

成　　份：迷迭香、金盞花、馬喬蓮
容　　量：150ml
用　　途：柔軟皮膚預防皮膚乾燥
用　　法：用化妝水後，取適量抹於全臉
代 理 商：德士佳有限公司
地　　址：高雄縣烏日鄉中山路142號
批　　號：1996.12.8
保存期限：三年

P.S.不合格原因：因保存期限已過期。

**例八**

水合乳膠

成　　份：保濕因子、蓖麻子油
容　　量：50ml
用　　法：化妝水後，取適量抹於全臉
　　　　　即可使皮膚預防乾燥
用　　途：令皮膚達到保濕，柔軟
許可字號：省衛妝字第0018507號
代 理 商：歐寶有限公司

P.S.不合格原因：a.未標示製造廠商地址。
b.無出廠日期或批號。
c.無保存期限導致無法辨識是否過期。

## 例七、綜合柔性乳液

※美容乙級技術士技能檢定術科測驗衛生技能實作評分表

| 題卡編號 | 7 | 姓名 | 柯秀娟 | 檢定編號 | 28 |
|---|---|---|---|---|---|
| | | | | 組　　別 | □A ☑B □C □D |

一、化妝品安全衛生之辨識測驗用卷（30分）（發給應檢人）

說明：由應檢人依據化妝品外包裝題卡，以書面勾選作答方式填答下列內容，作答完畢後，交由監評人員評定（未填寫題卡號碼者，本項以零分計）。

測驗時間：4分鐘

一、本化妝品標示內容：

（一）中文品名：（3分）

☑有標示　　□未標示

（二）1.□國產品：（3分）

製造廠商名稱□有標示　　□未標示

地　　址□有標示　　□未標示

2.☑輸入品：

輸入廠商名稱☑有標示　　□未標示

地　　址☑有標示　　□未標示

（三）出廠日期或批號：（3分）

☑有標示　　□未標示

（四）保存期限：（3分）

☑有標示　　□未標示

☑已過期　　□未過期　　□無法判定是否過期

（五）用途：（3分）

☑有標示　　□未標示

（六）許可字號（或備查字號）：（3分）

☑免標示　　□有標示　　□未標示

（七）重量或容量：（3分）

☑有標示　　□未標示

二、依上述七項判定本化妝品是否合格：（9分）（若上述（一）至（七）小項有任一小項答錯，則本項不給分）

□合格　　☑不合格

| 監評人員簽章： | 得分： |
|---|---|

## 例八、水合乳膠

※美容乙級技術士技能檢定術科測驗衛生技能實作評分表

| 題卡編號 | 8 | 姓名 | 柯秀娟 | 檢定編號 | 28 |
|---|---|---|---|---|---|
| | | | | 組　　別 | ☐A ☑B ☐C ☐D |

一、化妝品安全衛生之辨識測驗用卷（30分）（發給應檢人）

說明：由應檢人依據化妝品外包裝題卡，以書面勾選作答方式填答下列內容，作答完畢後，交由監評人員評定（未填寫題卡號碼者，本項以零分計）。

測驗時間：4分鐘

一、本化妝品標示內容：

（一）中文品名：（3分）

☑有標示　☐未標示

（二）1.☑國產品：（3分）

製造廠商名稱☑有標示　☐未標示

地　　　址☐有標示　☑未標示

2.☐輸入品：

輸入廠商名稱☐有標示　☐未標示

地　　　址☐有標示　☐未標示

（三）出廠日期或批號：（3分）

☐有標示　☑未標示

（四）保存期限：（3分）

☐有標示　☑未標示

☐已過期　☐未過期　☑無法判定是否過期

（五）用途：（3分）

☑有標示　☐未標示

（六）許可字號（或備查字號）：（3分）

☐免標示　☑有標示　☐未標示

（七）重量或容量：（3分）

☑有標示　☐未標示

二、依上述七項判定本化妝品是否合格：（9分）（若上述（一）至（七）小項有任一小項答錯，則本項不給分）

☐合格　☑不合格

| 監評人員簽章： | 得分： |
|---|---|

**例九**

# 金生麗水

成　　份：甘菊、黃瓜
容　　量：150ml
代 理 商：聖迪亞有限公司
地　　址：高雄縣中正路285號

P.S.不合格原因：a.無出廠日期或批號。
b.無保存期限導致無法辨識是否過期。
c.未標示用途。

**例十**

# 保濕化妝水

成　　份：保濕因子、PCA
容　　量：250ml
用　　途：柔軟皮膚預防皮膚乾燥
用　　法：洗完臉，用化妝棉沾取，擦拭全臉
代 理 商：奧莉絲有限公司
地　　址：彰化市中正路235號
批　　號：1999.2.3
保存期限：三年

P.S.不合格原因：因保存期限已過期。

## 例九、金生麗水

※美容乙級技術士技能檢定術科測驗衛生技能實作評分表

| 題卡編號 | 9 | 姓名 | 柯秀娟 | 檢定編號 | 28 |
|---|---|---|---|---|---|
| | | | | 組　　別 | □A ☑B □C □D |

一、化妝品安全衛生之辨識測驗用卷（30分）（發給應檢人）

說明：由應檢人依據化妝品外包裝題卡，以書面勾選作答方式填答下列內容，作答完畢後，交由監評人員評定（未填寫題卡號碼者，本項以零分計）。

測驗時間：4分鐘

一、本化妝品標示內容：

（一）中文品名：（3分）
☑有標示　　□未標示

（二）1.□國產品：（3分）
製造廠商名稱□有標示　　□未標示
地　　　址□有標示　　□未標示
2.☑輸入品：
輸入廠商名稱☑有標示　　□未標示
地　　　址☑有標示　　□未標示

（三）出廠日期或批號：（3分）
□有標示　　☑未標示

（四）保存期限：（3分）
□有標示　　☑未標示
□已過期　　□未過期　　☑無法判定是否過期

（五）用途：（3分）
□有標示　　☑未標示

（六）許可字號（或備查字號）：（3分）
☑免標示　　□有標示　　□未標示

（七）重量或容量：（3分）
☑有標示　　□未標示

二、依上述七項判定本化妝品是否合格：（9分）（若上述（一）至（七）小項有任一小項答錯，則本項不給分）
□合格　　☑不合格

| 監評人員簽章： | 得分： |
|---|---|

# 例十、保濕化妝水

※美容乙級技術士技能檢定術科測驗衛生技能實作評分表

| 題卡編號 | 10 | 姓名 | 柯秀娟 | 檢定編號 | 28 |
|---|---|---|---|---|---|
| | | | | 組　　別 | □A ☑B □C □D |

一、化妝品安全衛生之辨識測驗用卷（30分）（發給應檢人）

說明：由應檢人依據化妝品外包裝題卡，以書面勾選作答方式填答下列內容，作答完畢後，交由監評人員評定（未填寫題卡號碼者，本項以零分計）。

測驗時間：4 分鐘

一、本化妝品標示內容：

（一）中文品名：（3分）

☑有標示　　□未標示

（二）1.□國產品：（3分）

製造廠商名稱□有標示　　□未標示

地　　址□有標示　　□未標示

2.☑輸入品：

輸入廠商名稱☑有標示　　□未標示

地　　址☑有標示　　□未標示

（三）出廠日期或批號：（3分）

☑有標示　　□未標示

（四）保存期限：（3分）

☑有標示　　□未標示

☑已過期　　□未過期　　□無法判定是否過期

（五）用途：（3分）

☑有標示　　□未標示

（六）許可字號（或備查字號）：（3分）

☑免標示　　□有標示　　□未標示

（七）重量或容量：（3分）

☑有標示　　□未標示

二、依上述七項判定本化妝品是否合格：（9分）（若上述（一）至（七）小項有任一小項答錯，則本項不給分）

□合格　　☑不合格

| 監評人員簽章： | 得分： |
|---|---|

例十一

面部去角質霜

成　　份：樟腦、棉米子
容　　量：30ml
用　　途：去除皮膚老死皮膚
用　　法：洗完臉，取量抹於全臉待2～3分鐘，再以清水洗淨
代 理 商：博莎有限公司
地　　址：三重市義三路69號
批　　號：1999.4.10
保存期限：三年

P.S.不合格原因：因保存期限已過期。

例十二

舒爽潔膚霜

成　　份：杏仁油、清潔油
容　　量：100ml
用　　途：潔淨皮膚，防止灰塵汙垢殘留臉部
用　　法：先將臉部沾濕，取適量抹於全臉，稍按摩後，用清水洗淨。
代 理 商：茵寶容化工有限公司
地　　址：新竹縣香山村286號
批　　號：1999.12.30
保存期限：三年

P.S.不合格原因：因保存期限已過期。

## 例十一、面部去角質霜

※美容乙級技術士技能檢定術科測驗衛生技能實作評分表

| 題卡編號 | 11 | 姓名 | 柯秀娟 | 檢定編號 | 28 |
|---|---|---|---|---|---|
| | | | | 組　　別 | □A ☑B □C □D |

一、化妝品安全衛生之辨識測驗用卷（30分）（發給應檢人）

說明：由應檢人依據化妝品外包裝題卡，以書面勾選作答方式填答下列內容，作答完畢後，交由監評人員評定（未填寫題卡號碼者，本項以零分計）。

測驗時間：4分鐘

一、本化妝品標示內容：

（一）中文品名：（3分）

☑有標示　　□未標示

（二）1.□國產品：（3分）

製造廠商名稱□有標示　　□未標示

地　　址□有標示　　□未標示

2.☑輸入品：

輸入廠商名稱☑有標示　　□未標示

地　　址☑有標示　　□未標示

（三）出廠日期或批號：（3分）

☑有標示　　□未標示

（四）保存期限：（3分）

☑有標示　　□未標示

☑已過期　　□未過期　　□無法判定是否過期

（五）用途：（3分）

☑有標示　　□未標示

（六）許可字號（或備查字號）：（3分）

☑免標示　　□有標示　　□未標示

（七）重量或容量：（3分）

☑有標示　　□未標示

二、依上述七項判定本化妝品是否合格：（9分）（若上述（一）至（七）小項有任一小項答錯，則本項不給分）

□合格　　☑不合格

| 監評人員簽章： | 得分： |
|---|---|

## 例十二、舒爽潔膚霜

※美容乙級技術士技能檢定術科測驗衛生技能實作評分表

| 題卡編號 | 12 | 姓名 | 柯秀娟 | 檢定編號 | 28 |
|---|---|---|---|---|---|
| | | | | 組　　別 | □A ☑B □C □D |

一、化妝品安全衛生之辨識測驗用卷（30分）（發給應檢人）

說明：由應檢人依據化妝品外包裝題卡，以書面勾選作答方式填答下列內容，作答完畢後，交由監評人員評定（未填寫題卡號碼者，本項以零分計）。

測驗時間：4分鐘

一、本化妝品標示內容：

（一）中文品名：（3分）

☑有標示　　□未標示

（二）1.□國產品：（3分）

製造廠商名稱□有標示　　□未標示

地　　址□有標示　　□未標示

2.☑輸入品：

輸入廠商名稱☑有標示　　□未標示

地　　址☑有標示　　□未標示

（三）出廠日期或批號：（3分）

☑有標示　　□未標示

（四）保存期限：（3分）

☑有標示　　□未標示

☑已過期　　□未過期　　□無法判定是否過期

（五）用途：（3分）

☑有標示　　□未標示

（六）許可字號（或備查字號）：（3分）

☑免標示　　□有標示　　□未標示

（七）重量或容量：（3分）

☑有標示　　□未標示

二、依上述七項判定本化妝品是否合格：（9分）（若上述（一）至（七）小項有任一小項答錯，則本項不給分）

□合格　　☑不合格

| 監評人員簽章： | 得分： |
|---|---|

例十三

倍力營養霜

成　　份：黃瓜、長春藤、膠質
容　　量：50ml
用　　途：令皮膚達到滋養，預防皮膚細小皺紋產生
用　　法：於晚間洗完臉後，取適量抹於全臉
代 理 商：倍力佳有限公司
地　　址：台北市南京東路三段216號
批　　號：1996.11.7
保存期限：三年

P.S.不合格原因：因保存期限已過期。

例十四

水合彈力賦活露

成　　份：NaPCA
容　　量：120ml
用　　法：化妝水用完後，取適量抹於全臉即可
用　　途：增加皮膚彈性增加皮膚細胞復活能力，令皮膚柔軟
代 理 商：歐格有限公司
地　　址：台北縣新店市中山路112號
批　　號：1996.6.8
保存期限：三年

P.S.不合格原因：因保存期限已過期。

# 例十三、倍力營養霜

※美容乙級技術士技能檢定術科測驗衛生技能實作評分表

| 題卡編號 | 13 | 姓名 | 柯秀娟 | 檢定編號 | 28 |
|---|---|---|---|---|---|
| | | | | 組　　別 | □A ☑B □C □D |

一、化妝品安全衛生之辨識測驗用卷（30分）（發給應檢人）

說明：由應檢人依據化妝品外包裝題卡，以書面勾選作答方式填答下列內容，作答完畢後，交由監評人員評定（未填寫題卡號碼者，本項以零分計）。

測驗時間：4分鐘

一、本化妝品標示內容：

（一）中文品名：（3分）
☑有標示　　□未標示

（二）1.□國產品：（3分）
製造廠商名稱□有標示　　□未標示
地　　址□有標示　　□未標示
2.☑輸入品：
輸入廠商名稱☑有標示　　□未標示
地　　址☑有標示　　□未標示

（三）出廠日期或批號：（3分）
☑有標示　　□未標示

（四）保存期限：（3分）
☑有標示　　□未標示
☑已過期　　□未過期　　□無法判定是否過期

（五）用途：（3分）
☑有標示　　□未標示

（六）許可字號（或備查字號）：（3分）
☑免標示　　□有標示　　□未標示

（七）重量或容量：（3分）
☑有標示　　□未標示

二、依上述七項判定本化妝品是否合格：（9分）（若上述（一）至（七）小項有任一小項答錯，則本項不給分）
□合格　　☑不合格

| 監評人員簽章： | 得分： |
|---|---|

## 例十四、水合彈力賦活露

※美容乙級技術士技能檢定術科測驗衛生技能實作評分表

| 題卡編號 | 14 | 姓名 | 柯秀娟 | 檢定編號 | 28 |
|---|---|---|---|---|---|
| | | | | 組　　別 | □A ☑B □C □D |

一、化妝品安全衛生之辨識測驗用卷（30分）（發給應檢人）

說明：由應檢人依據化妝品外包裝題卡，以書面勾選作答方式填答下列內容，作答完畢後，交由監評人員評定（未填寫題卡號碼者，本項以零分計）。

測驗時間：4 分鐘

一、本化妝品標示內容：

（一）中文品名：（3分）

☑有標示　　□未標示

（二）1.□國產品：（3分）

製造廠商名稱□有標示　　□未標示

地　　址□有標示　　□未標示

2.☑輸入品：

輸入廠商名稱☑有標示　　□未標示

地　　址☑有標示　　□未標示

（三）出廠日期或批號：（3分）

☑有標示　　□未標示

（四）保存期限：（3分）

☑有標示　　□未標示

☑已過期　　□未過期　　□無法判定是否過期

（五）用途：（3分）

☑有標示　　□未標示

（六）許可字號（或備查字號）：（3分）

☑免標示　　□有標示　　□未標示

（七）重量或容量：（3分）

☑有標示　　□未標示

二、依上述七項判定本化妝品是否合格：（9分）（若上述（一）至（七）小項有任一小項答錯，則本項不給分）

□合格　　☑不合格

| 監評人員簽章： | 得分： |
|---|---|

**例十五**

**娜拉兒眼霜**

用　　途：使眼圈周圍皮膚達到保濕效果，預防眼圈皮膚乾燥
容　　量：30ml
批　　號：1998.11.7
保存期限：三年

P.S.不合格原因：a.無法辨識屬於國產或進口（因無標示廠名、廠址或代理商名稱、地址）。
b.保存期限已過期。

**例十六**

**酸性整肌化妝水**

用　　途：令皮膚PH值正常，並使其不會太乾或太油
容　　量：150ml
批　　號：1996.6.20
保存期限：三年

P.S.不合格原因：a.無法辨識屬於國產或進口（因無標示廠名、廠址或代理商名稱、地址）。
b.保存期限已過期。

# 例十五、娜拉兒眼霜

※美容乙級技術士技能檢定術科測驗衛生技能實作評分表

| 題卡編號 | 15 | 姓名 | 柯秀娟 | 檢定編號 | 28 |
|---|---|---|---|---|---|
| | | | | 組　　別 | □A ☑B □C □D |

一、化妝品安全衛生之辨識測驗用卷（30分）（發給應檢人）

說明：由應檢人依據化妝品外包裝題卡，以書面勾選作答方式填答下列內容，作答完畢後，交由監評人員評定（未填寫題卡號碼者，本項以零分計）。

測驗時間：4分鐘

一、本化妝品標示內容：

（一）中文品名：（3分）

☑有標示　　□未標示

（二）1.□國產品：（3分）

製造廠商名稱□有標示　　☑未標示

地　　　址□有標示　　☑未標示

2.□輸入品：

輸入廠商名稱□有標示　　□未標示

地　　　址□有標示　　□未標示

（三）出廠日期或批號：（3分）

☑有標示　　□未標示

（四）保存期限：（3分）

☑有標示　　□未標示

☑已過期　　□未過期　　□無法判定是否過期

（五）用途：（3分）

☑有標示　　□未標示

（六）許可字號（或備查字號）：（3分）

☑免標示　　□有標示　　□未標示

（七）重量或容量：（3分）

☑有標示　　□未標示

二、依上述七項判定本化妝品是否合格：（9分）（若上述（一）至（七）小項有任一小項答錯，則本項不給分）

□合格　　☑不合格

| 監評人員簽章： | 得分： |
|---|---|

# 例十六、酸性整肌化妝水

※美容乙級技術士技能檢定術科測驗衛生技能實作評分表

| 題卡編號 | 16 | 姓名 | 柯秀娟 | 檢定編號 | 28 |
|---|---|---|---|---|---|
| | | | | 組別 | □A ☑B □C □D |

一、化妝品安全衛生之辨識測驗用卷（30分）（發給應檢人）

說明：由應檢人依據化妝品外包裝題卡，以書面勾選作答方式填答下列內容，作答完畢後，交由監評人員評定（未填寫題卡號碼者，本項以零分計）。

測驗時間：4分鐘

一、本化妝品標示內容：

（一）中文品名：（3分）

☑有標示　　□未標示

（二）1.□國產品：（3分）

製造廠商名稱□有標示　　☑未標示

地　　址□有標示　　☑未標示

2.□輸入品：

輸入廠商名稱□有標示　　□未標示

地　　址□有標示　　□未標示

（三）出廠日期或批號：（3分）

☑有標示　　□未標示

（四）保存期限：（3分）

☑有標示　　□未標示

☑已過期　　□未過期　　□無法判定是否過期

（五）用途：（3分）

☑有標示　　□未標示

（六）許可字號（或備查字號）：（3分）

☑免標示　　□有標示　　□未標示

（七）重量或容量：（3分）

☑有標示　　□未標示

二、依上述七項判定本化妝品是否合格：（9分）（若上述（一）至（七）小項有任一小項答錯，則本項不給分）

□合格　　☑不合格

| 監評人員簽章： | 得分： |
|---|---|

例十七

娜拉兒蜜粉

用　　途：固定粉底，並使臉部不會油光閃亮
容　　量：150ml
代 理 商：娜美拉有限公司
地　　址：三重市義四路25號
批　　號：1997.12.10
保存期限：五年

P.S.不合格原因：因保存期限已過期。

例十八

麗色美容霜

成　　份：橄欖、鈉鹽
容　　量：50ml
用　　途：預防皮膚直接受到紫外線及塵埃的侵襲
用　　法：基礎保養後，於化妝前，取適量抹於全臉即可
代 理 商：自立美有限公司
地　　址：台北縣中和市積穗路351號

P.S.不合格原因：無保存期限導致無法辨識是否過期。

## 例十七、娜拉兒蜜粉

※美容乙級技術士技能檢定術科測驗衛生技能實作評分表

| 題卡編號 | 17 | 姓名 | 柯秀娟 | 檢定編號 | 28 |
|---|---|---|---|---|---|
| | | | | 組　別 | □A ☑B □C □D |

一、化妝品安全衛生之辨識測驗用卷（30分）（發給應檢人）

說明：由應檢人依據化妝品外包裝題卡，以書面勾選作答方式填答下列內容，作答完畢後，交由監評人員評定（未填寫題卡號碼者，本項以零分計）。

測驗時間：4 分鐘

一、本化妝品標示內容：

（一）中文品名：（3分）
☑有標示　□未標示

（二）1.□國產品：（3分）
製造廠商名稱□有標示　□未標示
地　址□有標示　□未標示

2.☑輸入品：
輸入廠商名稱☑有標示　□未標示
地　址☑有標示　□未標示

（三）出廠日期或批號：（3分）
☑有標示　□未標示

（四）保存期限：（3分）
☑有標示　□未標示
☑已過期　□未過期　□無法判定是否過期

（五）用途：（3分）
☑有標示　□未標示

（六）許可字號（或備查字號）：（3分）
☑免標示　□有標示　□未標示

（七）重量或容量：（3分）
☑有標示　□未標示

二、依上述七項判定本化妝品是否合格：（9分）（若上述（一）至（七）小項有任一小項答錯，則本項不給分）
□合格　☑不合格

| 監評人員簽章： | 得分： |
|---|---|

## 例十八、麗色美容霜

※美容乙級技術士技能檢定術科測驗衛生技能實作評分表

| 題卡編號 | 18 | 姓名 | 柯秀娟 | 檢定編號 | 28 |
|---|---|---|---|---|---|
| | | | | 組　　別 | □A ☑B □C □D |

一、化妝品安全衛生之辨識測驗用卷（30分）（發給應檢人）

說明：由應檢人依據化妝品外包裝題卡，以書面勾選作答方式填答下列內容，作答完畢後，交由監評人員評定（未填寫題卡號碼者，本項以零分計）。

測驗時間：4分鐘

一、本化妝品標示內容：

（一）中文品名：（3分）
☑有標示　□未標示

（二）1.□國產品：（3分）
製造廠商名稱□有標示　□未標示
地　　址□有標示　□未標示
2.☑輸入品：
輸入廠商名稱☑有標示　□未標示
地　　址☑有標示　□未標示

（三）出廠日期或批號：（3分）
□有標示　☑未標示

（四）保存期限：（3分）
□有標示　☑未標示
□已過期　□未過期　☑無法判定是否過期

（五）用途：（3分）
☑有標示　□未標示

（六）許可字號（或備查字號）：（3分）
☑免標示　□有標示　□未標示

（七）重量或容量：（3分）
☑有標示　□未標示

二、依上述七項判定本化妝品是否合格：（9分）（若上述（一）至（七）小項有任一小項答錯，則本項不給分）
□合格　☑不合格

| 監評人員簽章： | 得分： |
|---|---|

例十九

保濕透明粉底霜

成　　份：羊毛脂、蜜脂
容　　量：30ml
用　　途：能改善皮膚不良的膚色，令皮膚色澤健康
用　　法：基礎保養後，取適量抹於全臉
代 理 商：冠亞實業有限公司
地　　址：台北市南京西路123號
批　　號：1999.12.31
保存期限：三年

P.S.不合格原因：因保存期限已過期。

例二十

高效保濕面膜

成　　份：N.M.F.、高嶺土、天然植物芳香精華
容　　量：250ml
用　　途：柔軟皮膚，改善不良的膚色，令皮膚呈現健康的色澤。
用　　法：洗完臉，取適量抹於全臉待20～30分鐘，再以清水洗淨。
代 理 商：優力美有限公司
地　　址：台北市安康路69號
批　　號：1999.1.25
保存期限：三年

P.S.不合格原因：因保存期限已過期。

# 例十九、保濕透明粉底霜

※美容乙級技術士技能檢定術科測驗衛生技能實作評分表

| 題卡編號 | 19 | 姓名 | 柯秀娟 | 檢定編號 | 28 |
|---|---|---|---|---|---|
| | | | | 組　　別 | □A ☑B □C □D |

一、化妝品安全衛生之辨識測驗用卷（30分）（發給應檢人）

說明：由應檢人依據化妝品外包裝題卡，以書面勾選作答方式填答下列內容，作答完畢後，交由監評人員評定（未填寫題卡號碼者，本項以零分計）。

測驗時間：4分鐘

一、本化妝品標示內容：

（一）中文品名：（3分）

☑有標示　　　　□未標示

（二）1.□國產品：（3分）

製造廠商名稱□有標示　　□未標示

地　　　址□有標示　　□未標示

2.☑輸入品：

輸入廠商名稱☑有標示　　□未標示

地　　　址☑有標示　　□未標示

（三）出廠日期或批號：（3分）

☑有標示　　　　□未標示

（四）保存期限：（3分）

☑有標示　　　　□未標示

☑已過期　　□未過期　　□無法判定是否過期

（五）用途：（3分）

☑有標示　　　　□未標示

（六）許可字號（或備查字號）：（3分）

☑免標示　　□有標示　　□未標示

（七）重量或容量：（3分）

☑有標示　　　　□未標示

二、依上述七項判定本化妝品是否合格：（9分）（若上述（一）至（七）小項有任一小項答錯，則本項不給分）

□合格　　　　☑不合格

| 監評人員簽章： | 得分： |
|---|---|

## 例二十、高效保濕面膜

※美容乙級技術士技能檢定術科測驗衛生技能實作評分表

| 題卡編號 | 20 | 姓名 | 柯秀娟 | 檢定編號 | 28 |
|---|---|---|---|---|---|
| | | | | 組　　別 | □A ☑B □C □D |

一、化妝品安全衛生之辨識測驗用卷（30分）（發給應檢人）

說明：由應檢人依據化妝品外包裝題卡，以書面勾選作答方式填答下列內容，作答完畢後，交由監評人員評定（未填寫題卡號碼者，本項以零分計）。

測驗時間：4分鐘

一、本化妝品標示內容：

（一）中文品名：（3分）

☑有標示　　　　□未標示

（二）1.□國產品：（3分）

製造廠商名稱□有標示　　　　□未標示

地　　　址□有標示　　　　□未標示

2.☑輸入品：

輸入廠商名稱☑有標示　　　　□未標示

地　　　址☑有標示　　　　□未標示

（三）出廠日期或批號：（3分）

☑有標示　　　　□未標示

（四）保存期限：（3分）

☑有標示　　　　□未標示

☑已過期　　　　□未過期　　　　□無法判定是否過期

（五）用途：（3分）

☑有標示　　　　□未標示

（六）許可字號（或備查字號）：（3分）

☑免標示　　　　□有標示　　　　□未標示

（七）重量或容量：（3分）

☑有標示　　　　□未標示

二、依上述七項判定本化妝品是否合格：（9分）（若上述（一）至（七）小項有任一小項答錯，則本項不給分）

□合格　　　　☑不合格

| 監評人員簽章： | 得分： |
|---|---|

# 消毒液和消毒方法之辨識與操作要領

## 大小不同量杯、公杯及玻璃棒

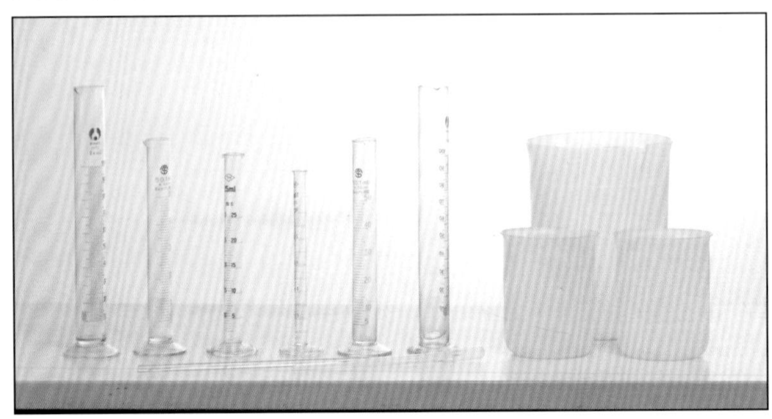

## 四種化學消毒原液

化學消毒法可分為：（1）氯液消毒法；（2）陽性肥皂液消毒法；（3）酒精消毒法；（4）複方煤餾油酚肥皂液消毒法。

物理消毒法可分為：（1）煮沸消毒法；（2）蒸氣消毒法；（3）紫外線消毒法。

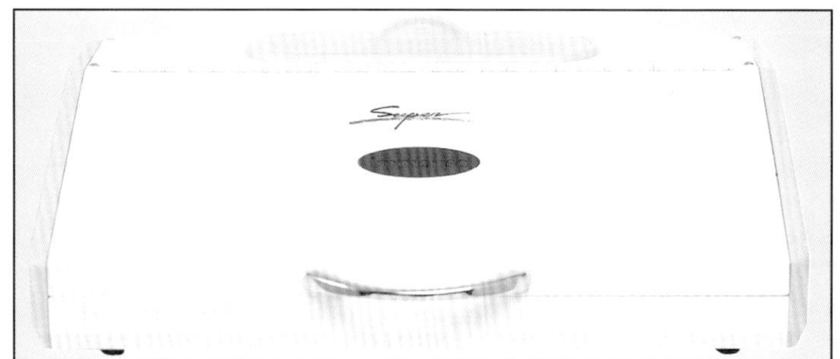

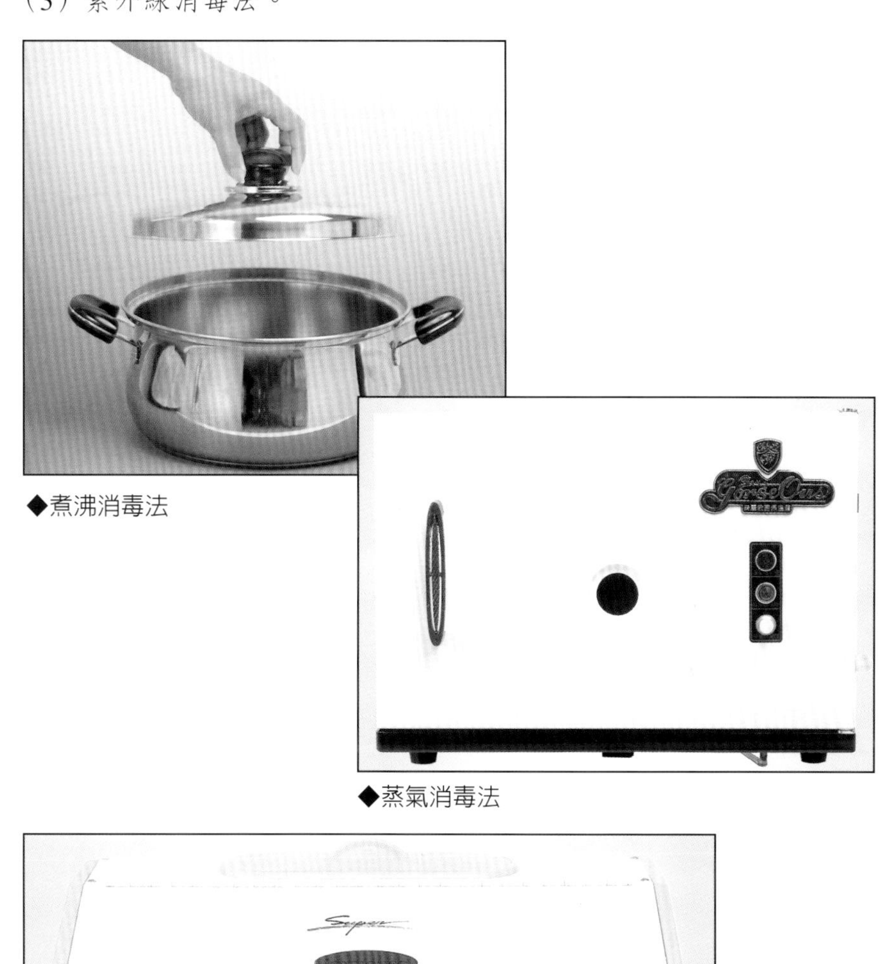

◆煮沸消毒法

◆蒸氣消毒法

◆紫外線消毒法

## 應檢前須知

☆化學消毒方法係指：氯液消毒法、陽性肥皂液消毒法、複方煤餾油酚肥皂液消毒法、酒精消毒法。

☆稀釋後消毒液濃度係指：75％酒精、200PPM氯液、6％煤餾油酚肥皂液、0.5％陽性肥皂液。

☆消毒原液濃度係指：含25％（甲苯酚）之煤餾油酚原液、10％苯基氯卡銨溶液、95％酒精、10％漂白水原液。

☆物理消毒方法係指：煮沸消毒法、蒸氣消毒法、紫外線消毒法。

☆消毒液稀釋調配計算公式如下：

原液量＝（消毒劑濃度÷原液濃度）×總重量
蒸餾水量＝總重量－原液量

## 氯液消毒法

稀釋後消毒液濃度200PPM（百萬分之200）
原液濃度為漂白水10％
原液量＝（百萬分之200÷10％）×總重量
蒸餾水量＝總重量－原液量
或
原液量＝0.002×總重量
蒸餾水量＝總重量－原液量

## 陽性肥皂液消毒法

稀釋後消毒液濃度為0.5％陽性肥皂液
原液濃度為10％苯基氯卡銨

原液量＝（0.5％÷10％）×總重量

蒸餾水量＝總重量－原液量

或

原液量＝0.05×總重量

蒸餾水量＝總重量－原液量

## 酒精消毒法

稀釋後消毒液濃度為75％酒精

原液濃度為95％酒精

原液量＝（75％÷95％）×總重量

蒸餾水量＝總重量－原液量

或

原液量＝0.789×總重量

蒸餾水量＝總重量－原液量

## 複方煤餾油酚肥皂液消毒法

稀釋後消毒液濃度為6％複方煤餾油酚（內含3％甲苯酚）

原液濃度為25％

原液量＝（3％÷25％）×總重量

蒸餾水量＝總重量－原液量

或

原液量＝0.12×總重量

蒸餾水量＝總重量－原液量

## 注意事項

☆進行測驗前可先將已抽選的器材及總重量填入試卷中，並寫出應檢人的姓名、檢定編號及組別。

☆此項測驗應檢人員必須先做試卷回答，然後才可進行消毒液調配、化學消毒及物理消毒的器材消毒操作。

☆試卷填寫內容含：a.寫出所有可適用之化學消毒方法。b.寫出消毒液（原液）名稱。c.寫出稀釋後消毒液濃度。d.先計算所需的原液量及蒸餾水量然後填入。e.寫出所有可適用之物理消毒方法。

☆在試卷上寫出所有可適用之化學消毒方法有哪些？係指必須將所有適用該器材的化學消毒方法都填寫出來，若有一項可適用的化學消毒方法未填寫時則化學消毒項目以零分計算。

☆在試卷上寫出所有可適用的物理消毒方法有哪些？係指必須將所有適用該器材的物理消毒方法都填寫出來，若有一項可適用的物理消毒方法未填寫時則物理消毒項目以零分計算。

☆當應檢人員抽出的器材並無適用的物理消毒法時，則直接在試卷上勾選「無」即可。

☆進行稀釋調配時必須注意下列幾點：

1.必須選擇正確的消毒劑進行消毒操作。
2.打開瓶蓋倒取藥劑時（瓶口朝上）手握標籤處。
3.必須選擇正確的量筒進行消毒操作。
4.分別倒取適量的藥劑及蒸餾水後必須交由監評人員審查。
5.將藥劑及蒸餾水同時倒入公杯內，並以玻璃棒攪拌均勻。

<table>
<tr><td rowspan="2">器材抽選</td><td rowspan="2"></td><td rowspan="2">姓名</td><td rowspan="2"></td><td>檢定編號</td><td></td></tr>
<tr><td>組　　別</td><td>□A □B □C □D</td></tr>
</table>

二、消毒液和消毒方法之辨識與操作測驗用卷（60分）（發給應檢人）

說明：試場備有各種不同的美容器材及消毒設備，由應檢人當場抽出一種器材並進行下列程序（若無適用之化學或物理消毒法則不需進行該項實際操作）

測驗時間：12 分鐘

一、化學消毒：（50分）

寫出所有可適用之化學消毒方法有哪些？（未全部答對扣50分，且不得繼續操作，全部答對者進行下列操作）

□無

□有　　　答：＿＿＿＿＿＿＿＿＿＿＿＿＿＿

1.選擇一種符合該器材消毒之消毒液稀釋調配

（1）消毒液（原液）名稱：＿＿＿＿＿＿＿＿＿＿＿＿（5分）

稀釋量：＿＿＿＿＿＿＿＿C.C.（應檢人根據抽籤結果填寫）

（2）稀釋後消毒液濃度：＿＿＿＿（5分）

未列出計算式者不予給分，請計算至小數點第二位並四捨五入取至小數第一位填入。

原液量：＿＿＿＿ C.C.（3分）蒸餾水量：＿＿＿ C.C.（2分）

計算式：

2.消毒液稀釋調配操作（由監評人員評分，配合評分表1）（25分）

分數：＿＿＿＿＿＿＿＿＿＿＿＿＿＿＿

進行該項化學消毒操作（由監評人員評分，配合評分表2）（10分）

分數：＿＿＿＿＿＿＿＿＿＿＿＿＿＿＿

二、物理消毒：（10分）

1.寫出所有適用之物理消毒方法有哪些？（未完全答對扣10分，且不得繼續操作）

□無

□有　　　答：＿＿＿＿＿＿＿＿＿＿＿＿＿＿（4分）

2.選擇一種適合該器材之物理消毒方法進行消毒操作（由監評人員評分，配合評分表3）（6分）分數：＿＿＿＿＿＿＿＿＿＿

| 監評人員簽章： | 得分： |
|---|---|

## 應檢流程須知

☆當應檢人員取得書面測驗卷時必須先將個人姓名、檢定編號及組別填妥，然後才開始進行填答。

☆當應檢人員抽出一種欲消毒的器材後，監評人員會隨即讓應檢人員再抽出一個稀釋量（總重量C.C.），此時應檢人員必須先填寫書面測驗卷，待試卷填答完成後即可開始進行稀釋調配及器材消毒的操作。

為了使妳能確實瞭解消毒液和消毒方法之辨識與操作的方法，下列將舉出五個不同的應考例子僅供參考。

## 例一

應檢人抽到的器材為塑膠挖杓，而欲稀釋的總重量為150C.C.時則應檢的過程為：

☆抽出器材：

◆考生抽出塑膠挖杓

☆填寫書面測驗用卷：

| 器材抽選 | 塑膠挖杓 | 姓名 | 柯秀娟 | 檢定編號 | 28 |
|---|---|---|---|---|---|
| | | | | 組　別 | □A ☑B □C □D |

二、消毒液和消毒方法之辨識與操作測驗用卷（60分）（發給應檢人）

說明：試場備有各種不同的美容器材及消毒設備，由應檢人當場抽出一種器材並進行下列程序（若無適用之化學或物理消毒法則不需進行該項實際操作）

測驗時間：12 分鐘

一、化學消毒：（50分）

寫出所有可適用之化學消毒方法有哪些？（未全部答對扣50分，且不得繼續操作，全部答對者進行下列操作）

□無

☑有　　答：複方煤餾油酚肥皂液消毒法、氯液消毒法、陽性肥皂液消毒法、酒精消毒法

1.選擇一種符合該器材消毒之消毒液稀釋調配

（1）消毒液（原液）名稱：複方煤餾油酚肥皂液（5分）

稀釋量：150 C.C.（應檢人根據抽籤結果填寫）

（2）稀釋後消毒液濃度：6％（5分）

未列出計算式者不予給分，請計算至小數點第二位並四捨五入取至小數第一位填入。

原液量：18.0 C.C.（3分）蒸餾水量：132.0 C.C.（2分）

計算式：原液量＝（3%÷25%）×150C.C.=18.00C.C.

蒸餾水量＝150C.C.－18.00C.C.=132.00C.C.

2.消毒液稀釋調配操作（由監評人員評分，配合評分表1）（25分）

分數：＿＿＿＿＿＿＿＿

進行該項化學消毒操作（由監評人員評分，配合評分表2）（10分）

分數：＿＿＿＿＿＿＿＿

二、物理消毒：（10分）

1.寫出所有適用之物理消毒方法有哪些？（未完全答對扣10分，且不得繼續操作）

☑無　　□有　答：因無適用的器材，所以在此不操作（4分）

2.選擇一種適合該器材之物理消毒方法進行消毒操作（由監評人員評分，配合評分表3）（6分）分數：＿＿＿＿＿＿＿＿

| 監評人員簽章： | 得分： |
|---|---|

## 消毒液稀釋操作程序

☆消毒液稀釋調配操作：

◆倒取原液量

◆倒入公杯

◆玻璃棒攪拌混合

## 化學消毒操作程序：選用6%複方煤餾油酚肥皂液

☆口述及操作：

1

先清潔（實際操作清洗）。

◆用清水冲洗——塑膠挖棒

完全浸泡在含6%複方煤餾油酚肥皂液內，時間10分鐘以上。

◆完全浸泡在 6%煤餾油酚肥皂液內

再次用水清洗乾淨。

◆用鑷子夾住清洗

瀝乾或烘乾，再放置乾淨櫥櫃內。

◆瀝乾籃瀝乾或烘乾，放置乾淨櫥櫃內

## 物理消毒程序

因無適用的消毒法，所以不須進行操作。

## 例二

應檢人抽到的器材為毛巾，而欲稀釋的總重量為250C.C.時，則應檢的過程為：

☆抽出器材：

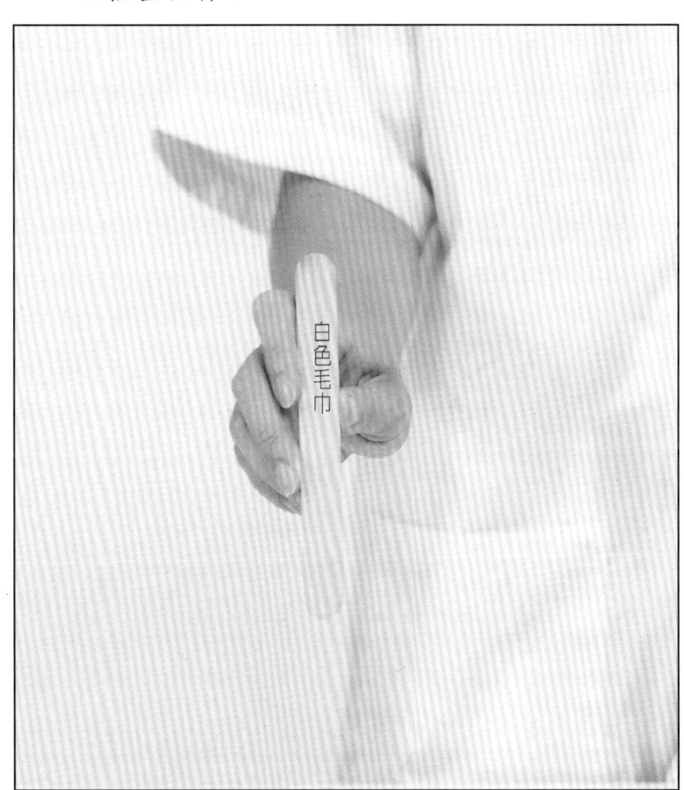


◆考生抽出毛巾

☆填寫書面測驗用卷：

<table>
<tr><td rowspan="2">器材抽選</td><td rowspan="2">毛巾</td><td rowspan="2">姓名</td><td rowspan="2">柯秀娟</td><td>檢定編號</td><td>28</td></tr>
<tr><td>組　　別</td><td>□A ☑B □C □D</td></tr>
</table>

二、消毒液和消毒方法之辨識與操作測驗用卷（60分）（發給應檢人）

說明：試場備有各種不同的美容器材及消毒設備，由應檢人當場抽出一種器材並進行下列程序（若無適用之化學或物理消毒法則不需進行該項實際操作）

測驗時間：12 分鐘

一、化學消毒：（50分）

寫出所有可適用之化學消毒方法有哪些？（未全部答對扣50分，且不得繼續操作，全部答對者進行下列操作）

□無

☑有　　答：陽性肥皂液消毒法、氯液消毒法

1.選擇一種符合該器材消毒之消毒液稀釋調配

（1）消毒液（原液）名稱：陽性肥皂液（5分）

稀釋量：250 C.C.（應檢人根據抽籤結果填寫）

（2）稀釋後消毒液濃度：0.5%（5分）

未列出計算式者不予給分，請計算至小數點第二位並四捨五入取至小數第一位填入。

原液量：12.5 C.C.（3分）蒸餾水量：237.5 C.C.（2分）

計算式：原液量＝（0.5%÷10%）×250C.C.=12.50C.C.

蒸餾水量＝250C.C.－12.50C.C.=237.50C.C.

2.消毒液稀釋調配操作（由監評人員評分，配合評分表1）（25分）

分數：________

進行該項化學消毒操作（由監評人員評分，配合評分表2）（10分）

分數：________

二、物理消毒：（10分）

1.寫出所有適用之物理消毒方法有哪些？（未完全答對扣10分，且不得繼續操作）

□無　　☑有　答：蒸氣消毒法、煮沸消毒法（4分）

2.選擇一種適合該器材之物理消毒方法進行消毒操作（由監評人員評分，配合評分表3）（6分）分數：蒸氣消毒法

| 監評人員簽章： | 得分： |
|---|---|

## 消毒液稀釋及消毒操作程序

☆消毒液稀釋調配操作：

◆倒取原液量

◆倒入公杯

◆玻璃棒攪拌混合

## 化學消毒操作程序：選用0.5%陽性肥皂液

☆口述及操作：

先清潔（實際操作清洗）。

◆用清水沖洗──毛巾

完全浸泡在含0.5%陽性肥皂液內，時間20分鐘以上。

◆完全浸泡在含0.5%陽性肥皂液內

再次用清水沖洗後瀝乾或烘乾，放至乾淨櫥櫃內。

◆用鑷子夾住清洗，瀝乾籃瀝乾或烘乾

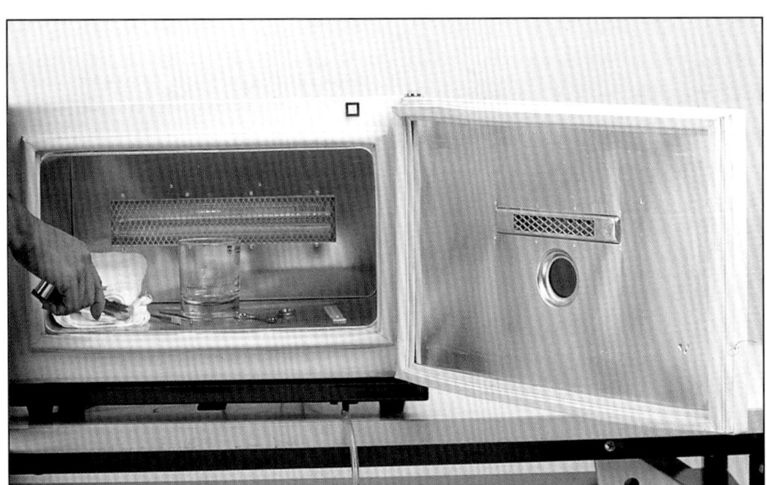

◆置於乾淨櫥櫃內

## 物理消毒操作程序：選用蒸氣消毒法

☆口述及操作：

先清潔（實際操作清洗）。

◆用清水沖洗——毛巾

2 毛巾需先折成弓字型再直立置入蒸氣消毒箱內且不可擁擠。

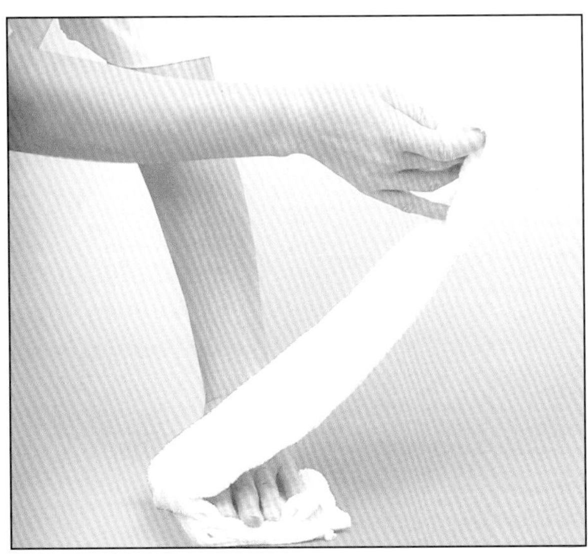

◆折成弓字型（始）

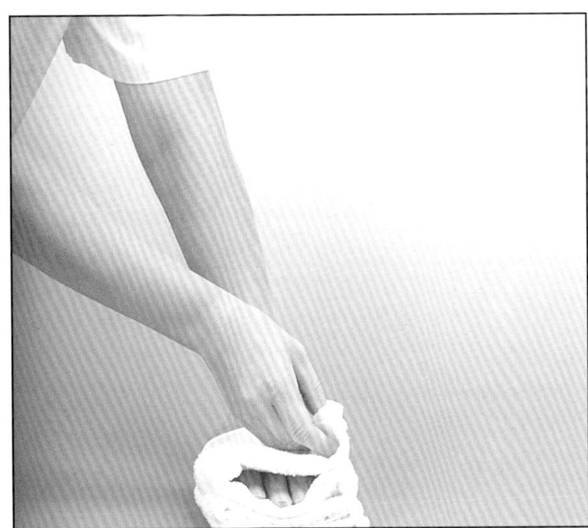

◆折成弓字型（末）

蒸氣箱內中心溫度須達80℃以上，時間10分鐘以上。

暫存在蒸氣消毒箱。

◆放置蒸氣消毒箱內

## 例三

應檢人抽到的器材為金屬剪刀，而欲稀釋的總重量為300C.C.時則應檢的過程為：

☆抽出器材：

◆考生抽出金屬剪刀

☆填寫書面測驗用卷：

<table>
<tr><td rowspan="2">器材抽選</td><td rowspan="2">金屬剪刀</td><td rowspan="2">姓名</td><td rowspan="2">柯秀娟</td><td>檢定編號</td><td>28</td></tr>
<tr><td>組　　別</td><td>☐A ☑B ☐C ☐D</td></tr>
</table>

二、消毒液和消毒方法之辨識與操作測驗用卷（60分）（發給應檢人）

說明：試場備有各種不同的美容器材及消毒設備，由應檢人當場抽出一種器材並進行下列程序（若無適用之化學或物理消毒法則不需進行該項實際操作）

測驗時間：12分鐘

一、化學消毒：（50分）

寫出所有可適用之化學消毒方法有哪些？（未全部答對扣50分，且不得繼續操作，全部答對者進行下列操作）

☐無

☑有　答：酒精消毒法、複方煤餾油酚肥皂液消毒法

1.選擇一種符合該器材消毒之消毒液稀釋調配

（1）消毒液（原液）名稱：酒精（5分）

稀釋量：300 C.C.（應檢人根據抽籤結果填寫）

（2）稀釋後消毒液濃度：75%（5分）

未列出計算式者不予給分，請計算至小數點第二位並四捨五入取至小數第一位填入。

原液量：63.2 C.C.（3分）蒸餾水量：236.8 C.C.（2分）

計算式：原液量＝（75%÷95%）×300C.C.=236.84C.C.

蒸餾水量＝300C.C.－236.84C.C.=63.16C.C.

2.消毒液稀釋調配操作（由監評人員評分，配合評分表1）(25分)

分數：＿＿＿＿

進行該項化學消毒操作(由監評人員評分，配合評分表2)(10分)

分數：＿＿＿＿

二、物理消毒：（10分）

1.寫出所有適用之物理消毒方法有哪些？（未完全答對扣10分，且不得繼續操作）

☐無　☑有　答：煮沸消毒法、紫外線消毒法（4分）

2.選擇一種適合該器材之物理消毒方法進行消毒操作（由監評人員評分，配合評分表3）（6分）分數：煮沸消毒法

| 監評人員簽章： | 得分： |
|---|---|

## 消毒液稀釋操作程序

☆消毒液稀釋調配操作：

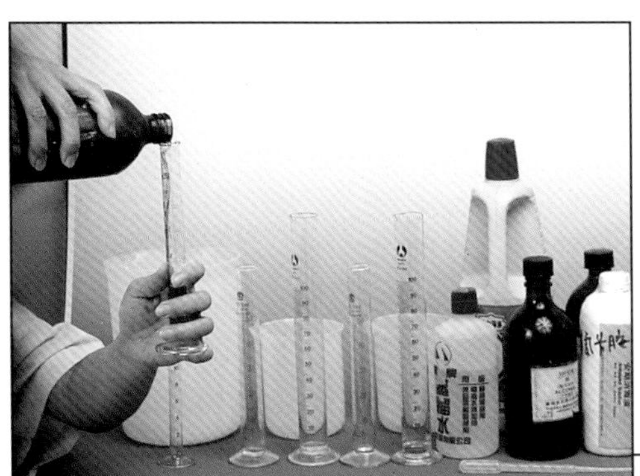

◆倒取原液量

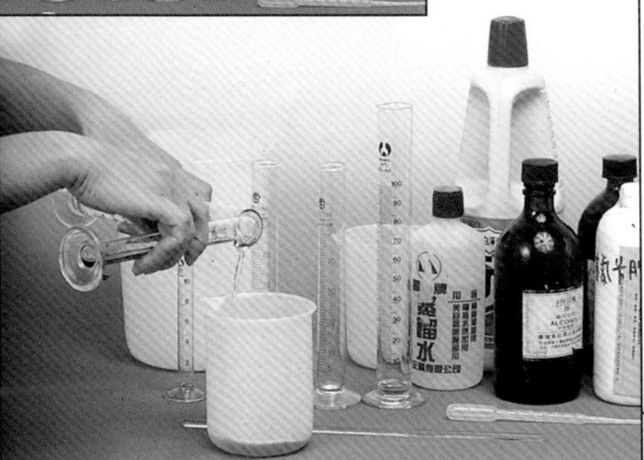

◆倒入公杯

◆玻璃棒攪拌混合

## 化學消毒操作程序：選用75%酒精

☆口述及操作：

先清潔（實際操作清洗）。

◆用清水沖洗——剪刀

用75%酒精擦拭數次即可。

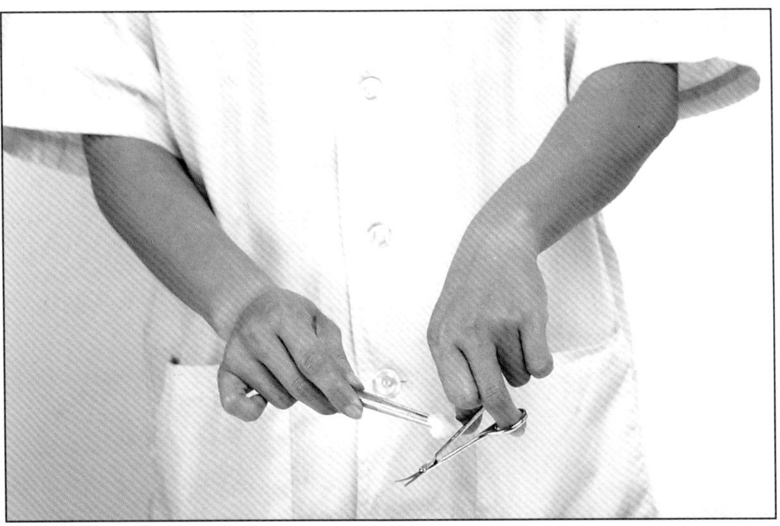

◆擦拭數次（金屬類）

## 物理消毒操作程序：選用煮沸消毒法

☆口述及操作：

先清潔（實際操作清洗）。

◆用清水沖洗──金屬剪刀

水量一次加足，完全浸泡。

◆完全浸泡

水溫100℃以上，時間5分鐘以上。

瀝乾或烘乾，暫存乾淨櫥櫃。

◆瀝乾籃瀝乾或烘乾

## 例四

應檢人抽到的器材為金屬剪刀，而欲稀釋的總重量為150C.C.時則應檢的過程為：

☆抽出器材：

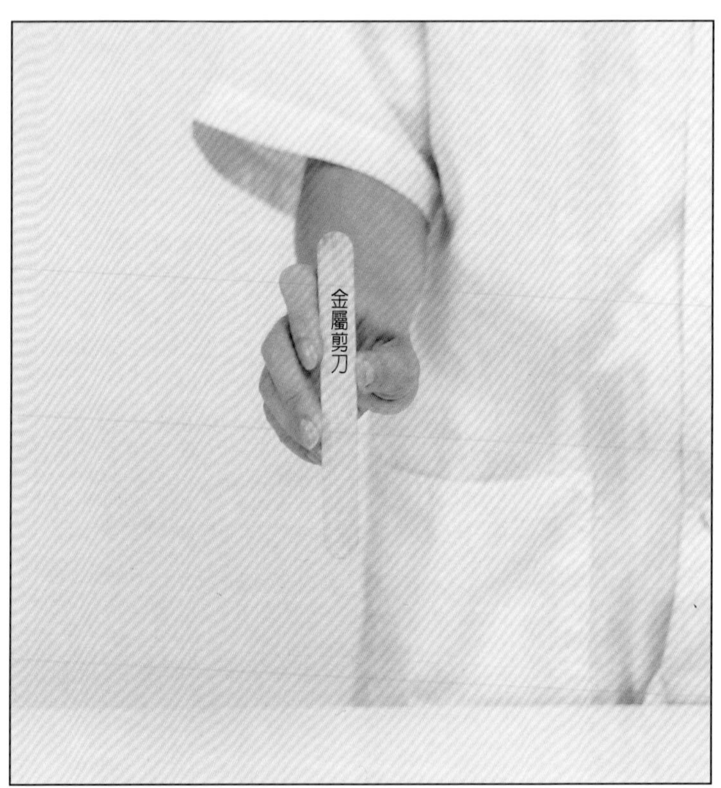


◆考生抽出金屬剪刀

☆填寫書面測驗用卷：

<table>
<tr><td rowspan="2">器材抽選</td><td rowspan="2">金屬剪刀</td><td rowspan="2">姓名</td><td rowspan="2">柯秀娟</td><td>檢定編號</td><td>28</td></tr>
<tr><td>組　　別</td><td>□A ☑B □C □D</td></tr>
</table>

二、消毒液和消毒方法之辨識與操作測驗用卷（60分）（發給應檢人）

說明：試場備有各種不同的美容器材及消毒設備，由應檢人當場抽出一種器材並進行下列程序（若無適用之化學或物理消毒法則不需進行該項實際操作）

測驗時間：12 分鐘

一、化學消毒：（50分）

寫出所有可適用之化學消毒方法有哪些？（未全部答對扣50分，且不得繼續操作，全部答對者進行下列操作）

□無

☑有　　答：酒精消毒法、複方煤餾油酚肥皂液消毒法

1.選擇一種符合該器材消毒之消毒液稀釋調配

（1）消毒液（原液）名稱：酒精（5分）

稀釋量：150 C.C.（應檢人根據抽籤結果填寫）

（2）稀釋消毒液濃度：75%（5分）

未列出計算式者不予給分，請計算至小數點第二位並四捨五入取至小數第一位填入。

原液量：118.4 C.C.（3分）蒸餾水量：31.6 C.C.（2分）

計算式：原液量＝（75%÷95%）×150C.C.=118.42C.C.

蒸餾水量＝150C.C.－118.42C.C.=31.58C.C.

2.消毒液稀釋調配操作（由監評人員評分，配合評分表1）（25分）

分數：＿＿＿＿＿＿＿＿

進行該項化學消毒操作（由監評人員評分，配合評分表2）（10分）

分數：＿＿＿＿＿＿＿＿

二、物理消毒：（10分）

1.寫出所有適用之物理消毒方法有哪些？（未完全答對扣10分，且不得繼續操作）

□無

☑有　　答：煮沸消毒法、紫外線消毒法（4分）

2.選擇一種適合該器材之物理消毒方法進行消毒操作（由監評人員評分，配合評分表3）（6分）分數：紫外線消毒法

| 監評人員簽章： | 得分： |
|---|---|

# 消毒液稀釋操作程序

☆消毒液稀釋調配操作：

◆倒取原液量

◆倒入公杯

◆玻璃棒攪拌混合

## 化學消毒操作程序：選用75%酒精

☆口述及操作：

先清潔（實際操作清洗）。

◆用清水沖洗──剪刀

用75%酒精擦拭數次即可。

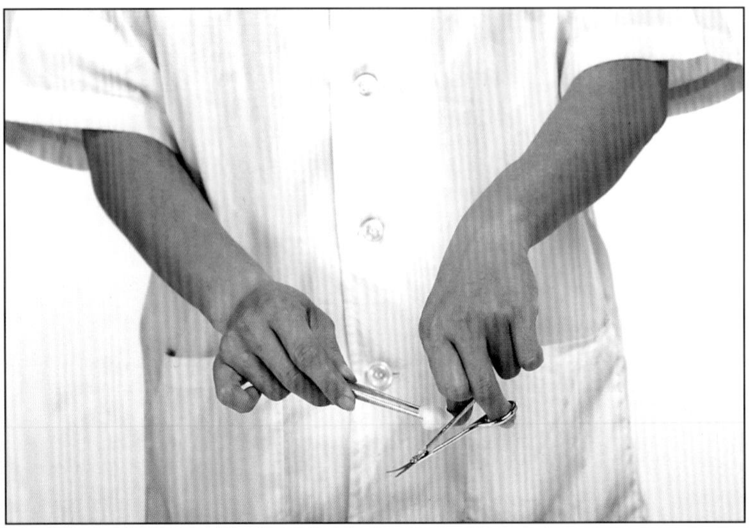

◆擦拭數次（金屬類）

## 物理消毒操作程序：選用紫外線消毒法

☆口述及操作：

先清潔（實際操作清洗）。

◆用清水沖洗金屬剪刀

剪刀類打開或拆開，器材不可重疊。

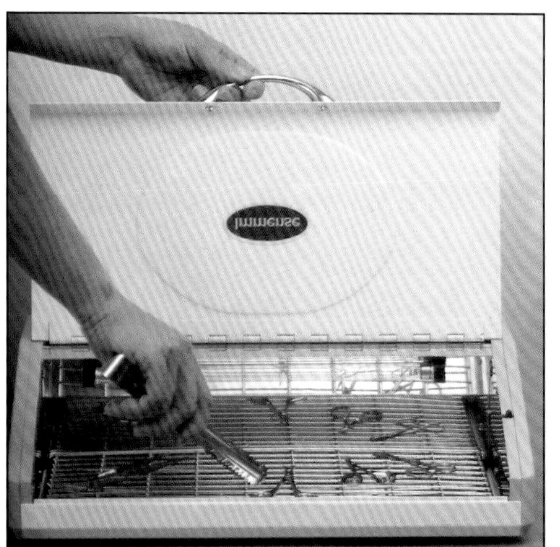


◆剪刀類打開或拆開

光度強度85微瓦特／平方公分以上，時間20分鐘以上。

暫存紫外線消毒箱內。

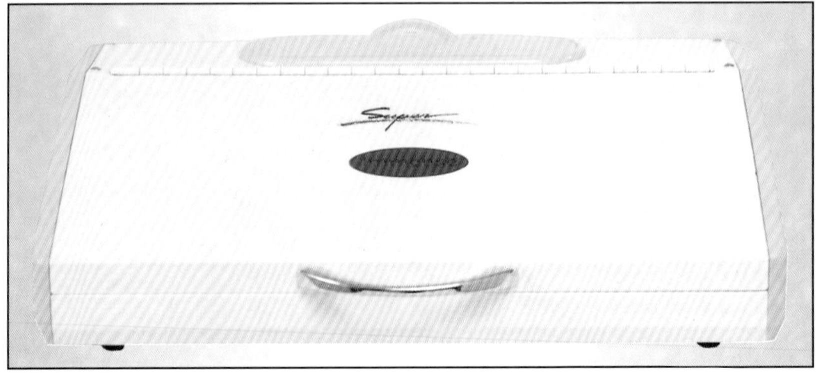
◆暫存紫外線消毒箱內

## 例五

應檢人抽到的器材為塑膠髮夾，而欲稀釋的總重量為150C.C.時則應檢的過程為：

☆抽出器材：

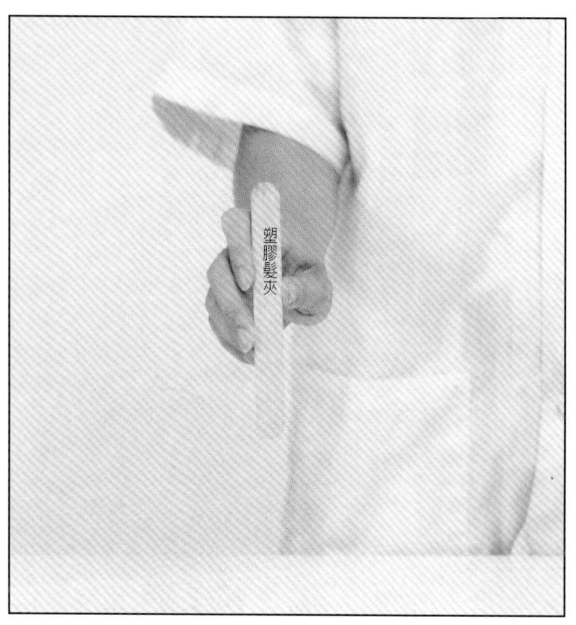


◆考生抽出塑膠髮夾

☆填寫書面測驗用卷：

<table>
<tr><td rowspan="2">器材抽選</td><td rowspan="2">塑膠挖杓</td><td rowspan="2">姓名</td><td rowspan="2">柯秀娟</td><td>檢定編號</td><td>28</td></tr>
<tr><td>組　　別</td><td>☐A ☑B ☐C ☐D</td></tr>
</table>

二、消毒液和消毒方法之辨識與操作測驗用卷（60分）（發給應檢人）

說明：試場備有各種不同的美容器材及消毒設備，由應檢人當場抽出一種器材並進行下列程序（若無適用之化學或物理消毒法則不需進行該項實際操作）

測驗時間：12 分鐘

一、化學消毒：（50分）

寫出所有可適用之化學消毒方法有哪些？（未全部答對扣50分，且不得繼續操作，全部答對者進行下列操作）

☐無　☑有　答：氯液消毒法、陽性肥皂液消毒法、酒精消毒法、複方煤餾油酚肥皂液消毒法

1.選擇一種符合該器材消毒之消毒液稀釋調配

（1）消毒液（原液）名稱：複方煤餾油酚肥皂液（5分）

稀釋量：150 C.C.（應檢人根據抽籤結果填寫）

（2）稀釋後消毒液濃度：6%（5分）

未列出計算式者不予給分，請計算至小數點第二位並四捨五入取至小數第一位填入。

原液量：18.0 C.C.（3分）蒸餾水量：132.0 C.C.（2分）

計算式：原液量＝（3%÷25%）×150C.C.=18.00C.C.

蒸餾水量＝150C.C.－18.00C.C.=132.00C.C.

2.消毒液稀釋調配操作（由監評人員評分，配合評分表1）（25分）

分數：＿＿＿＿

進行該項化學消毒操作（由監評人員評分，配合評分表2）（10分）

分數：＿＿＿＿

二、物理消毒：（10分）

1.寫出所有適用之物理消毒方法有哪些？（未完全答對扣10分，且不得繼續操作）

☑無

☐有　答：因無適用的器材，所以在此不操作（4分）

2.選擇一種適合該器材之物理消毒方法進行消毒操作（由監評人員評分，配合評分表3）（6分）分數：＿＿＿＿

| 監評人員簽章： | 得分： |
|---|---|

## 消毒液稀釋操作程序

☆消毒液稀釋調配操作：

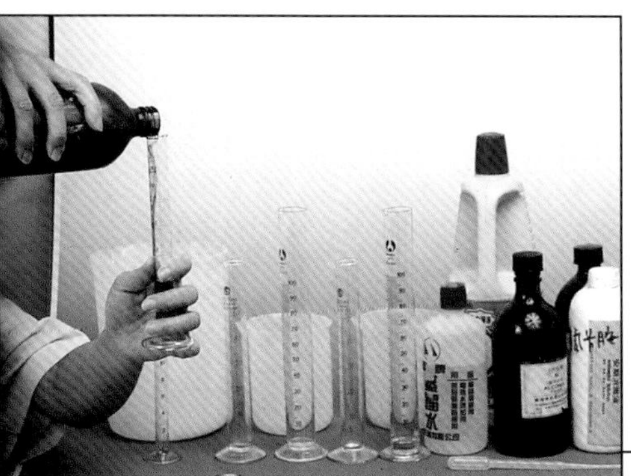

◆倒取原液量

◆倒入公杯

◆玻璃棒攪拌混合

## 化學消毒操作程序：選用 6%煤餾油酚肥皂液

☆口述及操作：

1 清洗器材——塑膠髮夾。

2 完全浸泡在 6%複方煤餾油酚肥皂液內，時間10分鐘以上。

◆完全浸泡，時間10分鐘

3 再次用清水清洗乾淨。

4 瀝乾或烘乾。

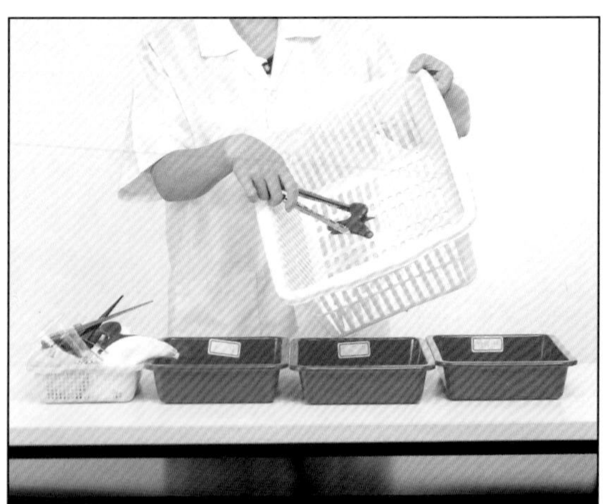

◆瀝乾或烘乾

放置在乾淨櫥櫃內。

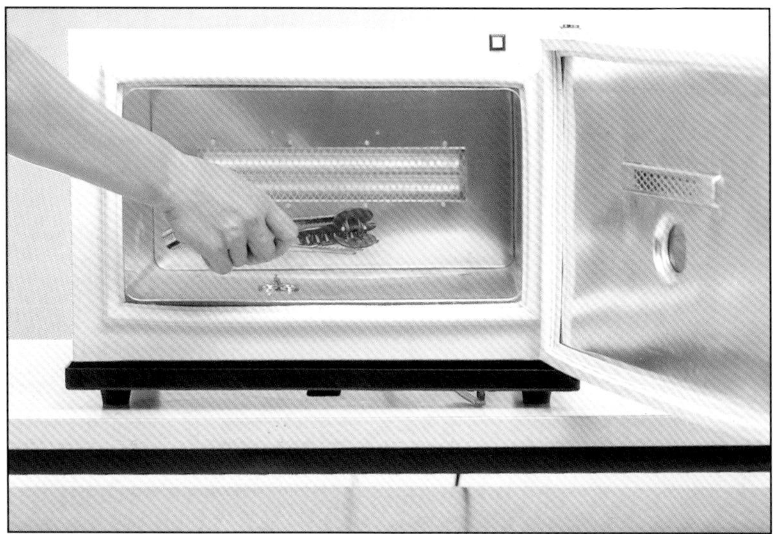

◆置於乾淨櫥櫃內

## 物理消毒程序

因無適用的消毒法，所以不須進行操作。

# 洗手、手部消毒操作

## 應檢前須知

（一）不同的洗手方式與效果？

☆用水盆洗手，約有36%的細菌存在。

☆用水沖洗手，約有12%的細菌存在。

☆用水沖→肥皂→水沖，則所有細菌都洗淨。

（二）什麼時後應該洗手？

☆手髒的時後或修剪指甲及清潔打掃後。

☆清洗飲食器具或調理食物前。

☆咳嗽、打噴嚏、擤鼻涕、吐痰及大小便後。

☆工作前、後或吃東西前。

☆休息20至30分鐘之後，要洗手。

（三）在營業場所時，手部何時應作消毒？

☆護膚前、後。

☆洗完手後。

☆發現客人有皮膚病的時候。

（四）現場共有75%酒精、200PPM氯液、0.1%陽性肥皂液、6%煤餾油酚肥皂液等四種消毒劑，其中又以75%酒精及0.1%陽性肥皂液最適宜做手部消毒的消毒劑。

## 注意事項

☆應檢人員除了須填寫應檢測驗用卷外，亦必須實際進行洗手及手部消毒的程序。

☆應檢人員在填寫洗手、手部消毒原因以及選擇適用的手部消毒液時，若有一項填寫不正確或未能完整時則該項完全以零分計算。

☆若選用75%酒精來進行手部消毒則消毒後不必再用清水沖洗。

☆為使妳明確瞭解洗手與手部消毒測驗試卷的填寫方式，下列將有一張範例，僅供參考。

| 姓名 | | 檢定編號 | | 組　　別 | □A □B □C □D |
|---|---|---|---|---|---|

三、洗手與手部消毒操作測驗用卷（發給應檢人）（10分）

說明：（一）由應檢人寫出在營業場所何時應洗手？何時應作手部消毒？（未全部答對者洗手及手部消毒操作扣10分）。

（二）寫出所選用的消毒試劑名稱及濃度，進行洗手操作並選用消毒試劑進行消毒（未能選用適當消毒試劑，手部消毒操作不予計分）。

（三）下列第一、三、四題未完全答對，扣10分。

測驗時間：4分鐘（書面作答、洗手及消毒操作）

一、請寫出在營業場所中洗手的時機為何？（至少三項，三項未全部答對者扣10分，且不得繼續操作）

答：1.________________________________

2.________________________________

3.________________________________

二、進行洗手操作（6分）（第一題未全部答對，本題以下操作不予計分）（本項為實際操作）

三、請寫出在營業場所手部何時做消毒？（述明一項即可）（1分）

答：________________________________

四、選擇一種正確手部消毒試劑並寫出試劑名稱及濃度（2分）

答：________________________________

五、進行手部消毒操作（1分）

（本項為實際操作）

| 監評人員簽章： | 得分： |
|---|---|

| 姓名 | 柯秀娟 | 檢定編號 | 28 | 組　　別 | □A ☑B □C □D |
|---|---|---|---|---|---|

三、洗手與手部消毒操作測驗用卷（發給應檢人）（10分）

說明：（一）由應檢人寫出在營業場所何時應洗手？何時應作手部消毒？（未全部答對者洗手及手部消毒操作扣10分）。

（二）寫出所選用的消毒試劑名稱及濃度，進行洗手操作並選用消毒試劑進行消毒（未能選用適當消毒試劑，手部消毒操作不予計分）。

（三）下列第一、三、四題未完全答對，扣10分。

測驗時間：4分鐘（書面作答、洗手及消毒操作）

一、請寫出在營業場所中洗手的時機為何？（至少三項，三項未全部答對者扣10分，且不得繼續操作）

答：1. 手髒的時候

2. 護膚工作前、後

3. 吃東西前、修剪指甲及清潔打掃後

二、進行洗手操作（6分）（第一題未全部答對，本題以下操作不予計分）（本項為實際操作）

三、請寫出在營業場所手部何時做消毒？（述明一項即可）（1分）

答：發現顧客有皮膚傳染病時

四、選擇一種正確手部消毒試劑並寫出試劑名稱及濃度（2分）

答：75%酒精

五、進行手部消毒操作（1分）

（本項為實際操作）

監評人員簽章：　　　　得分：

## 洗手操作程序

打開水龍頭，手部淋濕，關水龍頭。

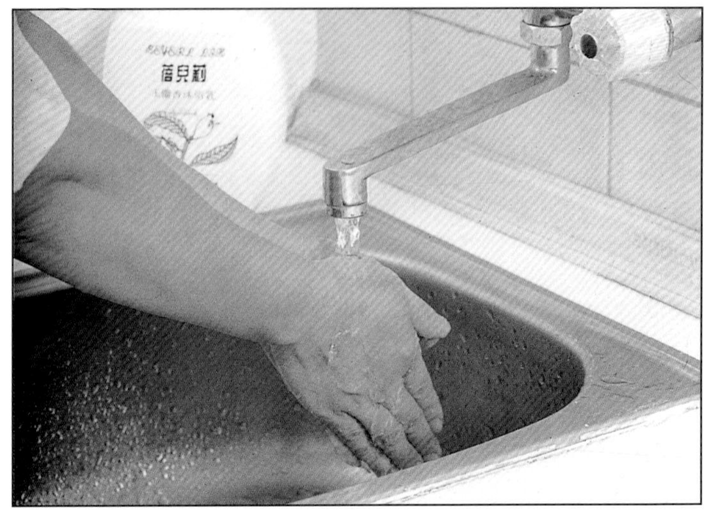

◆手部淋濕

將沐浴乳或手部清潔劑擠壓少量至手中。

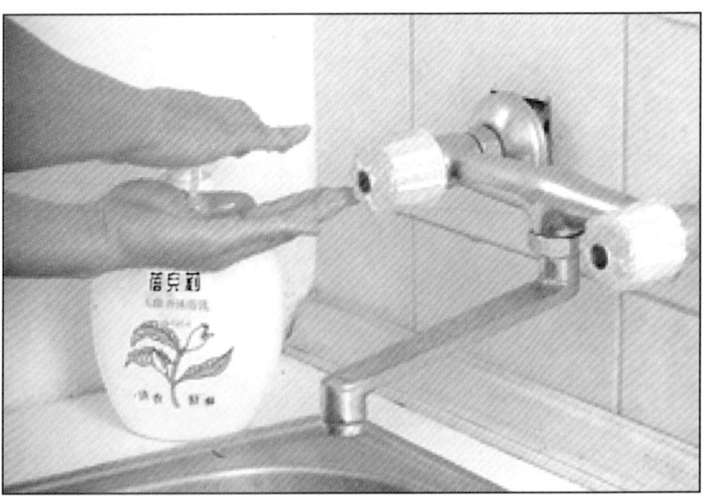

◆塗抹少量沐浴乳在手中

搓洗雙手手心。

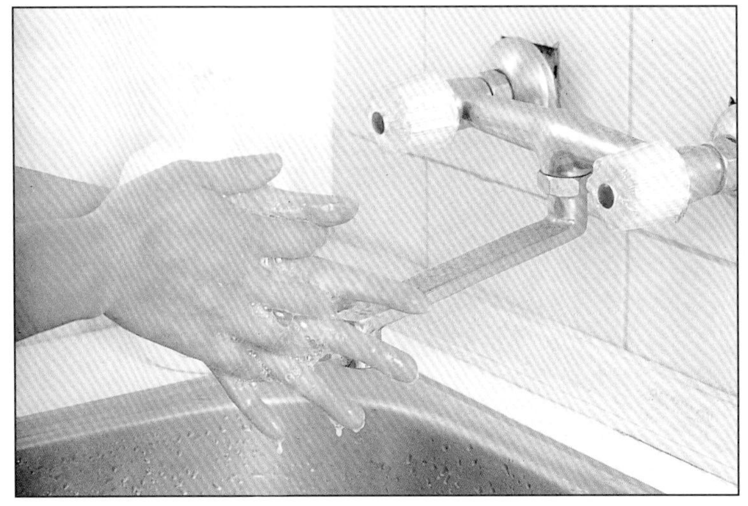

◆兩手手心，手指互相摩擦

兩手輪流揉搓手背。

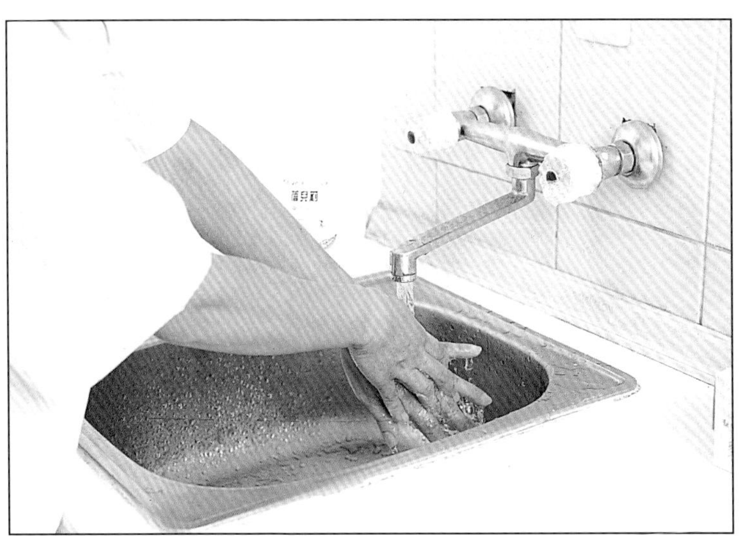

◆兩手輪流揉搓手背

兩手輪流互搓手背及手背指頭。

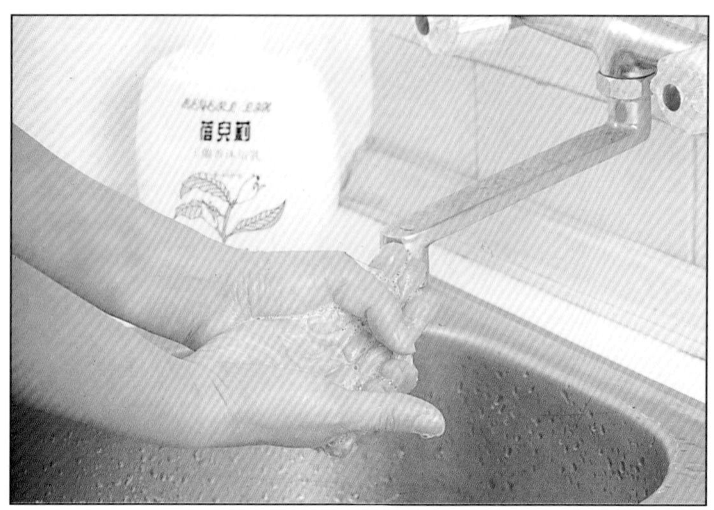

◆搓手背、手指頭

兩手互扣，做拉手姿勢擦洗指尖；拿起刷子刷洗兩手的指甲縫。

◆用刷子刷指甲縫

打開水龍頭，沖洗刷子，並歸回原處。

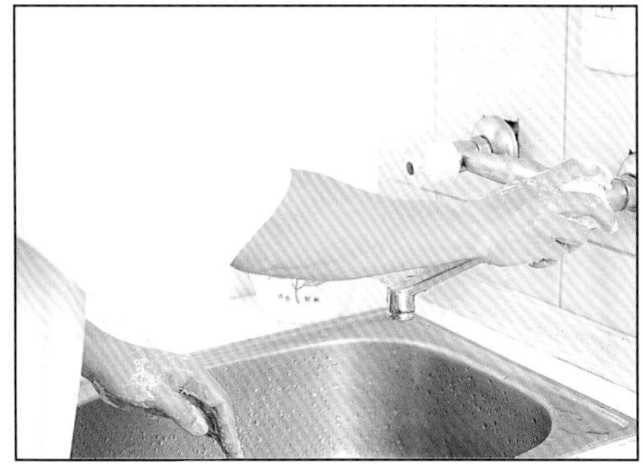

◆開水龍頭

8 在水龍頭下，再次沖洗兩手的手心，輪流互洗手背及手指，輪流互搓手背及手背指頭，兩手互扣，做拉手姿勢洗指尖。

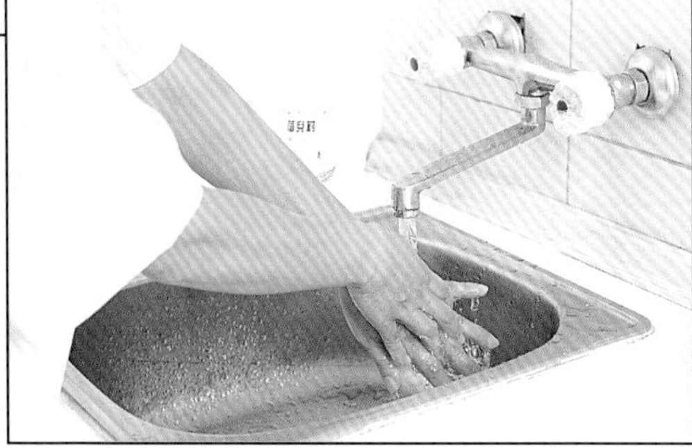

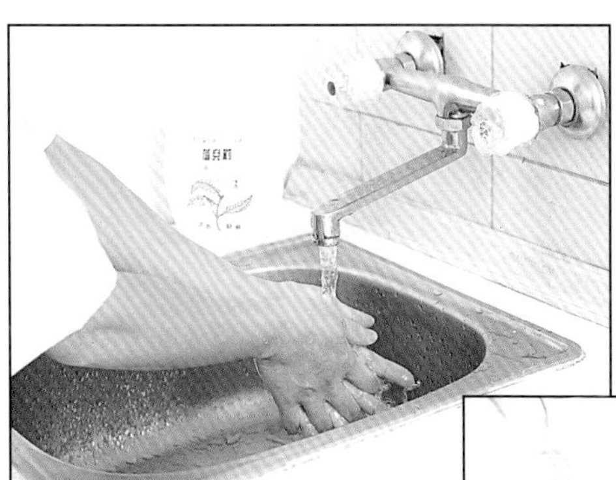

◆沖洗手心手背

9 沖洗水龍頭（至少3次）。

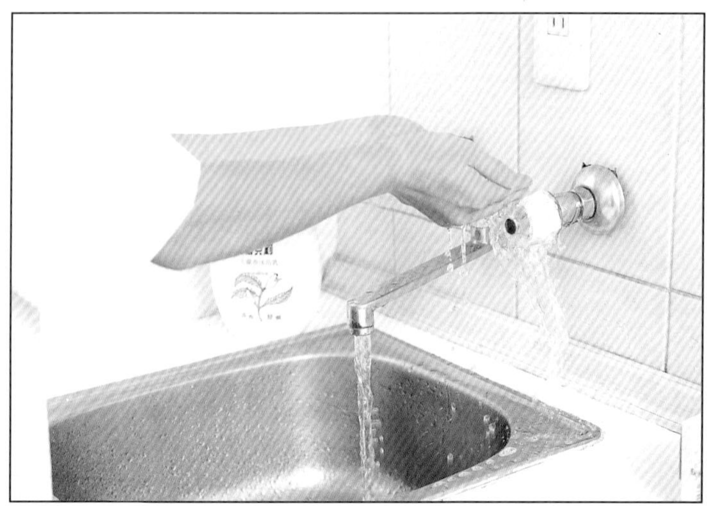

◆沖洗水龍頭

10 沖洗水槽四周；關掉水龍頭。

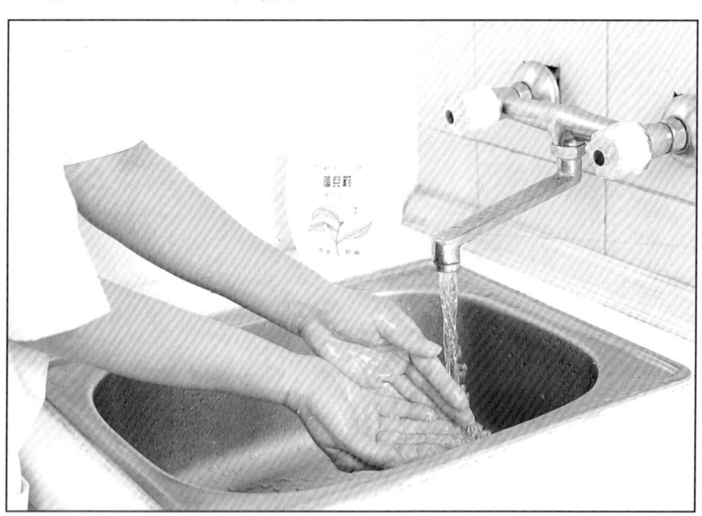

◆沖洗水槽四周

取紙張擦乾手部（不可有甩乾的動作）。

◆化妝紙擦手

## 手部消毒的操作程序

(一) 選用75%酒精時其操作過程為：

先打開瓶蓋，用鑷子夾住二至三個棉球放在手心。

◆打開酒精消毒瓶蓋，用鑷子夾出棉球

放下鑷子，蓋住蓋子。

◆放下鑷子，蓋上酒精消毒瓶蓋

3 用棉球消毒雙手的手心、手背、手指縫及手腕（口述不必再用清水沖洗）。

◆用酒精棉球擦拭手心

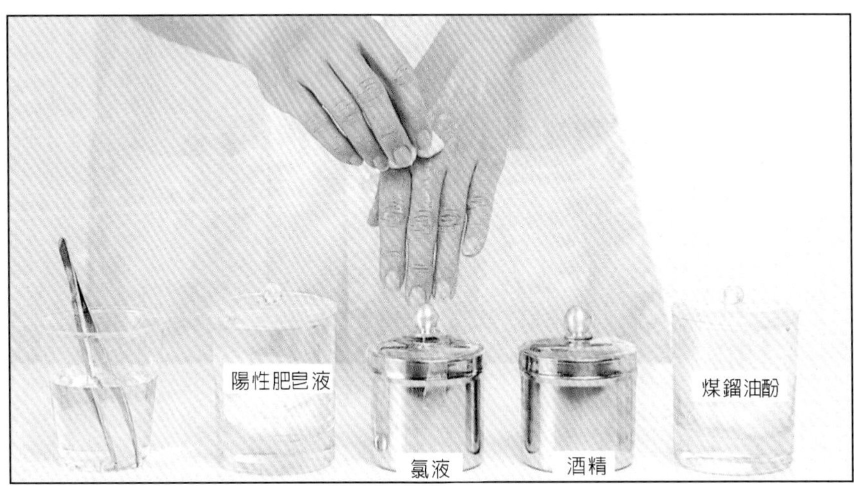


◆用酒精棉球擦拭手背

用面紙擦乾（不可甩乾）。

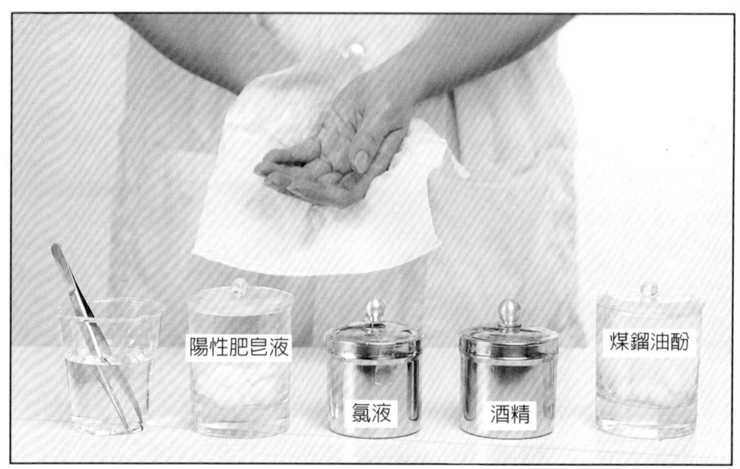


◆用化妝紙將手部擦乾

（二）選用0.1%陽性肥皂液：

0.1%陽性肥皂液現場已稀釋好，打開瓶蓋，用鑷子夾住二至三個棉球放在手心。

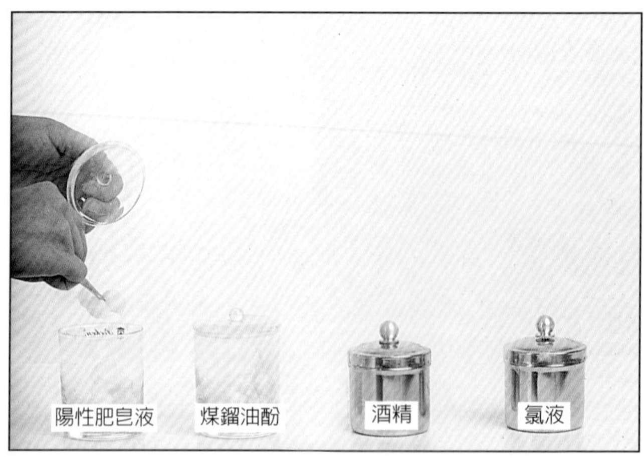


◆打開陽性肥皂液消毒瓶蓋，用鑷子夾出棉球

放下鑷子，蓋住蓋子。

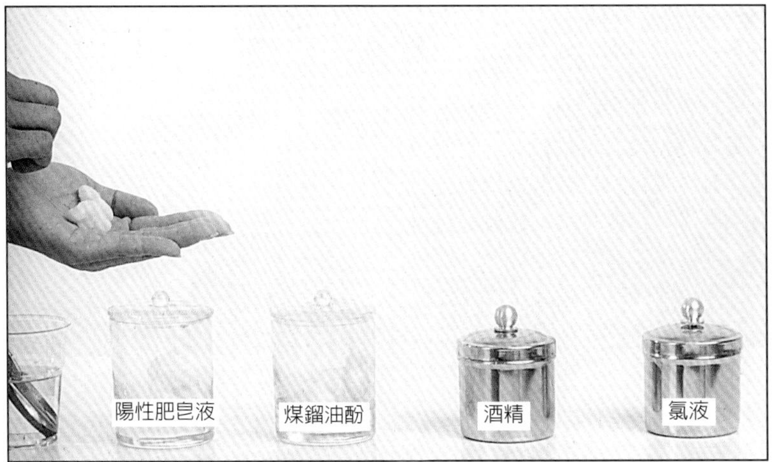


◆放下鑷子，蓋住陽性肥皂液消毒蓋子

3

用棉球消毒雙手。

◆用酒精棉球擦拭手心、手背、手指縫及手腕

需再次用水沖洗。

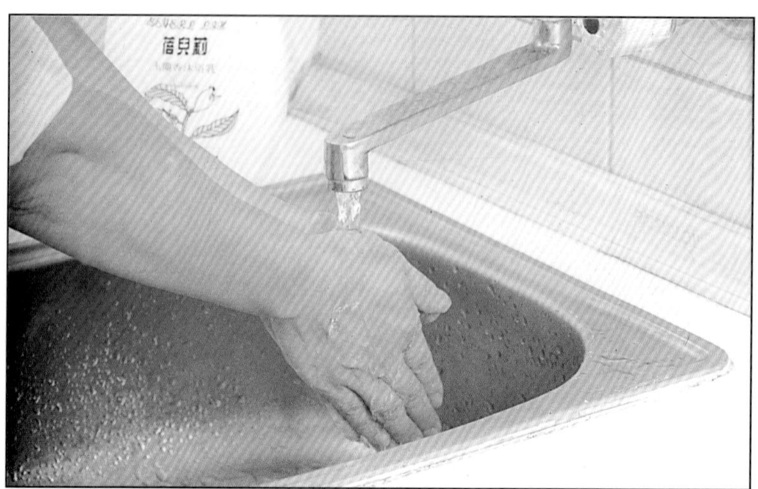

◆用清水沖洗手部

用面紙擦乾（不可用甩乾）。

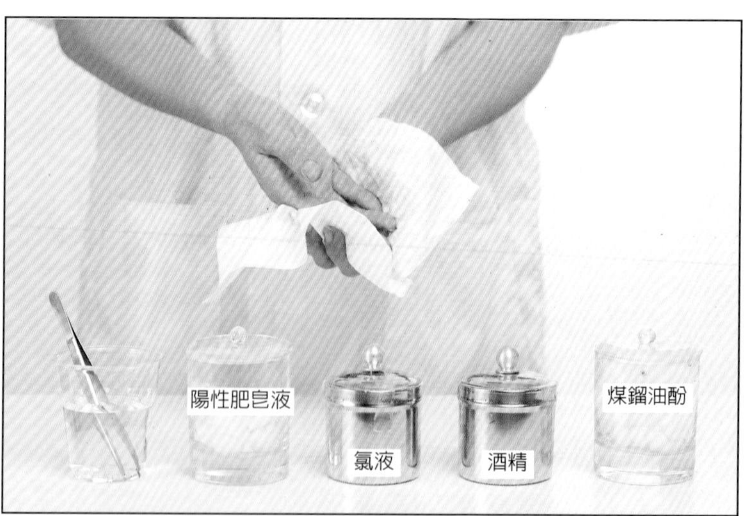


◆用化妝紙將手部擦乾

# 美　　容

## 乙級

# 技能檢定術科
# 測驗參考資料

注意：本參考資料僅供各界參考使用，應檢者參加術科測驗之試題，以承辦單位所發為準。

## 美容乙級技術士技能檢定術科測驗試場分布表

每場96人　　時間共約8小時

分四個試場同時進行

### 第一試場

新娘妝
每場：24人（監評人員6名）
時間：205～215分鐘

### 第二試場

攝影妝或舞台妝
每場：24人（監評人員6名）
時間：205～215分鐘

### 第三試場

專業護膚
每場：24人（監評人員12名）
時間：105分鐘

### 第四試場

衛生技能實作

| 第一站 | 第二站 | 第三站 |
| --- | --- | --- |
| 化妝品安全衛生之辨識（評審長1名）時間：4分鐘 | 消毒液與消毒方法之辨識及操作（監評人員4名）時間：12分鐘 | 洗手與手部消毒操作（評審長1名）時間：4分鐘 |

應檢人待考區

每場24人（監評人員6名）
時間：120分鐘

（一）美容監評人員：25名（含美容評審長1名）

化粧技能：以12位應檢人為一組，每組應置監評人員3名。

護膚技能：以6位應檢人為一組，每組應置監評人員3名。

（二）衛生監評人員：6名（含衛生評審長1名）

# 術科測驗參考資料目錄

壹、美容乙級技術士技能檢定術科測驗試題使用說明
貳、美容乙級技術士技能檢定術科測驗試場及時間分配表
參、美容乙級技術士技能檢定術科測驗美容技能及衛生技能測驗流程
肆、美容乙級技術士技能檢定術科測驗應檢人員須知
伍、美容乙級技術士技能檢定術科測驗應檢人員自備工具表
陸、美容乙級技術士技能檢定術科測驗美容技能場地設備表
柒、美容乙級技術士技能檢定術科測驗應檢人員報到手續表
捌、美容乙級技術士技能檢定術科測驗美容技能實作試題

一、化妝技能

（一）臉部化妝技巧設計圖

（二）修眉

（三）攝影妝或舞台妝

1.黑白攝影妝／2.彩色攝影妝／3.大舞台妝／4.小舞台妝

（四）新娘化妝設計圖

1.清純型新娘妝／2.華麗型新娘妝

二、護膚技能

（一）填寫顏面頸部肌肉分布圖及顏面頸部骨骼分布圖

（二）專業護膚

1.工作前準備及顧客皮膚資料卡／2.評分／3.去角質及海綿清潔／4.按摩／5.蒸臉／6.敷面及手部保養／7.脫毛／8.善後工作

玖、美容乙級技術士技能檢定術科測驗美容技能測驗用卷

一、顧客皮膚資料卡用卷

二、顏面頸部肌肉分布圖用卷及標準答案

三、顏面頸部骨骼分布圖用卷及標準答案

四、臉部化妝技巧設計圖用卷

五、新娘化妝設計圖用卷

拾、美容乙級技術士技能檢定術科測驗美容技能評分表

一、臉部化妝技巧設計圖評分表

二、修眉評分表

三、攝影妝評分表

四、舞台妝評分表

五、新娘化妝設計圖評分表

六、新娘妝評分表

七、專業護膚評分表

八、顧客皮膚資料卡評分表

拾壹、美容乙級技術士技能檢定術科測驗美容技能總評分表

拾貳、美容乙級技術士技能檢定術科測驗衛生技能實作試題

拾參、美容乙級技術士技能檢定術科測驗衛生技能評分表

一、化妝品安全衛生之辨識評分表

二、消毒液與消毒方法之辨識及操作評分表

三、洗手與手部消毒操作評分表

拾肆、美容乙級技術士技能檢定術科測驗衛生技能場地設備表

一、化妝品安全衛生之辨識場地設備表

二、消毒液與消毒方法之辨識及操作場地設備表

三、洗手與手部消毒操作場地設備表

拾伍、美容乙級技術士技能檢定術科測驗衛生技能總評分表

拾陸、美容乙級技術士技能檢定術科測驗總評分表

## 壹、美容乙級技術士技能檢定術科測驗試題使用說明

一、本試題分美容技能實作試題和衛生技能實作試題，採考前公開方式，由各術科測驗承辦單位寄交應檢人。

二、美容技能實作測驗分化妝技能和護膚技能兩類。

(一) 化妝技能：共分五項

| 測驗項目 | | 測驗時間 | 說明 |
|---|---|---|---|
| 一 | 修眉 | 5分鐘 | |
| 二 | 攝影妝或舞台妝 | 40或50分鐘 | 各2題，抽選一主題測驗 |
| 三 | 臉部化妝技巧設計圖 | 30分鐘 | 5種臉型，每種臉型有兩款設計主題，共計10款設計主題，由其中抽選一主題測驗。 |
| 四 | 新娘妝設計圖 | 20分鐘 | 由清純型或華麗型中抽選一主題測驗。 |
| 五 | 新娘妝 | 50分鐘 | 配合新娘妝設計圖清純型或華麗型的設計主題測驗。 |

1.應檢人須做完每一項測驗。

2.在第二、三、四測驗項目開始測驗前，由監評人員小組負責人指定應檢人代表公開抽出其中一題實施測驗。

（二）護膚技能：在第三試場進行，應檢人員須完成每一項測驗。

| | 測驗項目 | 測驗時間 |
|---|---|---|
| 一 | 工作前準備及顧客皮膚資料卡 | 15分鐘 |
| 二 | 評分 | 5分鐘 |
| 三 | 去角質及海綿清潔 | 10分鐘 |
| 四 | 按摩 | 20分鐘 |
| 五 | 蒸臉<br>填寫顏面頸部肌肉紋理分布圖或顏面頸部骨骼分布圖 | 15分鐘 |
| 六 | 敷面及手部保養 | 25分鐘 |
| 七 | 脫毛、善後工作 | 15分鐘 |

三、衛生技能實作測驗計有三項，每一應檢人均須做完每一項。

| | 測驗項目 | 說明 |
|---|---|---|
| 一 | 化妝品安全衛生之辨識 | 每一應檢人，抽取一張題卡書面作答。 |
| 二 | 消毒液與消毒方法之辨識及操作 | 每一應檢人，抽取一種器材，書面作答並實際操作。 |
| 三 | 洗手與手部消毒操作 | 書面作答（2分鐘）及實際操作（2分鐘）。 |

四、化妝技能實作測驗時間約四小時（包括評分時間），護膚技能實作測驗時間及衛生技能實作測驗時間各約二小時。合計共約八小時。

## 貳、美容乙級技術士技能檢定術科測驗試場及時間分配表

一、本表以術科測驗應檢人96名為標準而定。

二、術科測驗設四個試場，第一試場進行舞台或攝影妝技能實作測驗，第二試場進行新娘妝技能實作測驗，第三試場進行護膚技能實作測驗，第四試場則進行衛生技能實作測驗。

三、各項測驗實作時間如下：

（一）化妝技能測驗：實作時間約205～215分鐘（修眉5分鐘、新娘妝含設計圖70分鐘、攝影妝或舞台妝含臉部化妝技巧設計圖80分鐘）。

（二）護膚技能測驗：實作時間約105分鐘（含填寫顏面頸部肌肉分布圖5分鐘或顏面頸部骨骼分布圖5分鐘，專業護膚100分鐘）。

（三）衛生技能測驗：約120分鐘（含化妝品安全衛生之辨識4分鐘，消毒液和消毒方法之辨識及操作12分鐘，洗手與手部消毒操作4分鐘）。

四、應檢人就組別和測驗號碼依序參加測驗，各試場測驗項目、時間分配、應檢人組別及測驗號碼如下：

| 組別 試場<br>時間 | 第一試場 | 第二試場 | 第三試場 | 第四試場 |
|---|---|---|---|---|
| | 舞台或攝影妝 | 新娘妝 | 專業護膚 | 衛生技能 |
| 8:00~10:00 | A組<br>（1～24）<br>（測驗修眉） | B組<br>（25～48）<br>（測驗修眉） | C組<br>（49～72） | D組<br>（73～96） |
| 10:20~12:20 | B組<br>（25～48） | A組<br>（1～24） | D組<br>（73～96） | C組<br>（49～72） |
| 12:20~13:00 | 休　　息 | | | |
| 13:20~15:20 | C組<br>（49～72）<br>（測驗修眉） | D組<br>（73～96）<br>（測驗修眉） | A組<br>（1～24） | B組<br>（25～48） |
| 15:40~17:40 | D組<br>（73～96） | C組<br>（49～72） | B組<br>（25～48） | A組<br>（1～24） |

## 參、美容乙級技術士技能檢定術科測驗美容技能及衛生技能測驗流程

### 第一試場攝影妝或舞台妝測驗流程

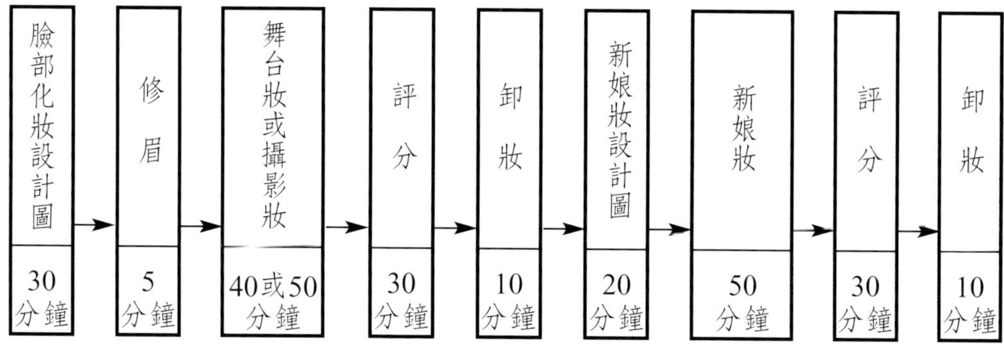


1.時間：約205～215分鐘

2.攝影妝或舞台妝監評：6名

3.服務工作人員：若干名

### 第二試場新娘妝測驗流程

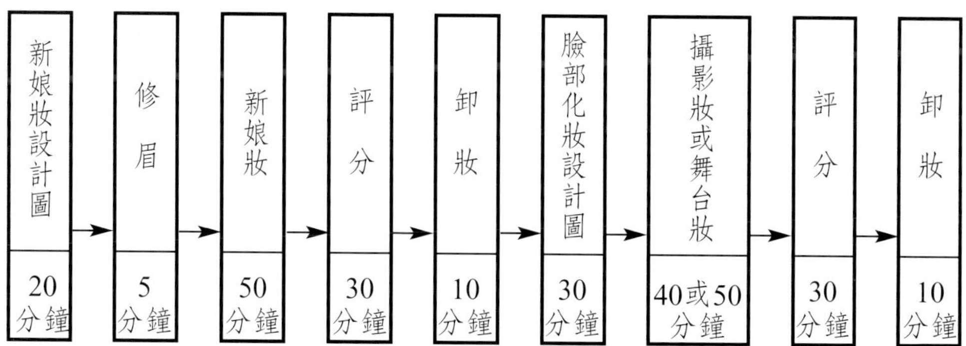


1.時間：約205～215分鐘

2.新娘妝監評：6名

3.服務工作人員：若干名

## 第三試場專業護膚測驗流程

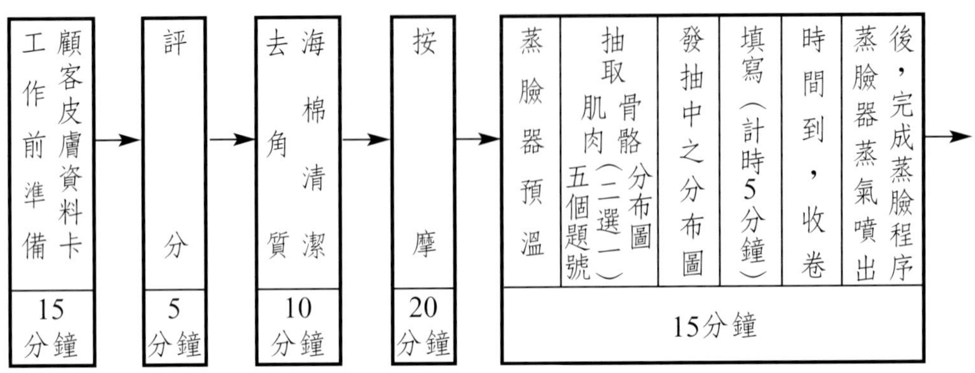


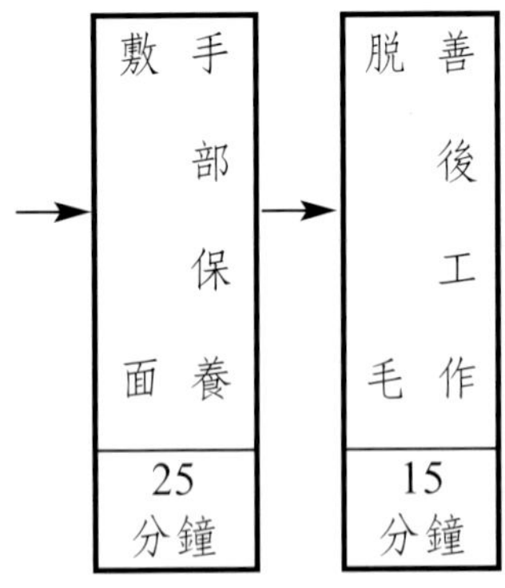


1.時間：約105分鐘

2.護膚實作監評：12名

3.服務工作人員：若干名

## 第四試場衛生技能測驗流程

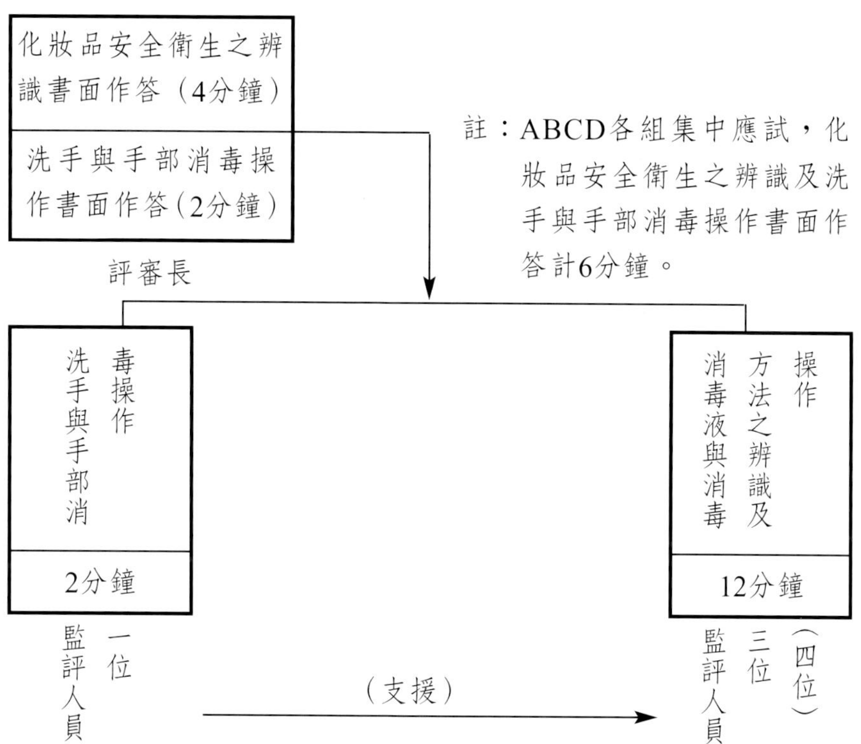


1.時間：三項合計每人20分鐘

2.衛生技能監評：4名

3.服務工作人員：若干名

備註：①衛生評審長由衛生監評人員互推產生。

②書面作答由評審長主持並擔任試卷批閱及洗手與手部消毒實際操作之監評工作。

③三位監評人員均擔任消毒液與消毒方法之辨識及操作監評工作。

④另一位監評人員擔任洗手與手部消毒之監評工作。

⑤由評審長安排應檢人各項衛生技能進場次序。

## 肆、美容乙級技術士技能檢定術科測驗應檢人員須知

一、術科測驗應檢人應於測驗開始前30分鐘辦妥報到手續。

（一）攜帶身分證、准考證及術科測驗通知單。

（二）模特兒檢查。

（三）領取術科測驗號碼牌（號碼牌應於當天測驗完畢離開試場時交回）。

二、應檢人應自備女性模特兒一名，於報到時接受檢查，其條件為：

（一）年齡15歲以上，應帶身分證。

（二）不得紋眼線、紋眉、紋唇。

（三）素面不修眉。

三、應檢人所帶模特兒須符合上列三項條件並通過檢查。

四、應檢人服裝儀容應整齊，穿著符合規定的工作服，佩戴術科測驗號碼牌；長髮應梳理整潔並紮妥；不得佩戴會干擾美容工作進行的珠寶及飾物。

五、應檢人不得攜帶規定（如應檢人自備器材表）以外的器材入場，否則相關項目的成績不予計分。

六、應檢人所帶化妝品及保養品均應合法，並有明確標示，否則相關項目的成績予以扣分。

七、術科測驗共設五個試場。各試場測驗項目及時間分配詳見「術科測驗試場及時間分配表」，應檢人依組別和測驗號碼就檢定崗位依序參加測驗，同時應檢查檢定單位提供之設備機具、材料，如有不符，應即告知監評人員處理。

八、美容技能測驗分四個試場進行：第一、二試場為化妝技能測驗；第三試場為專業護膚技能測驗；第四試場為衛生技能測驗。各試場的測驗流程及實作時間詳見該「術科測驗實作流程」。

九、美容技能實作測驗試題抽籤：

（一）臉部化妝技巧設計圖：測驗前由負責監評人員指定一應檢人抽取號碼，以現場抽出的試題進行測驗。

（二）攝影妝或舞台妝：測驗前由負責監評人員指定一應檢人抽取一個試題，以現場抽出的試題進行測驗。

（三）新娘妝：測驗前由負責監評人員指定一應檢人抽取一個試題，進行測驗。

（四）顏面頸部肌肉分布圖或顏面頸部骨骼分布圖：測驗前由評審長遴選一應檢人由兩種分布圖中抽選一種分布圖，再抽選5試題，進行測驗。

十、衛生技能實作測驗共有三項，包括：

（一）化妝品安全衛生之辨識。
（二）消毒液與消毒方法之辨識及其操作。
（三）洗手與手部消毒操作。

}於第四試場測驗

十一、各測驗項目應於規定時間內完成，並依照監評口令進行，各單項測驗不符合主題者，不予計分。

十二、術科測驗成績計算方法如下：

（一）美容技能：

1.分化妝技能和護膚技能兩類，測驗項目、評分項目及配分，詳見（美容技能評分表及評審說明）。

2.化妝技能由兩組監評人員就攝影妝和舞台妝、新娘妝及相關設計圖分別監評。

3.護膚技能分筆試與實作兩項，實作部分由該組全體監評人員進行監評。筆試部分由評審長依標準答案評定。

4.每單項測驗成績，以該單項配分為滿分，並以監評該單項實作測驗的全體監評人員評分後，經電腦加總平均分數為該單項測驗平均成績。成績計算以四捨五入至小數點第二位。

5.化妝技能和護膚技能實作成績各以100分為滿分；兩類成績總和除以二，即為美容技能實作總分，總分60分（含）以上者為及格，未滿60分者，即為不及格。

（二）衛生技能：共有三項測驗，總分100分，衛生技能成績60分以上者為及格，未滿60分者，即為不及格。

（三）美容技能及衛生技能兩類測驗成績均及格者才算術科測驗總評合格，若其中任何一類不及格，即術科測驗總評為不合格。

十三、應檢人若有疑問，應在規定時間內就地舉手，待監評人員到達面前始得發問，不可在場內任意走動、高聲談論。

十四、測驗過程中，模特兒不得給應檢人任何提醒或協助，否則立即取消應檢資格。

十五、化妝試場評分時，模特兒的化妝髮帶和圍巾不得卸除。

十六、應檢人及模特兒，於測驗中因故要離開試場時，須經負責監評人員核准，並派員陪同始可離開，時間不得超過10分鐘，並不另加給時間。

十七、應檢人對外緊急通信，須填寫承辦單位製作的通信卡，經負責監評人員核准方可為之。

十八、應檢人對於機具操作應注意安全，如發生意外傷害，應自負一切責任。

十九、測驗時間開始或停止，須依照口令進行，不得自行提前或延後。

二十、應檢人除遵守本須知所訂事項以外，應隨時注意承辦單位或監評人員臨時通知的事宜。

# 伍、美容乙級技術士技能檢定術科測驗應檢人員自備工具表

| 項次 | 工具名稱 | 規格尺寸 | 數量 | 單位 | 備　　註 |
|---|---|---|---|---|---|
| 1 | 工作服 | | 1 | 件 | |
| 2 | 口罩 | | 1 | 個 | |
| 3 | 美容衣 | | 1 | 件 | |
| 4 | 原子筆 | | 1 | 支 | |
| 5 | 白色化妝髮帶 | | 1 | 條 | |
| 6 | 白色化妝圍巾 | | 1 | 條 | |
| 7 | 化妝棉 | | | 張 | 適量 |
| 8 | 面紙 | | | 張 | 適量 |
| 9 | 棉花棒 | | | 支 | 適量 |
| 10 | 挖杓 | | | 支 | 適量 |
| 11 | 酒精棉球罐 | 附蓋 | 1 | 罐 | 附鑷子，內含適量酒精棉球 |
| 12 | 垃圾袋 | 約30×20cm以上 | 2 | 個 | |
| 13 | 待消毒物品袋 | 小型約30×20cm以上<br>大型約60×50cm以上 | 各2 | 個 | |
| 14 | 合法化妝製品及色筆 | | 1 | 組 | 適合化妝設計圖、攝影妝、舞台妝及新娘妝用 |
| 15 | 化妝工具組 | | 2 | 組 | |
| 16 | 修眉工具組 | 剪刀（圓頭）、鑷子、安全刀片 | 1 | 組 | |
| 17 | 假睫毛 | | | 組 | 睫毛夾、剪刀、睫毛膠等（舞台妝、新娘妝用） |
| 18 | 美甲用具組 | | 1 | 組 | 指甲油、去光水等。 |
| 19 | 合法保養化妝品 | | 1 | 組 | |
| 20 | 去角質霜 | | 1 | | 以「搓」為清除方式的產品 |
| 21 | 大浴巾 | 約90×200cm | 2 | 條 | 淺素色；可用罩單或毛巾毯 |
| 22 | 毛巾 | 約30×80cm | 9 | 條 | 淺素色，至少1條為白色 |
| 23 | 小臉盆 | 直徑約18cm以上 | 1 | 個 | |
| 24 | 洗臉海綿 | 直徑約8cm | 2 | 個 | |
| 25 | 脫毛蠟 | | 1 | 罐 | 冷蠟、附刮棒 |
| 26 | 脫毛布 | | 適量 | | 脫毛用 |
| 27 | 紙拖鞋 | | 1 | 雙 | 供模特兒使用 |
| 28 | 其他相關之用具 | | | | 如原子筆等 |

備註欄：毛巾類亦可選用拋棄型產品替代。

# 陸、美容乙級技術士技能檢定美容技能術科測驗場地設備表

| 項次 | 名　　稱 | 規　　格 | 單位 | 數量 | 備　　　註 |
|---|---|---|---|---|---|
| A | 化妝技能測驗（第一、二試場） | | | | |
| 1 | 檢定場地 | 約100m²應為獨立隔間 | 間 | 2 | 每間可容納應檢人、模特兒各24人，監評人員12人 |
| 2 | 照明設備 | 約為300米燭光 | | | 日光燈 |
| 3 | 冷氣設備 | | | | 噸數以能達室溫（約25℃）為原則 |
| 4 | 掛鐘 | | 個 | 2 | |
| 5 | 計時器 | | | 4 | |
| 6 | 監評人員工作桌椅 | 桌，椅 | 套 | 12 | 每張桌子以可供監評人員6人使用為原則 |
| 7 | 工作檯 | 寬40cm～60cm<br>長60cm～75cm<br>高75cm～80cm | 張 | 48 | 化妝用 |
| 8 | 化妝鏡 | 長40cm～60cm<br>寬60cm～75cm | 面 | 48 | |
| 9 | 夾板（壓克力板） | A4尺寸 | 個 | 48 | 配合化妝鏡台 |
| 10 | 工作車 | 兩層以上 | 台 | 48 | 置放工具用 |
| 11 | 模特兒座椅 | | 張 | 48 | |
| 12 | 應檢人座椅 | | 張 | 48 | |
| 13 | 鋼夾 | | 個 | 96 | 夾垃圾袋及待消毒物品袋用 |
| 14 | 洗手台 | 水龍頭4個以上 | | | 應備香皂、擦手紙巾等 |
| 15 | 小型麥克風 | | 個 | 2 | 播音用 |
| 16 | 急救箱 | | 套 | 1 | 手提式 |
| 17 | 酒精棉球 | | 罐 | 2 | 內附200個棉球及取用夾子 |
| 18 | 垃圾桶 | 附蓋 | 個 | 4 | 附垃圾袋 |
| 註 | 4～18項為二間試場用量 | | | | |

| 項次 | 名　　稱 | 規　　格 | 單位 | 數量 | 備　　　註 |
|---|---|---|---|---|---|
| B | 護膚技能測驗（第三試場） | | | | |
| 1 | 檢定場地 | 約120m² | 間 | 1 | 可容納應檢人、模特兒各24人，及監評工作人員約12人 |
| 2 | 照明設備 | 約300米燭光 | | | |
| 3 | 電氣設備 | 110V×1200W插頭 | 個 | 24 | 可供24組蒸臉器同時進行 |
| 4 | 冷氣設備 | | | | 噸數以能達室溫（約25℃）原則 |
| 5 | 熱水設備 | | | | 海綿洗臉用 |
| 6 | 洗手台 | 水龍頭2個以上 | | | 應備香皂，擦手紙巾，可設於教室外 |
| 7 | 美容躺椅（含圓凳） | 寬50～60cm<br>長170～200cm | 組 | 24 | |
| 8 | 夾板（壓克力板） | A4尺寸 | 個 | 24 | |
| 9 | 工具車 | 兩層以上 | 台 | 24 | |
| 10 | 蒸臉器 | | 台 | 24 | 附量杯且蒸氣功能正常者 |
| 11 | 蒸氣消毒箱 | | 台 | 2 | 每台可容納40條毛巾 |
| 12 | 毛巾夾 | | 支 | 2 | 夾垃圾袋及待消毒物品袋用 |
| 13 | 蒸餾水 | | | | 20公升裝 |
| 14 | 小麥克風 | | 套 | 1 | |
| 15 | 計時器 | | 個 | 1 | |
| 16 | 急救箱 | | 套 | 1 | 手提式 |
| 17 | 脫脂藥棉 | | 磅 | 2 | |
| 18 | 掛鐘 | | 個 | 1 | |
| 19 | 監評人員工作桌椅 | 桌、椅 | 套 | 12 | 可容納監評人員12名 |
| 20 | 模特兒休息室 | | 間 | 1 | 可更衣用 |
| 21 | 垃圾桶 | 需有蓋子 | 個 | 2 | 附垃圾袋、教室內及洗手台各1個 |
| 22 | 白（黑）板 | | 個 | 1 | 含筆數枝 |

| 項次 | 名　　稱 | 規　　格 | 單位 | 數量 | 備　　　　註 |
|---|---|---|---|---|---|
| C | 衛生技能測驗（第四試場） | | | | |
| 1 | 檢定場地 | | 間 | 1 | 可容納應檢人24人 |
| 2 | 照明設備 | 300米燭光 | | | |
| 3 | 應檢人員桌椅 | 桌、椅 | 套 | | 24 |

| 項次 | 名　　稱 | 規　　格 | 單位 | 數量 | 備　　　　註 |
|---|---|---|---|---|---|
| D | 電腦計分小組 | | 人 | 2 | 2人 |
| 1 | 電腦 | Petium II 以上 | 台 | 3 | |
| 2 | 印表機 | 雷射，A4以上 | 台 | 2 | |

# 柒、美容乙級技術士技能檢定術科測驗應檢人員報到手續表

檢定日期：_____年_____月_____日　術科編號：______________

| 應檢人姓名 | | 組　別 | □A □B □C □D |
|---|---|---|---|

| 順序 | 項　　目 | | 查核結果 | 查核人簽章 | 備註 |
|---|---|---|---|---|---|
| 1. | 查核證件<br>（承辦單位負責） | 身分證 | | | |
| | | 測驗通知單 | | | |
| 2. | 檢查模特兒<br>（評審長負責） | 身分證 | | | |
| | | 無紋眼線、紋眉、紋唇 | | | |
| | | 素面無修眉 | | | |
| 3. | 發給號碼牌<br>（承辦單位負責） | 測驗號碼牌（檢定編號） | | | |
| | | 模特兒號碼牌 | | | |

1.請依序辦理報到手續。

2.於第3站，將本單交給工作人員再領取測驗號碼牌及模特兒號碼牌。

3.▭欄由承辦單位填寫。

## 捌、美容乙級技術士技能檢定術科測驗美容技能實作試題

測驗項目：臉部化妝技巧設計圖（十個設計主題）

測驗時間：30分鐘

說明：一、測驗前由負責監評人員指定一應檢人，從十個設計主題中抽取一題，以現場抽出的試題進行測驗。

二、在試題設計圖上，依指定的設計主題，分別繪製包含下列七個項目的臉部化妝設計圖。

（一）粉底的修飾

（二）腮紅的修飾

（三）眉型的畫法

（四）眼影的修飾

（五）眼線的畫法

（六）鼻影的修飾

（七）唇型的修飾

三、繪製時不限用化妝品，亦可使用其它色材（如彩色鉛筆、粉彩）來呈現設計主題。

四、繪製設計圖時，不得使用輔助用具（如眉型器、唇型器、直尺內附有眉型、唇型者亦不得使用）。

五、粉底修飾使用明色時，以淺膚色粉底為限，不得使用白色或黃色。

注意事項：一、完成的設計圖圖面應乾淨。

二、於規定時間內未完成項目超過二項以上（含二項）者不予計分。

## 美容乙級技術士技能檢定術科測驗美容技能實作試題

測驗項目：化妝技能——修眉

測驗時間：5分鐘

說明：一、就模特兒原有的眉型，配合其特色（如臉型等）修整。

二、實作時以圓頭剪刀、安全刀片（刀片上需備有鋸齒保護）或鑷子操作（任選一項即可）。

注意事項：一、模特兒不得修眉、紋眉、紋眼線（否則本項技能以零分計算）。

二、於攝影妝（舞台妝）或新娘妝化妝實作前測驗。

三、準備工作應於應檢前完成。

四、工具的操作應正確，並注意雙手及工具的衛生與安全。

五、本項列入美容技能中計分。

六、於規定時間內未完成修眉者，不予計分。

## 美容乙級技術士技能檢定術科測驗美容技能實作試題

測驗項目：化妝技能——黑白攝影妝

測驗時間：40分鐘

說明：一、適用於攝影棚內正面半身相片的黑白攝影妝。

二、不需裝戴假睫毛，但需將睫毛夾翹，再使用睫毛膏（不可使用透明睫毛膏）。

三、眼影色彩，限用咖啡色或黑、白、灰色。

四、化妝程序不拘，但需兼顧衛生與安全。

五、完成的臉部化妝需切合主題、潔淨、精緻，並表現五官的立體感。

注意事項：一、準備工作應於應檢前處理妥當，包括：模特兒佩戴化妝髮帶、圍巾、化妝材料及工具的擺設等。

二、評審自基礎保養開始進行評分。

三、黑白攝影妝二～九項中，在時間內未完成任一項者，除該項不計分外，第十項亦不計分。

四、於規定時間內未完成項目超過二項以上（含二項）者黑白攝影妝不予計分。

五、模特兒若有紋眉、紋眼線、紋唇等情形，則除該項為零分外，整體感亦不計分，且視同各該單項未操作。

## 美容乙級技術士技能檢定術科測驗美容技能實作試題

測驗項目：化妝技能——彩色攝影妝

測驗時間：40分鐘

說明：一、適用於攝影棚內拍攝正面半身相片的彩色攝影妝。

二、不需裝戴假睫毛，但需將睫毛夾翹，再使用睫毛膏（不可使用透明睫毛膏）。

三、眼影色彩不拘。

四、化妝程序不拘，但需兼顧衛生與安全。

五、完成的臉部化妝需切合主題、潔淨、精緻，並表現五官的立體感。

注意事項：一、準備工作應於應檢前處理妥當，包括，模特兒佩戴化妝髮帶、圍巾，化妝材料及工具的擺設等。

二、評審自基礎保養開始進行評分。

三、彩色攝影妝二～九項中，在時間內未完成任一項者，除該項不計分外，第十項亦不計分。

四、於規定時間內未完成項目超過二項以上（含二項）者彩色攝影妝不予計分。

五、模特兒若有紋眉、紋眼線、紋唇等情形，則除該項為零分外，整體感亦不計分，且視同各該單項未操作。

## 美容乙級技術士技能檢定術科測驗美容技能實作試題

測驗項目：化妝技能——大舞台妝

測驗時間：50分鐘

說明：一、適用於伸展舞台（台高約75～90公分，距離觀眾約五公尺）的服裝展示化妝。

二、模特兒不賦予任何特殊角色但需裝戴假睫毛。

三、化妝程序不拘，但需兼顧衛生與安全。

四、完成的臉部化妝需切合主題、潔淨。

注意事項：一、準備工作應於應檢前處理妥當，包括：模特兒佩戴化妝髮帶、圍巾、化妝材料及工具的擺設等。

二、評審自基礎保養開始進行評分。

三、大舞台妝二～九項中，在時間內未完成任一項者，除該項不計分外，第十項亦不計分。

四、於規定時間內知道完成項目超過二項以上（含二項）者大舞台妝不予計分。

五、模特兒若有紋眉、紋眼線、紋唇等情形，則除該項為零分外，整體感亦不計分，且視同各該單項未操作。

## 美容乙級技術士技能檢定術科測驗美容技能實作試題

測驗項目：化妝技能——小舞台妝

測驗時間：50分鐘

說明：一、適用於平面舞台的近距離服裝展示化妝。

二、模特兒不賦予任何特殊角色但需裝戴假睫毛。

三、化妝程序不拘，但需兼顧衛生與安全。

四、完成的臉部化妝需切合主題、潔淨。

注意事項：一、準備工作應於應檢前處理妥當，包括，模特兒佩戴化妝髮帶、圍巾、化妝材料及工作的擺設等。

二、評審自基礎保養開始進行評分。

三、小舞台妝二～九項中，在時間內未完成任一項者，除該項不計分外，第十項亦不計分。

四、於規定時間內未完成項目超過二項以上（含二項）者小舞台妝不予計分。

五、模特兒若有紋眉、紋眼線、紋唇等情形，則除該項為零分外，整體感亦不計分，且視同各該單項未操作。

## 美容乙級技術士技能檢定術科測驗美容技能實作試題

測驗項目：新娘化妝設計圖

測驗時間：20分鐘

說明：一、請依抽選結果，在清純型或華麗型的空格中以打勾方式表示抽選項目。

二、色系自行選擇。

三、不限用化妝品，亦可使用其它色材（如彩色鉛筆、粉彩……等）以完成新娘化妝設計圖。

四、本圖提供橢圓形臉，粉底修飾不必操作。

五、除粉底修飾外，在眉型、眼影、眼線、鼻影、腮紅的色彩、線條與形狀應與真人模特兒新娘化妝相符。

六、繪製設計圖時，除直尺外，不得使用輔助用具（如眉型器、唇型器等，直尺內附有眉型、唇型等亦不得使用）。

七、完成的設計圖圖面應乾淨。

注意事項：一、完成的設計圖圖面應乾淨。

二、於規定時間內未完成項目超過二項以上（含二項）者不予計分。

# 美容乙級技術士技能檢定術科測驗美容技能實作試題

測驗項目：化妝技能——清純型新娘妝

測驗時間：50分鐘

一、測驗目的：

新娘化妝設計圖及清純型新娘妝實作，均應配合模特兒臉型及白紗禮服的清純型設計。

二、重點說明：

(一) 模特兒須戴假睫毛，並美化指甲（需擦有色指甲油)。

(二) 化妝程序不拘，但須兼顧衛生與安全。

(三) 完成的臉部化妝須切合主題、潔淨，並表現五官的立體感。

(四) 除粉底外，在眉型、眼影、眼線、鼻影、腮紅、唇型之色彩與形狀，應與設計圖相符。

三、注意事項：

(一) 準備工作應於應檢前處理妥當，包括：模特兒佩戴化妝髮帶、圍巾，化妝材料及工具的擺設等。

(二) 化妝監評工作自基礎保養開始進行評分。

(三) 清純型新娘妝二～十項中，在時間內未完成任一項者，除該項不計分外，第十一項亦不計分。

(四) 於規定時間內未完成項目超過二項以上（含二項）者清純型新娘妝不予計分。

(五) 模特兒若有紋眉、紋眼線、紋唇等情形，則除該項為零分外，整體感亦不計分，且視同各該單項未操作。

# 美容乙級技術士技能檢定術科測驗美容技能實作試題

測驗項目：化妝技能——華麗型新娘妝

測驗時間：50分鐘

一、測驗目的：

新娘化妝設計圖及華麗型新娘妝實作，均應配合模特兒臉型及白紗禮服的華麗型設計。

二、重點說明：

（一）模特兒須戴假睫毛，並美化指甲（需擦有色指甲油）。

（二）化妝程序不拘，但須兼顧衛生與安全。

（三）完成的臉部化妝須切合主題、潔淨，並表現五官的立體感。

（四）除粉底外，在眉型、眼影、眼線、鼻影、腮紅、唇型之色彩與形狀，應與設計圖相符。

三、注意事項：

（一）準備工作應於應檢前處理妥當，包括：模特兒佩戴化妝髮帶、圍巾，化妝材料及工具的擺設等。

（二）化妝監評工作自基礎保養開始進行評分。

（三）華麗型新娘妝二～十項中，在時間內未完成任一項者，除該項不計分外，第十一項亦不計分。

（四）於規定時間內未完成項目超過二項以上（含二項）者不予計分。

（五）模特兒若有紋眉、紋眼線、紋唇等情形，則除該項為零分外，整體感亦不計分，且視同各該單項未操作。

# 美容乙級技術士技能檢定術科測驗美容技能實作試題

測驗項目：護膚技能

測驗時間：105分鐘

說明：護膚技能操作分七階段，依口令在第三試場進行，測驗流程如下：

※應檢前應完成

1.應檢人穿妥工作服。

2.模特兒穿著美容袍。

3.將一條濕的白毛巾放入蒸汽消毒箱內。

4.小臉盆內加水備用。

第一階段：工作前準備及顧客皮膚資料卡（時間15分鐘）。

（一）工作前準備，包括：

1.備妥垃圾袋及待消毒物品袋。

2.工具和用品的擺設。

3.美容椅的調整，罩單、毛巾等的使用。

4.重點卸妝及皮膚清潔（包括：臉、頸、肩及前胸部）。

（二）填寫顧客皮膚資料卡（觀察分析模特兒的皮膚後，再填寫）。

第二階段：評分時間：5分鐘

第三階段：去角質及海綿清潔（時間10分鐘）。

（一）去角質操作。

（二）以洗臉海綿清潔臉、頸、肩及前胸部。

※去角質及海綿的操作須注意方法及方向、力道、速度之正確適中。

第四階段：按摩（時間20分鐘）

1.勻抹按摩霜。

2.按摩部位須涵蓋：臉部（包括額、眼、鼻、唇、頰、下顎）、頸部、肩部、前胸部及耳朵。

3.每部位均須展現至少三種不同的按摩動作。

4.按摩時須注意按摩的方向、力道、速度、壓點、連貫性、服貼感及熟練度。

5.按摩後徹底清除按摩霜。

第五階段：蒸臉、顏面頸部肌肉及顏面頸部骨骼分布圖（時間15分鐘）

※需注意用電安全、蒸臉器的正確操作以及對模特兒的安全保護。同時填寫顏面頸部肌肉分布圖或顏面頸部骨骼分布圖（5分鐘）

第六階段：敷面及手部保養（時間25分鐘）

（一）敷面

1.配合模特兒膚質選用一種或一種以上的敷面劑，但不得使用透明敷面劑。

2.敷面部位包括臉部、頸部。

3.敷面劑的塗抹須注意其均勻度及正確留白。

4.敷面劑塗抹完成後，立即舉手向評審示意，待三位評審檢視後再依評審指示做手部保養（手部保養完成後，再以熱毛巾徹底清除敷面劑）。

5.基礎保養。

（二）手部保養（利用等待敷面的時間進行）：

1.涵蓋部位：任選模特兒左或右手之手肘以下（手指、手掌、手背及手臂)。

2.流程：保養前皮膚的清潔→按摩保養→保養之善後。

(1)手部保養應注意按摩時的方向、力道、速度、壓點、連貫性、服貼感及熟練度。

(2)手部保養至少三種不同的按摩手法。

第七階段：脫毛及善後工作（時間15分鐘）

1.涵蓋部位：任選模特兒之左或右小腿外側，脫毛面積至少5 cm×10cm。

2.流程：脫毛前處理→塗蠟→脫毛→脫毛後處理

(1)塗蠟時應注意蠟量均勻適中、塗抹方向、脫毛的方向、力道、速度。

(2)脫毛完成後，脫毛部位應確實乾淨無餘毛。

3.收妥所有器材、物品。

4.維護工作場地之整潔。

# 玖、美容乙級技術士技能檢定術科測驗美容技能測驗用卷

## 一、顧客皮膚資料卡（發給應檢人）

術科編號：　　　　　　　組別：□A □B □C □D（請勾選）

| 顧客姓名 | | 建卡日期 | | 婚姻 | □已婚 □未婚 |
|---|---|---|---|---|---|
| | | 電　　話 | | | |
| 通訊地址 | | | | 年齡 | 歲 |
| 職業別 | □1.學生　□2.職業婦女　□3.家庭主婦　□4.其他 | | | | |
| 皮膚類型 | □1.中性　□2.油性　□3.乾性　□4.混合性 | | | | |

1.皮膚狀況

請於下表中勾出模特兒皮膚狀態，並在右圖臉上依下表指定符號標示出來。

| 皮膚狀況 | 項　目 | 表示記號 |
|---|---|---|
| | 粉　刺 | 以"○"表示出。 |
| | 毛孔粗大 | 以"●"表示出。 |
| | 痤　瘡 | 以"×"表示出。 |
| | 黑（雀）斑 | 以"△"表示出。 |
| | 敏　感 | 以"*"表示出。 |
| | 皺　紋 | 以"／"表示出。 |
| | 乾　燥 | 以"#"表示出。 |

2.保養程序

根據模特兒皮膚類型與狀況，選用下列化妝品，並以化妝品前編號寫出使用程序：1.特殊保養產品（請自行寫出）；2.按摩霜；3.去角質霜；4.乳液（或面霜）；5.敷面霜；6.清潔用品；7.化妝水

3.居家保養之建議事項

1.保養品使用方面：

2.飲食起居方面：

監評人員簽章：　　　　　　　　承辦單位簽章：

# 二、顏面頸部肌肉分布圖（發給應檢人）

術科編號：＿＿＿＿＿＿＿＿　組別：□A □B □C □D（請勾選）

檢定日期：＿＿年＿＿月＿＿日

試題：填寫抽選號碼及正確肌肉名稱於下列空格內

測驗時間：5分鐘

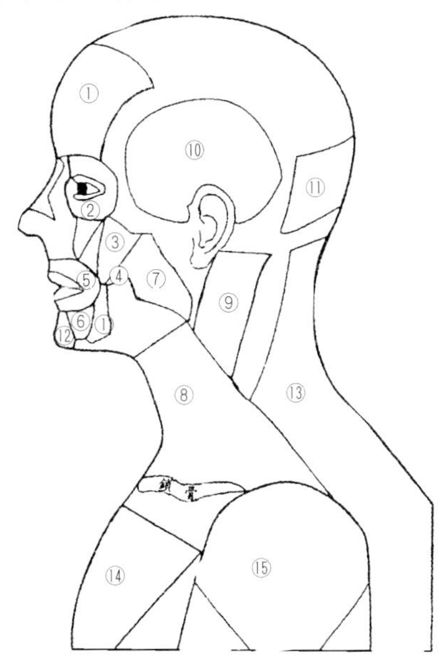


說明

1.由評審長當場遴選一名應檢人代表，抽出五個號碼，請應檢人依序將抽籤號碼數字填寫在「抽選號碼」格中。

2.將各抽選號碼的肌肉名稱（中文或原文）填寫在「肌肉名稱」格中。

備註

1.評分表以"○""×"表示每題評審結果。

2.答對一題得一分，滿分為五分。

3.請使用原子筆作答，並不得塗改。

4.本表每位應檢人只有一張，請小心填寫。

| 題目序號 | 抽選號碼 | 肌肉名稱 | 評分結果 | |
|---|---|---|---|---|
| | | | ○ | × |
| 1 | | | | |
| 2 | | | | |
| 3 | | | | |
| 4 | | | | |
| 5 | | | | |
| 得分 | | | | |

評審長簽章：＿＿＿＿＿＿＿＿

## 顏面頸部肌肉分布圖答案

| 題　　號 | 中文名稱 | 原文名稱 |
|---|---|---|
| 1 | 額肌 | Frontalis |
| 2 | 眼輪匝肌 | Orbicularis Oculis |
| 3 | 顴肌 | Zygomaticus |
| 4 | 頰肌 | Buccinator |
| 5 | 口輪匝肌 | Orbicularis Oris |
| 6 | 下唇舌肌（下唇方肌） | Depressor Labii Inferioris |
| 7 | 嚼肌 | Masseter |
| 8 | 闊頸肌（頸闊肌） | Platysma |
| 9 | 胸鎖乳突肌 | Sternomastoid |
| 10 | 顳肌 | Temporalis |
| 11 | 枕肌（枕骨肌） | Occipitalis |
| 12 | 頦肌 | Mentalis |
| 13 | 斜方肌 | Trapezius |
| 14 | 胸大肌（大胸肌） | Pectoralis Major |
| 15 | 三角肌 | Deltoid |

## 三、顏面頸部骨骼分布圖（發給應檢人）

術科編號：＿＿＿＿＿＿＿＿　組別：□A □B □C □D（請勾選）

檢定日期：＿＿年＿＿月＿＿日

試　　題：填寫抽選號碼及正確骨骼名稱於下列空格內。

測驗時間：5分鐘

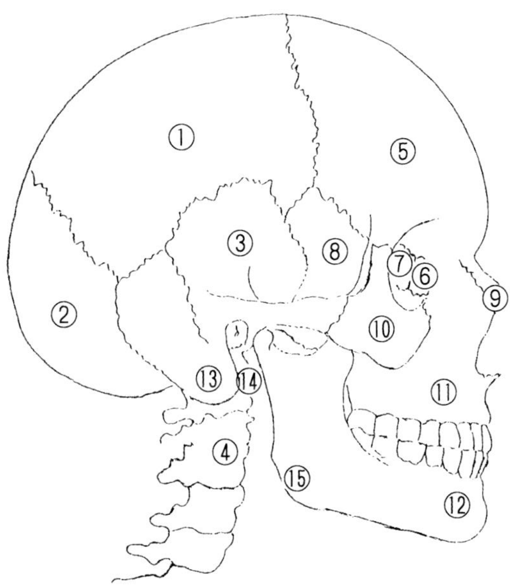


說明

1.由評審長當場遴選一名應檢人代表，抽出五個號碼，請應檢人依序將抽籤號碼數字填寫在「抽選號碼」格中。

2.將各抽選號碼的骨骼名稱（中文或原文）填寫在「骨骼名稱」格中。

| 題目序號 | 抽選號碼 | 骨骼名稱 | 評分結果 | |
|---|---|---|---|---|
| | | | ○ | × |
| 1 | | | | |
| 2 | | | | |
| 3 | | | | |
| 4 | | | | |
| 5 | | | | |
| 得　　分 | | | | |

評審長簽章：＿＿＿＿＿＿＿＿

備註

1.評分表以"○""×"表示每題評審結果。

2.答對一題得一分，滿分為五分。

3.請使用原子筆作答，並不得塗改。

4.本表每位應檢人只有一張，請小心填寫。

## 顏面頸部骨骼分布圖答案

| 題　　號 | 中文名稱 | 原文名稱 |
|---|---|---|
| 1 | 頂骨 | Parietal bone |
| 2 | 枕骨 | Occipital bone |
| 3 | 顳骨 | Temporal bone |
| 4 | 頸椎骨 | Cervical Vertebra |
| 5 | 額骨 | Frontal bone |
| 6 | 淚骨 | Lacrimal bone |
| 7 | 篩骨 | Ethmoid bone |
| 8 | 蝶骨 | Sphenoid bone |
| 9 | 鼻骨 | Nasal bone |
| 10 | 顴骨 | Zygomatic bone |
| 11 | 上頷骨（上頜骨） | Maxilla |
| 12 | 下頷骨（下頜骨） | Mandible |
| 13 | 乳突 | Mastoid Process |
| 14 | 外耳道 | External Auditory Meatus |
| 15 | 下頷骨角尖（下頜骨角尖） | Mandibular Angle |

## 四、臉部化妝技巧設計圖（發給應檢人）

說明：測驗前由監評人員指定一應檢人，從十個設計主題中抽取一題進行測驗。

### （一）方型臉（A）

說明：

一、測驗時間30分鐘。

二、圖形的修飾，不限用化妝品，亦可使用其它色材（如彩色鉛筆、粉彩……等），以呈現設計主題。

三、鼻影及唇型修飾應表現修飾位置及勻稱效果。

四、粉底修飾，只須表現明、暗色所在位置及勻稱效果。

五、此圖為方型臉，其特徵為**單眼皮眼型、長鼻型**。

六、請依此圖，做一適當的修飾，修飾部位為：

⊙眉型（眉毛）

⊙眼型（眼影、眼線）

⊙鼻型（鼻影）

⊙唇型（唇部）

⊙臉型（腮紅、粉底）

七、完成的設計圖圖面應乾淨。

## （一）方型臉（A）

檢定日期：　月　日

術科編號：________

組別：☐A

☐B

☐C

☐D

（請勾選）

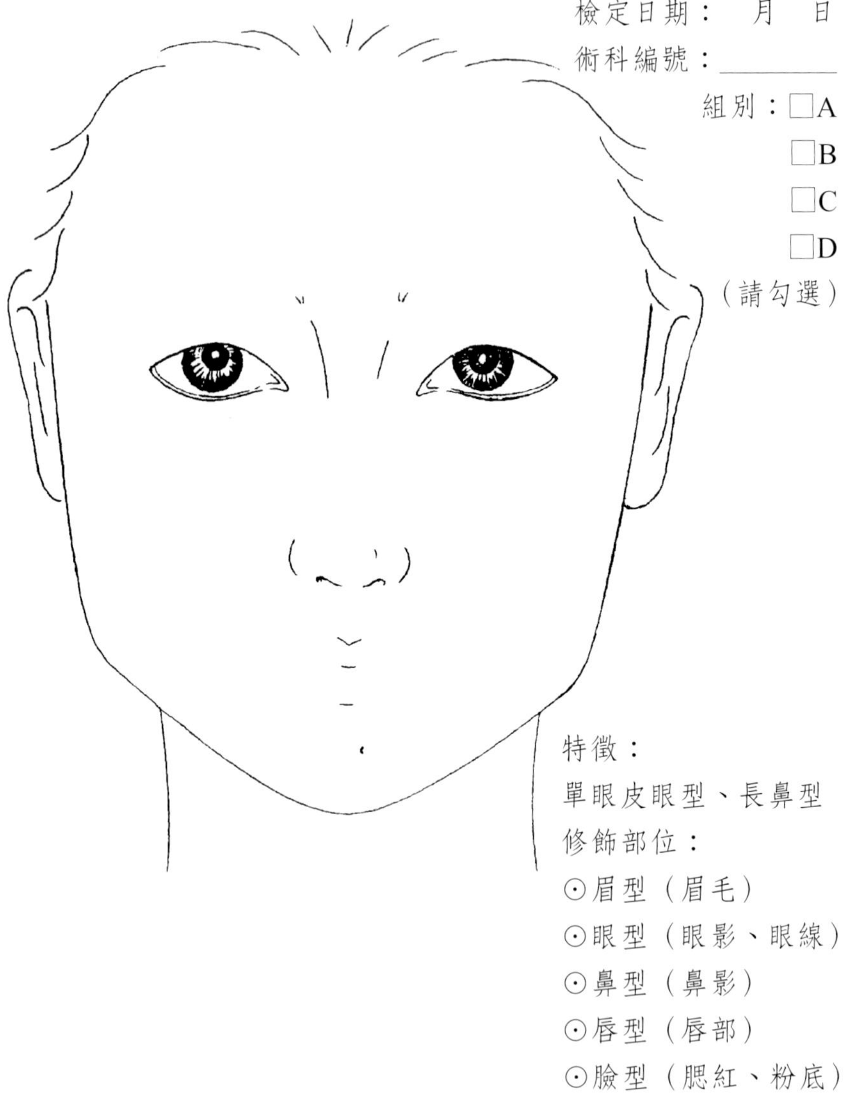

特徵：

單眼皮眼型、長鼻型

修飾部位：

⊙眉型（眉毛）

⊙眼型（眼影、眼線）

⊙鼻型（鼻影）

⊙唇型（唇部）

⊙臉型（腮紅、粉底）

承辦單位簽章：

## （二）方型臉（B）

說明：

一、測驗時間30分鐘。

二、圖形的修飾，不限用化妝品，亦可使用其它色材（如彩色鉛筆、粉彩……等），以呈現設計主題。

三、完成的設計圖圖面應乾淨。

四、鼻影及唇型修飾應表現修飾位置及勻稱效果。

五、粉底修飾，只須表現明、暗色粉底所在位置及勻稱效果。

六、此圖為方型臉，其特徵為**浮腫眼型、鼻頭大的鼻型**。

七、請依此圖，做一適當的修飾，修飾部位為：

⊙眉型（眉毛）

⊙眼型（眼影、眼線）

⊙鼻型（鼻影）

⊙唇型（唇部）

⊙臉型（腮紅、粉底）

## （二）方型臉（B）

檢定日期： 月 日

術科編號：________

組別：□A
□B
□C
□D
（請勾選）

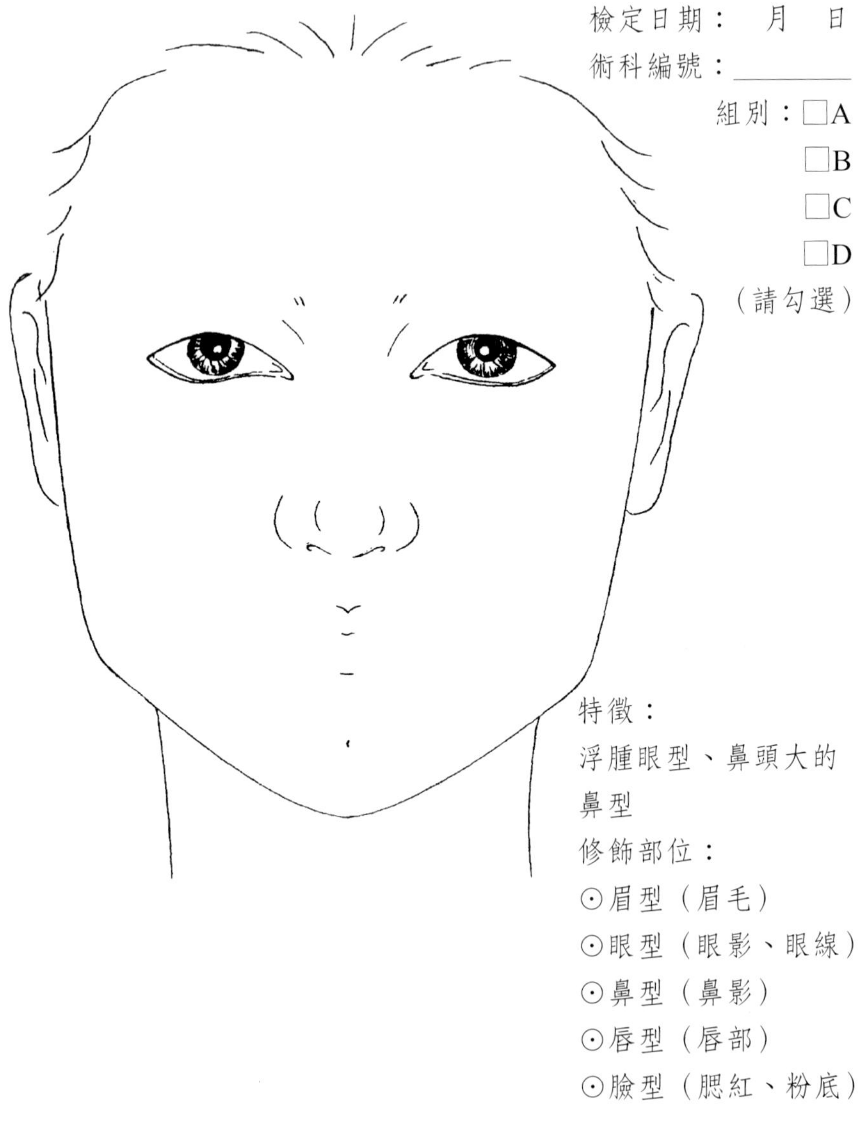

特徵：
浮腫眼型、鼻頭大的鼻型

修飾部位：
⊙眉型（眉毛）
⊙眼型（眼影、眼線）
⊙鼻型（鼻影）
⊙唇型（唇部）
⊙臉型（腮紅、粉底）

承辦單位簽章：

## （三）圓型臉（A）

說明：

一、測驗時間30分鐘。

二、圖形的修飾，不限用化妝品，亦可使用其它色材（如彩色鉛筆、粉彩……等），以呈現設計主題。

三、完成的設計圖圖面應乾淨。

四、鼻影及唇型修飾應表現修飾位置及勻稱效果。

五、粉底修飾，只須表現明、暗色粉底所在位置及勻稱效果。

六、此圖為圓型臉，其特徵為**上揚眼型、粗又塌的鼻型**。

七、請依此圖，做一適當的修飾，修飾部位為：

⊙眉型（眉毛）

⊙眼型（眼影、眼線）

⊙鼻型（鼻影）

⊙唇型（唇部）

⊙臉型（腮紅、粉底）

（三）圓型臉（A）

檢定日期：　月　日
術科編號：________
組別：□A
□B
□C
□D
（請勾選）

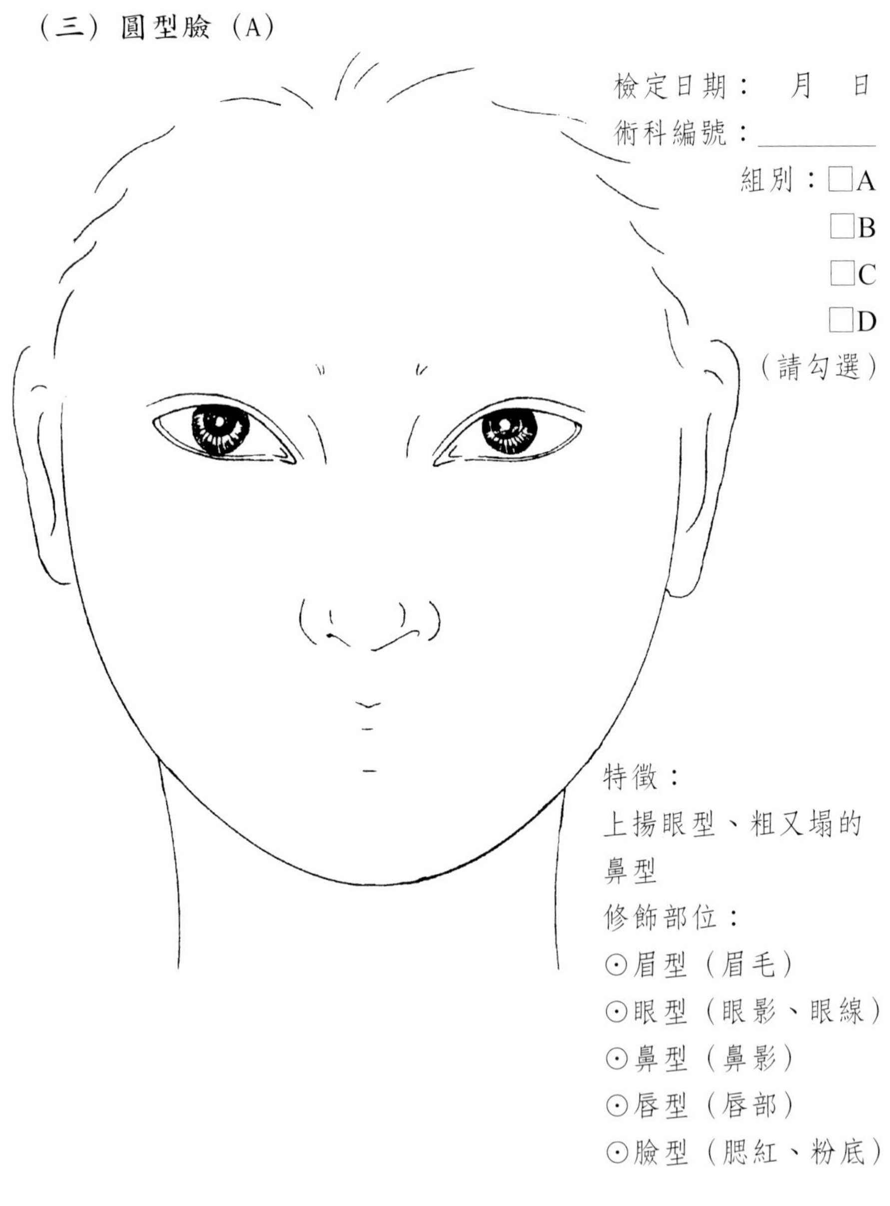

特徵：
上揚眼型、粗又塌的鼻型
修飾部位：
⊙眉型（眉毛）
⊙眼型（眼影、眼線）
⊙鼻型（鼻影）
⊙唇型（唇部）
⊙臉型（腮紅、粉底）

承辦單位簽章：

## （四）圓型臉（B）

說明：

一、測驗時間30分鐘。

二、圖形的修飾，不限用化妝品，亦可使用其它色材（如彩色鉛筆、粉彩……等），以呈現設計主題。

三、完成的設計圖圖面應乾淨。

四、鼻影及唇型修飾應表現修飾位置及勻稱效果。

五、粉底修飾，只須表現明、暗色粉底所在位置及勻稱效果。

六、此圖為圓型臉，其特徵為**浮腫眼型、短鼻型**。

七、請依此圖，做一適當的修飾，修飾部位為：

⊙眉型（眉毛）

⊙眼型（眼影、眼線）

⊙鼻型（鼻影）

⊙唇型（唇部）

⊙臉型（腮紅、粉底）

(四)圓型臉(B)

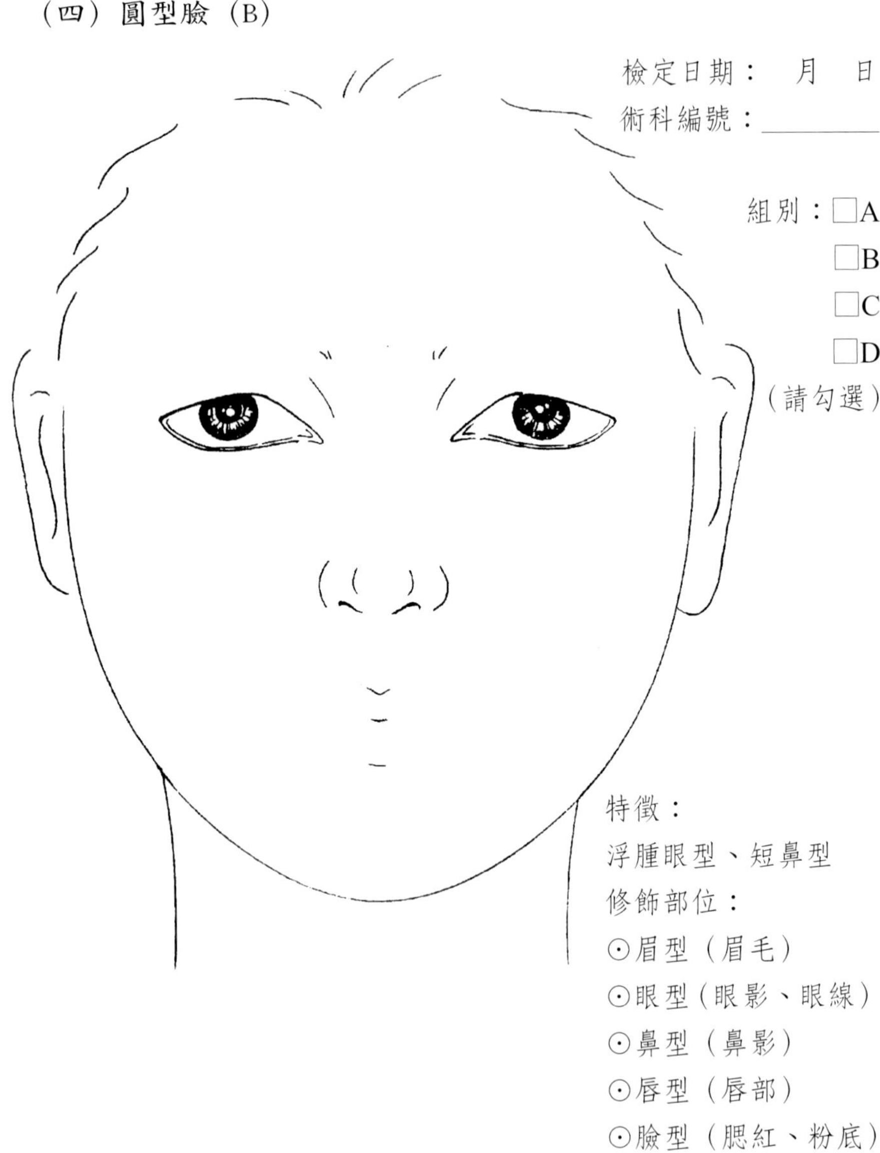

檢定日期： 月 日

術科編號：________

組別：□A

□B

□C

□D

(請勾選)

特徵：

浮腫眼型、短鼻型

修飾部位：

⊙眉型(眉毛)

⊙眼型(眼影、眼線)

⊙鼻型(鼻影)

⊙唇型(唇部)

⊙臉型(腮紅、粉底)

承辦單位簽章：

## （五）長型臉（A）

說明：

一、測驗時間30分鐘。

二、圖形的修飾，不限用化妝品，亦可使用其它色材（如彩色鉛筆、粉彩……等），以呈現設計主題。

三、完成的設計圖圖面應乾淨。

四、鼻影及唇型修飾應表現修飾位置及勻稱效果。

五、粉底修飾，只須表現明、暗色粉底所在位置及勻稱效果。

六、此圖為長型臉，其特徵為**單眼皮眼型、短鼻型**。

七、請依此圖，做一適當的修飾，修飾部位為：

⊙眉型（眉毛）

⊙眼型（眼影、眼線）

⊙鼻型（鼻影）

⊙唇型（唇部）

⊙臉型（腮紅、粉底）

## （五）長型臉（A）

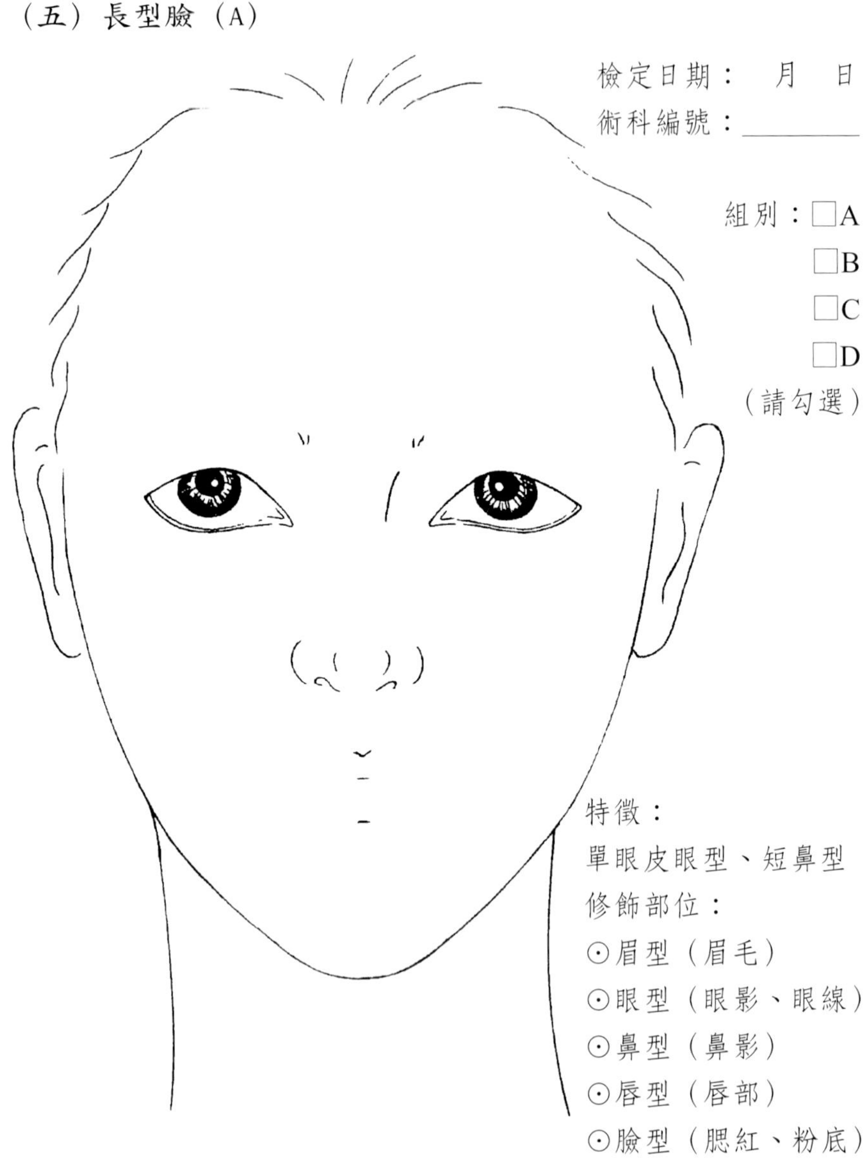

檢定日期：　月　日
術科編號：＿＿＿＿

組別：□A
□B
□C
□D
（請勾選）

特徵：
單眼皮眼型、短鼻型
修飾部位：
⊙眉型（眉毛）
⊙眼型（眼影、眼線）
⊙鼻型（鼻影）
⊙唇型（唇部）
⊙臉型（腮紅、粉底）

承辦單位簽章：

## （六）長型臉（B）

說明：

一、測驗時間30分鐘。

二、圖形的修飾，不限用化妝品，亦可使用其它色材（如彩色鉛筆、粉彩……等），以呈現設計主題。

三、完成的設計圖圖面應乾淨。

四、鼻影及唇型修飾應表現修飾位置及勻稱效果。

五、粉底修飾，只須表現明、暗色粉底所在位置及勻稱效果。

六、此圖為長型臉，其特徵為下垂眼型、粗又塌的鼻型。

七、請依此圖，做一適當的修飾，修飾部位為：

⊙眉型（眉毛）

⊙眼型（眼影、眼線）

⊙鼻型（鼻影）

⊙唇型（唇部）

⊙臉型（腮紅、粉底）

## （六）長型臉（B）

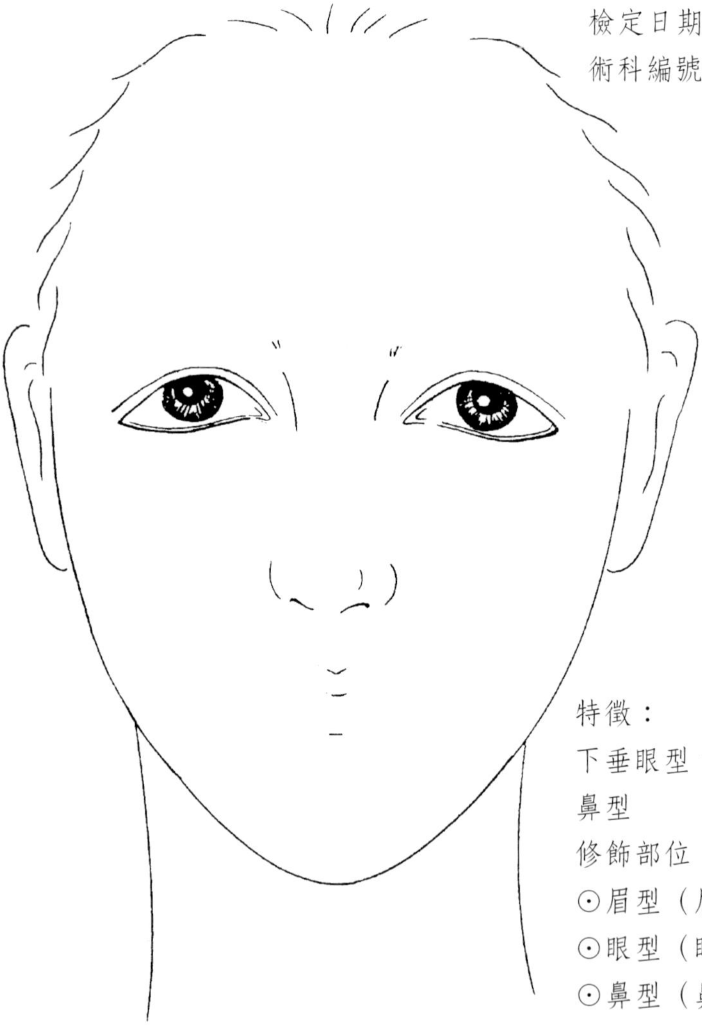

檢定日期：　月　日

術科編號：＿＿＿＿＿

組別：□A

□B

□C

□D

（請勾選）

特徵：

下垂眼型、粗又塌的鼻型

修飾部位：

⊙眉型（眉毛）

⊙眼型（眼影、眼線）

⊙鼻型（鼻影）

⊙唇型（唇部）

⊙臉型（腮紅、粉底）

承辦單位簽章：

## （七）倒三角型臉（A）

說明：

一、測驗時間30分鐘。

二、圖形的修飾，不限用化妝品，亦可使用其它色材（如彩色鉛筆、粉彩……等），以呈現設計主題。

三、完成的設計圖圖面應乾淨。

四、鼻影及唇型修飾應表現修飾位置及勻稱效果。

五、粉底修飾，只須表現明、暗色粉底所在位置及勻稱效果。

六、此圖為倒三角型臉，其特徵為**凹陷眼型、鼻頭大的鼻型**。

七、請依此圖，做一適當的修飾，修飾部位為：

⊙眉型（眉毛）

⊙眼型（眼影、眼線）

⊙鼻型（鼻影）

⊙唇型（唇部）

⊙臉型（腮紅、粉底）

## （七）倒三角型臉（A）

檢定日期：　月　日

術科編號：＿＿＿＿

組別：□A
□B
□C
□D
（請勾選）

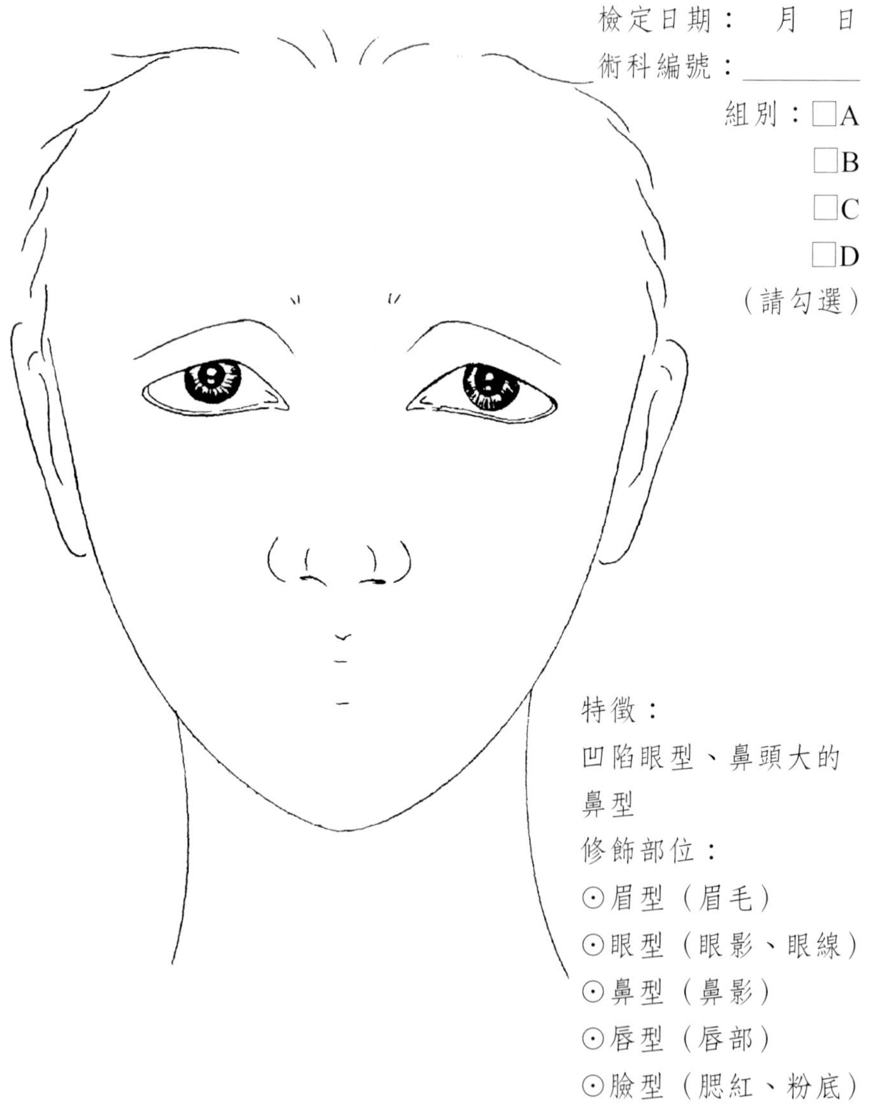

特徵：
凹陷眼型、鼻頭大的鼻型

修飾部位：
⊙眉型（眉毛）
⊙眼型（眼影、眼線）
⊙鼻型（鼻影）
⊙唇型（唇部）
⊙臉型（腮紅、粉底）

承辦單位簽章：

## (八) 倒三角型臉 (B)

說明：

一、測驗時間30分鐘。

二、圖形的修飾，不限用化妝品，亦可使用其它色材（如彩色鉛筆、粉彩……等），以呈現設計主題。

三、完成的設計圖圖面應乾淨。

四、鼻影及唇型修飾應表現修飾位置及勻稱效果。

五、粉底修飾，只須表現明、暗色粉底所在位置及勻稱效果。

六、此圖為倒三角型臉，其特徵為**上揚眼型、粗又塌的鼻型**。

七、請依此圖，做一適當的修飾，修飾部位為：

⊙眉型（眉毛）

⊙眼型（眼影、眼線）

⊙鼻型（鼻影）

⊙唇型（唇部）

⊙臉型（腮紅、粉底）

## （八）倒三角型臉（B）

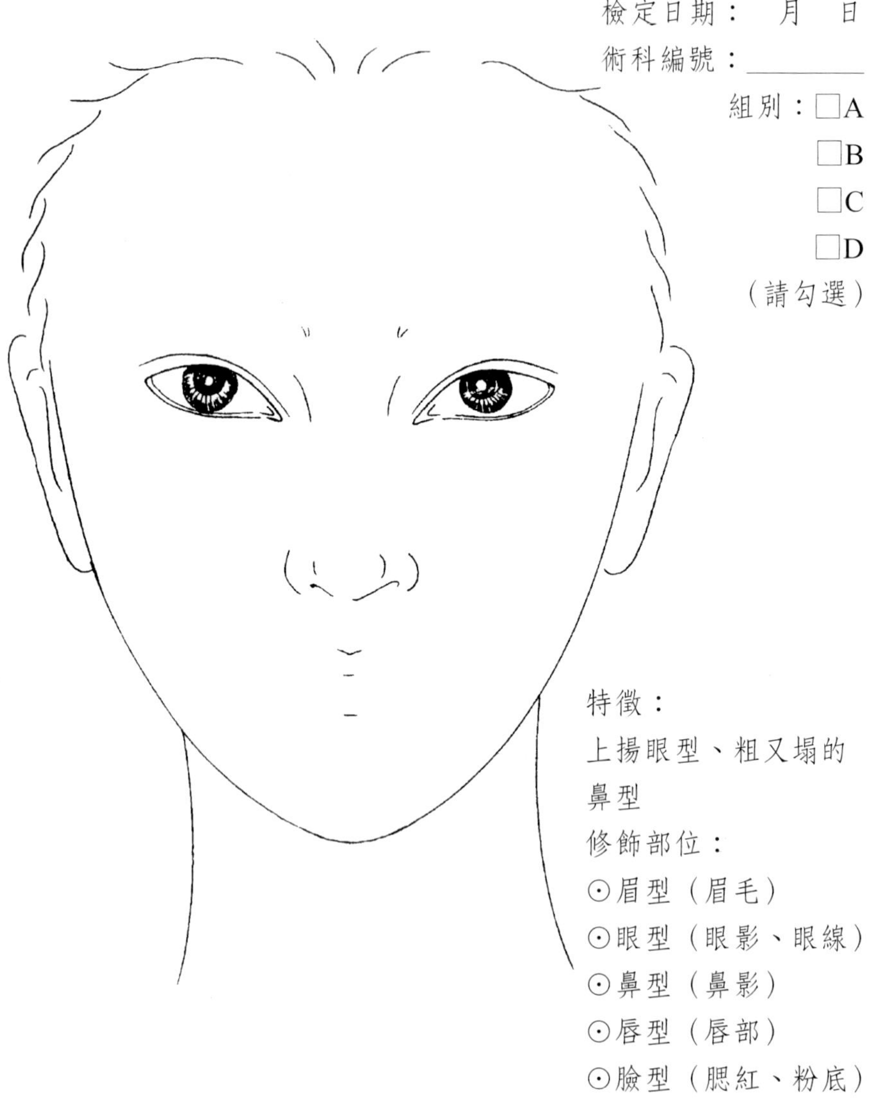

檢定日期：　月　日

術科編號：＿＿＿＿

組別：□A
□B
□C
□D
（請勾選）

特徵：
上揚眼型、粗又塌的鼻型

修飾部位：
⊙眉型（眉毛）
⊙眼型（眼影、眼線）
⊙鼻型（鼻影）
⊙唇型（唇部）
⊙臉型（腮紅、粉底）

承辦單位簽章：

## （九）菱型臉（A）

說明：

一、測驗時間30分鐘。

二、圖形的修飾，不限用化妝品，亦可使用其它色材（如彩色鉛筆、粉彩……等），以呈現設計主題。

三、完成的設計圖圖面應乾淨。

四、鼻影及唇型修飾應表現修飾位置及勻稱效果。

五、粉底修飾，只須表現明、暗色粉底所在位置及勻稱效果。

六、此圖為菱型臉，其特徵為**下垂眼型、長鼻型**。

七、請依此圖，做一適當的修飾，修飾部位為：

⊙眉型（眉毛）

⊙眼型（眼影、眼線）

⊙鼻型（鼻影）

⊙唇型（唇部）

⊙臉型（腮紅、粉底）

（九）菱型臉（A）

檢定日期：　月　日
術科編號：＿＿＿＿
組別：□A
□B
□C
□D
（請勾選）

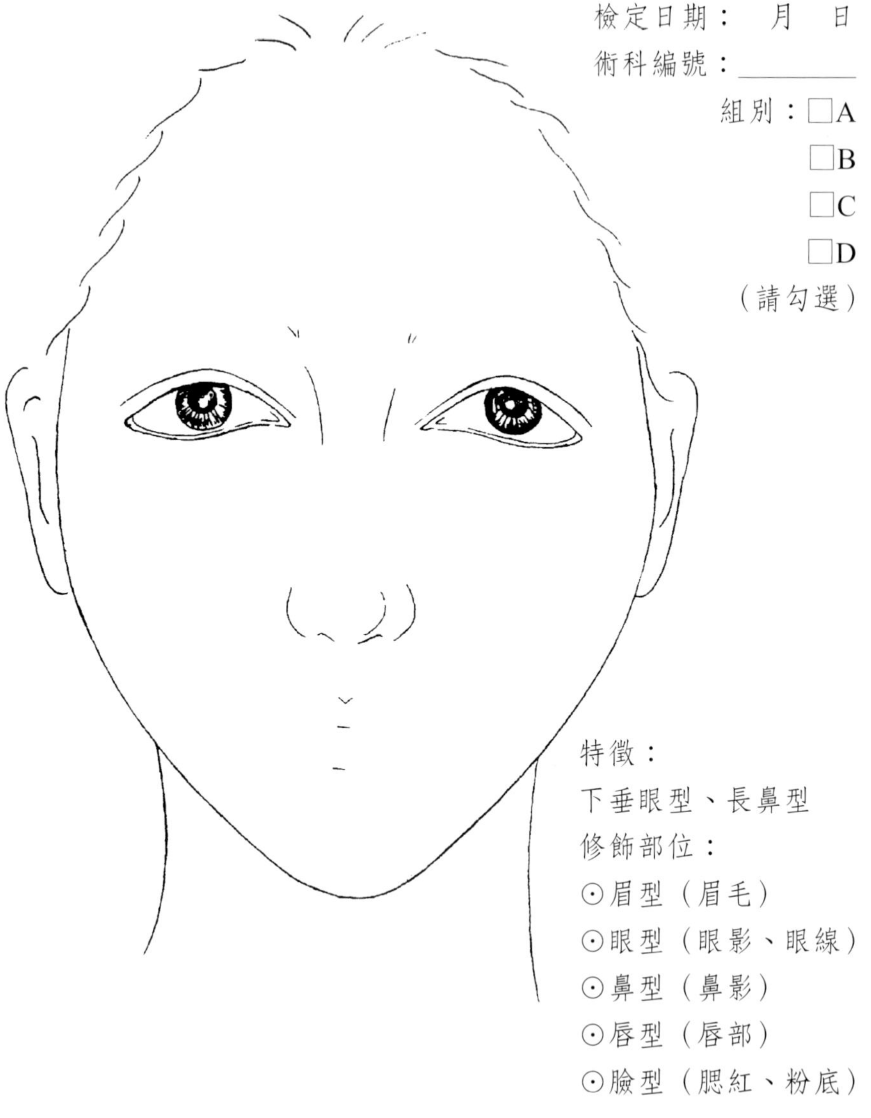

特徵：
下垂眼型、長鼻型
修飾部位：
⊙眉型（眉毛）
⊙眼型（眼影、眼線）
⊙鼻型（鼻影）
⊙唇型（唇部）
⊙臉型（腮紅、粉底）

承辦單位簽章：

## （十）菱型臉（B）

說明：

一、測驗時間30分鐘。

二、圖形的修飾，不限用化妝品，亦可使用其它色材（如彩色鉛筆、粉彩……等），以呈現設計主題。

三、完成的設計圖圖面應乾淨。

四、鼻影及唇型修飾應表現修飾位置及勻稱效果。

五、粉底修飾，只須表現明、暗色粉底所在位置及勻稱效果。

六、此圖為菱型臉，其特徵為凹陷眼型、鼻頭大的鼻型。

七、請依此圖，做一適當的修飾，修飾部位為：

⊙眉型（眉毛）

⊙眼型（眼影、眼線）

⊙鼻型（鼻影）

⊙唇型（唇部）

⊙臉型（腮紅、粉底）

（十）菱形臉（B）

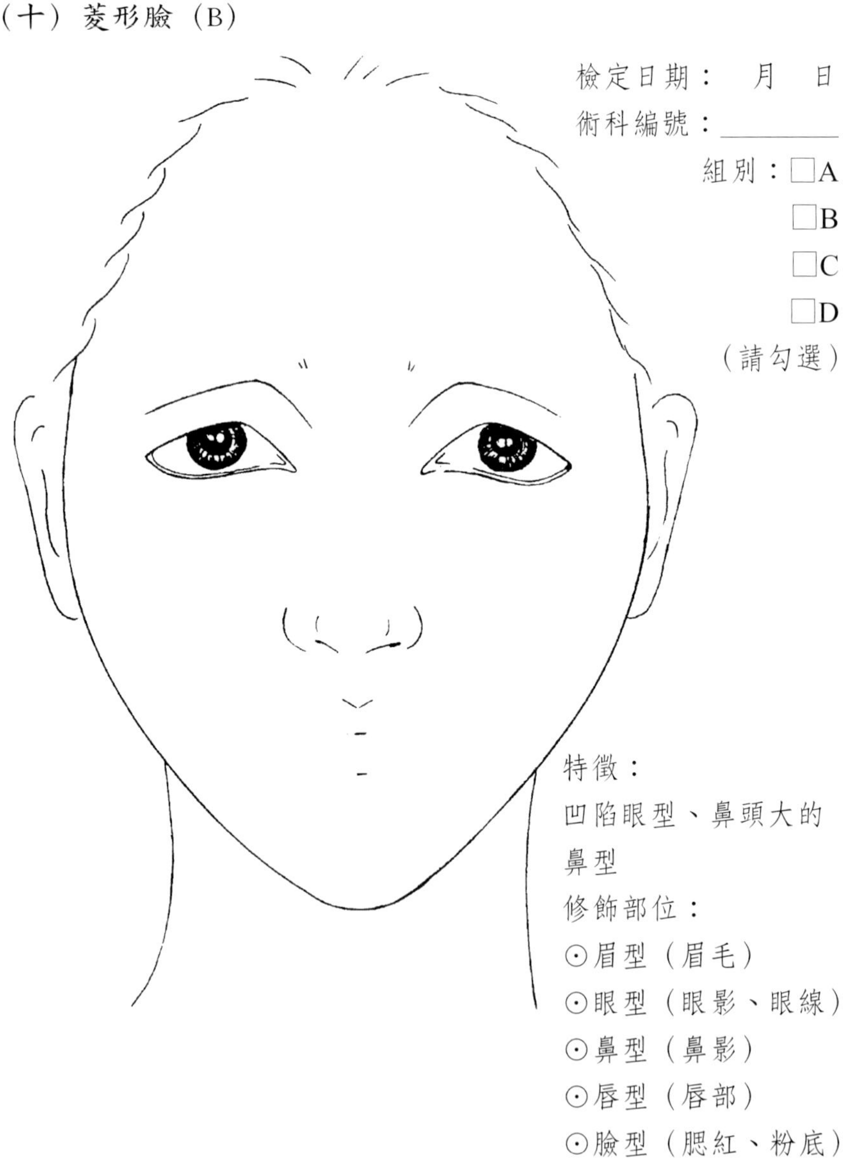

檢定日期：　月　日
術科編號：＿＿＿＿＿
組別：□A
□B
□C
□D
（請勾選）

特徵：
凹陷眼型、鼻頭大的鼻型
修飾部位：
⊙眉型（眉毛）
⊙眼型（眼影、眼線）
⊙鼻型（鼻影）
⊙唇型（唇部）
⊙臉型（腮紅、粉底）

承辦單位簽章：

# 五、新娘化妝設計圖（發給應檢人）

檢定日期：　月　日

術科編號：________

組別：□A

□B

□C

□D

（請勾選）

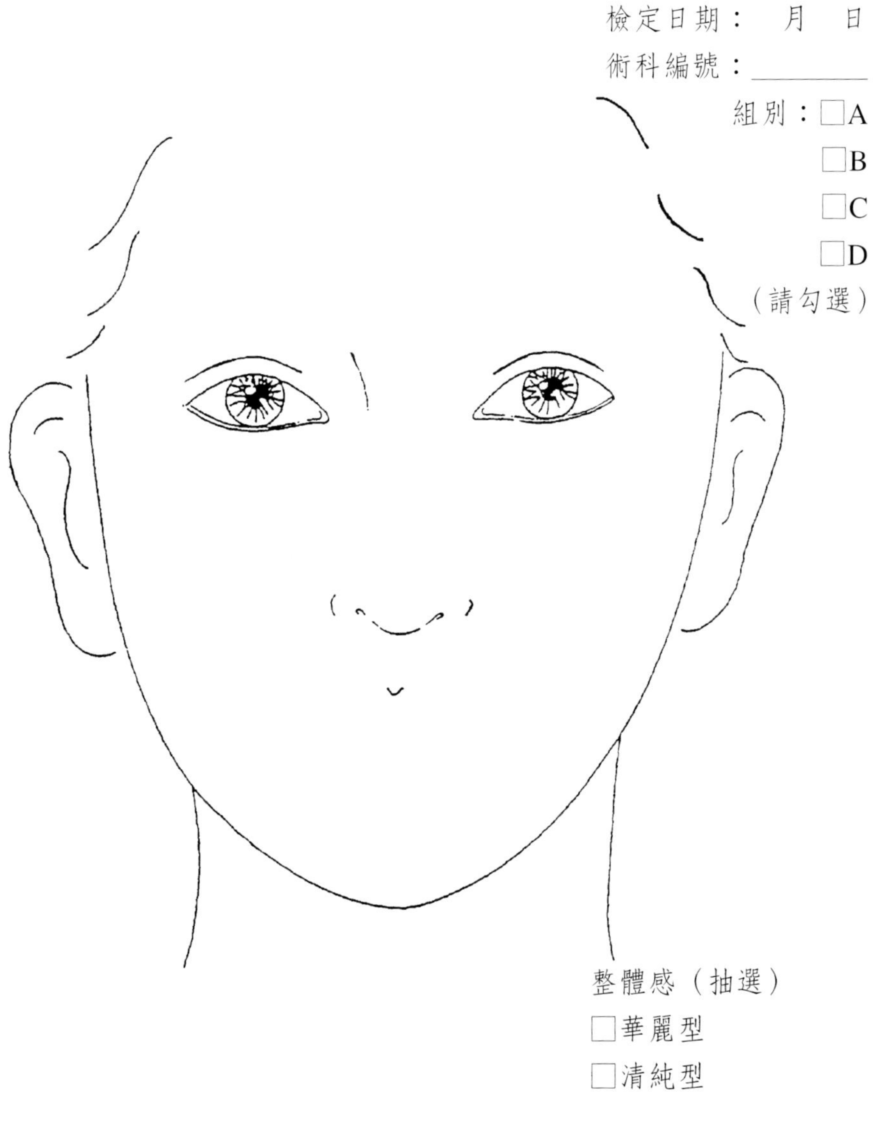

整體感（抽選）

□華麗型

□清純型

承辦單位簽章：

# 拾、美容乙級技術士技能檢定術科測驗美容技能評分表

## 一、臉部化妝技巧設計圖評分表（20%）

測驗時間：30分鐘

| 檢定日期 | 年　月　日 | 配分 | 編號 | | | | | | | | | | | |
|---|---|---|---|---|---|---|---|---|---|---|---|---|---|---|
| 組別 | □A　□B　□C　□D | | | | | | | | | | | | | |
| 監評人員簽章 | | | | | | | | | | | | | | |
| 一、粉底修飾 | 明暗色修飾位置正確 2分、色彩勻稱 2分 | 4 | 2 | | | | | | | | | | | |
| | | | 2 | | | | | | | | | | | |
| 二、腮紅修飾 | 腮紅修飾位置正確對稱 1分、色彩勻稱 1分 | 2 | 1 | | | | | | | | | | | |
| | | | 1 | | | | | | | | | | | |
| 三、眉型畫法 | 合宜的眉型（配合試題）修飾對稱 2分、眉色均勻自然 2分 | 4 | 2 | | | | | | | | | | | |
| | | | 2 | | | | | | | | | | | |
| 四、眼部修飾 | 眼影色彩均勻對稱 2分、修飾眼型 2分、眼線線條順暢 2分 | 6 | 2 | | | | | | | | | | | |
| | | | 2 | | | | | | | | | | | |
| | | | 2 | | | | | | | | | | | |
| 五、唇鼻修飾 | 鼻形修飾位置正確、對稱均勻自然 2分、唇型配合臉型對稱、色彩勻稱 2分 | 4 | 2 | | | | | | | | | | | |
| | | | 2 | | | | | | | | | | | |
| 臉部化妝技巧設計圖成績合計 | | 20 | | | | | | | | | | | | |
| 備註欄 | 在規定時間內未完成項目超過二項以上（含二項）者，臉部化妝技巧設計圖完全不予計分 | | | | | | | | | | | | | |

評審長簽章：　　　　承辦單位電腦計分員簽章：

## 二、修眉評分表（3%）

測驗時間：5分鐘

| 檢定日期 | 年　月　日 | 一、修眉方法正確、衛生安全1分、修眉工具運用1分 | 二、對顧客保護及眉型潔淨合宜、善後工作處理 | 修眉成績合計 | 備註欄 |
| --- | --- | --- | --- | --- | --- |
| 組別 | □A□B□C□D | | | | |
| 監評人員簽章 | | | | | |
| 編號＼配分 | | 2 | 1 | 3 | (1)在規定時間內未完成修眉，不予計分。<br>(2)模特兒檢查發現已修眉則本項技術不予計分。 |
| | | | | | |
| | | | | | |
| | | | | | |
| | | | | | |
| | | | | | |
| | | | | | |
| | | | | | |
| | | | | | |
| | | | | | |
| | | | | | |
| | | | | | |
| | | | | | |
| | | | | | |

評審長簽章：　　　　　承辦單位電腦計分員簽章：

## 三、攝影妝評分表：□黑白攝影妝□彩色攝影妝（32%）

測驗時間：40分鐘

| 檢定日期 | 年　月　日 | 配分 | 編號 |
|---|---|---|---|
| 組　別 | □A □B □C □D | | |
| 監評人員簽章 | | | |
| 一、粉底色彩勻稱、自然無界線2分、表現立體感2分、基礎保養1分 | 5 | 2 | |
| | | 2 | |
| | | 1 | |
| 二、眉型配合臉型修飾對稱2分、眉色均勻自然2分 | 4 | 2 | |
| | | 2 | |
| 三、眼影配合眼型修飾對稱2分、色彩勻稱2分 | 4 | 2 | |
| | | 2 | |
| 四、眼線配合眼型修飾對稱1分、線條順暢1分 | 2 | 1 | |
| | | 1 | |
| 五、夾睫毛修飾1分、刷睫毛膏1分 | 2 | 1 | |
| | | 1 | |
| 六、鼻影配合鼻型修飾對稱1分，自然立體1分 | 2 | 1 | |
| | | 1 | |
| 七、腮紅配合臉型修飾對稱1分、色彩勻稱自然1分 | 2 | 1 | |
| | | 1 | |
| 八、唇型配合臉型修飾對稱1分、色彩勻稱自然1分 | 2 | 1 | |
| | | 1 | |
| 九、整體色彩搭配3分、符合整體美感與潔淨2分 | 5 | 3 | |
| | | 2 | |
| 十、動作優雅熟練1分、尊重保護顧客、化妝品正確使用1分 | 2 | 1 | |
| | | 1 | |
| 十一、衛生行為 | 2 | | |
| 攝影妝成績合計 | 32 | | |
| 備註欄 | (1)攝影妝1～8項中在時間內未完成項目超過任一項者，除該項不計分外，第9項亦不計分。<br>(2)在時間內未完成1～8項中的二項以上（含二項）者，攝影妝完全不予計分。 | | |

評審長簽章：　　　　承辦單位電腦計分員簽章：

## 四、舞台妝評分表：☐大舞台妝　☐小舞台妝（32%）

測驗時間：50分鐘

| 檢定日期 | 年　月　日 | 配分 | | 編號 |
|---|---|---|---|---|
| 組　別 | ☐A ☐B ☐C ☐D | | | |
| 監評人員簽章 | | | | |
| 一、粉底色彩勻稱 2分、表現立體感 2分、基礎保養 1分 | | 5 | 2<br>2<br>1 | |
| 二、眉型配合主題修飾對稱 2分、眉色自然勻稱 2分 | | 4 | 2<br>2 | |
| 三、眼影配合主題修飾對稱 2分、色彩勻稱 2分 | | 4 | 2<br>2 | |
| 四、眼線配合主題修飾對稱1分、線條順暢 1分 | | 2 | 1<br>1 | |
| 五、假睫毛配合主題修飾 1分、對稱 1分 | | 2 | 1<br>1 | |
| 六、鼻影配合主題修飾對稱 1分、自然立體 1分 | | 2 | 1<br>1 | |
| 七、腮紅配合主題修飾對稱 1分、色彩勻稱 1分 | | 2 | 1<br>1 | |
| 八、唇型配合主題修飾對稱 1分、色彩勻稱1分 | | 2 | 1<br>1 | |
| 九、整體感配合主題、潔淨 3分、五官比例搭配協調 2分 | | 5 | 3<br>2 | |
| 十、動作優雅熟練1分、尊重顧客、化妝品正確使用 1分 | | 2 | 1<br>1 | |
| 十一、衛生行為 | | 2 | | |
| 舞台妝成績合計 | | 32 | | |
| 備註欄 | (1)舞台妝1～8項中在時間內未完成項目超過任一項者，除該項不計分外，第9項亦不計分。<br>(2)在時間內未完成1～8項中的二項以上（含二項）者，舞台妝完全不予計分。 | | | |

評審長簽章：　　　　承辦單位電腦計分員簽章：

## 五、新娘妝化妝設計圖評分表：□清純型　□華麗型（10%）

測驗時間：20分鐘

| 檢定日期 | 年　月　日 | 編號／配分 | | | | | | | | | | | | | | | | |
|---|---|---|---|---|---|---|---|---|---|---|---|---|---|---|---|---|---|---|
| 組　別 | □A　□B　□C　□D | | | | | | | | | | | | | | | | | |
| 監評人員簽章 | | | | | | | | | | | | | | | | | | |
| 一、設計圖色彩符合主題 | | 1 | | | | | | | | | | | | | | | | |
| 二、設計圖色彩與實作符合 | | 2 | | | | | | | | | | | | | | | | |
| 三、眉型修飾與實作符合 | | 1 | | | | | | | | | | | | | | | | |
| 四、眼影修飾與實作符合 | | 1 | | | | | | | | | | | | | | | | |
| 五、眼線修飾與實作符合 | | 1 | | | | | | | | | | | | | | | | |
| 六、鼻影修飾與實作符合 | | 1 | | | | | | | | | | | | | | | | |
| 七、腮紅修飾與實作符合 | | 1 | | | | | | | | | | | | | | | | |
| 八、唇膏修飾與實作符合 | | 1 | | | | | | | | | | | | | | | | |
| 九、設計圖圖面潔淨 | | 1 | | | | | | | | | | | | | | | | |
| 新娘妝化妝設計圖成績合計 | | 10 | | | | | | | | | | | | | | | | |
| 備註欄 | | (1)在時間內未完成項目超過二項以上（含二項）者，新娘化妝完全不予計分。 | | | | | | | | | | | | | | | | |

評審長簽章：　　　　　　　　承辦單位電腦計分員簽章：

# 六、新娘妝評分表：□清純型　□華麗型（35%）

測驗時間：50分鐘

| 檢定日期 | 年　月　日 | 配分 | 編號 |
|---|---|---|---|
| 組　　別 | □A　□B　□C　□D | | |
| 監評人員簽章 | | | |
| 一、粉底色彩勻稱2分、表現立體感2分、基礎保養1分 | | 5 | 2<br>2<br>1 |
| 二、眉型配合臉型修飾2分、眉色勻稱2分 | | 4 | 2<br>2 |
| 三、眼影配合眼型修飾2分、色彩勻稱2分 | | 4 | 2<br>2 |
| 四、眼線配合眼型修飾1分、線條順暢1分 | | 2 | 1<br>1 |
| 五、假睫毛配合眼型修飾1分、對稱1分 | | 2 | 1<br>1 |
| 六、鼻影配合臉型修飾1分、自然立體1分 | | 2 | 1<br>1 |
| 七、腮紅配合臉型修飾1分、色彩勻稱1分 | | 2 | 1<br>1 |
| 八、唇型配合臉型修飾1分、色彩勻稱1分 | | 2 | 1<br>1 |
| 九、指甲油配合主題1分、塗抹技巧1分 | | 2 | 1<br>1 |
| 十、整體感配合主題3分、五官比例搭配協調3分 | | 6 | 3<br>3 |
| 十一、動作優雅熟練1分、尊重顧客、化妝品正確使用1分 | | 2 | 1<br>1 |
| 十二、衛生行為 | | 2 | |
| 新娘妝成績合計 | | 35 | |
| 備註欄 | (1)新娘妝1～9項中在時間內未完成任一項者，除該項不計分外，第10項亦不計分。<br>(2)在時間內未完成1～9項中的二項以上（含二項）者，新娘妝完全不予計分。 | | |

評審長簽章：　　　　承辦單位電腦計分員簽章：

## 七、專業護膚評分表（一）（55%）

測驗時間：共100分鐘

| 檢定日期 | 年 月 日 | 1.工作前準備及顧客皮膚資料卡（15分鐘） | | | | 2.去角質海綿清潔（10分鐘） | | | | 3.按摩（20分鐘） | | | | |
|---|---|---|---|---|---|---|---|---|---|---|---|---|---|---|
| 組別 | □A □B □C □D | | | | | | | | | | | | | |
| 監評人員簽章 | | 1.毛巾使用（方法、位置） | 2.工具擺放整齊垃圾袋及待消毒物品袋符合規定 | 3.重點卸妝2分、與清潔（臉、頸、肩、前胸）2分 | 4.填寫顧客資料卡（時機）↓卸妝↓觀察↓填寫 | 1.去角質霜適量。 | 2.去角質（方法3分、熟練2分）。 | 3.角質屑的處理。 | 4.海棉洗臉（方法1分、熟練1分） | 1.按摩霜適量均勻及塗抹部位（臉、頸、肩、前胸） | 2.正確（力道3分、速度3分、方向3分、壓點3分） | 3.技巧（柔軟3分、服貼3分、連貫3分、熟練3分） | 4.按摩部位：（臉2分、頸2分、耳2分、肩2分、前胸2分） | 5.按摩霜徹底清除／時間控制 |
| 配分 | | 1 | 1 | 4 | 1 | 1 | 5 | 1 | 2 | 1 | 12 | 12 | 10 | 1 |
| 編號 | | | | 2 2 | | | 3 2 | | 1 1 | | 3 3 3 3 | 3 3 3 3 | 2 2 2 2 2 | |
| | | | | | | | | | | | | | | |
| | | | | | | | | | | | | | | |
| | | | | | | | | | | | | | | |
| | | | | | | | | | | | | | | |
| | | | | | | | | | | | | | | |
| | | | | | | | | | | | | | | |
| | | | | | | | | | | | | | | |
| | | | | | | | | | | | | | | |
| | | | | | | | | | | | | | | |

評審長簽章：　　　　　　承辦單位電腦計分員簽章：

## 七、專業護膚評分表(二)(30%)

測驗時間:共100分鐘

| 檢定日期 | 年　月　日 |
|---|---|
| 組　別 | □A □B □C □D |
| 監評人員簽章 | |

| 大項 | 項目 | 配分 | 細分 |
|---|---|---|---|
| 4.蒸臉(15分鐘) | 1.蒸臉器操作 | 2 | 1 1 |
| | 2.眼部保護及蒸臉距離、方向 | 1 | |
| 小計(一) | | 55 | |
| 5.敷面及手部保養(25分鐘) | 1.敷面劑塗抹(均勻1分、留白部位1分) | 2 | 1 1 |
| | 2.熱毛巾之使用(方法1分、熟練1分) | 2 | 1 1 |
| | 3.敷面劑的清除 | 1 | |
| | 4.基礎保養(化妝水、乳液或面霜) | 1 | |
| | 5.手部保養部位(手肘以下) | 1 | |
| | 6.手部保養技巧(方法2分、熟練度2分) | 4 | 2 2 |
| | 7.手部保養前清潔1分、善後處理1分 | 2 | 1 1 |
| 6.脫毛(10分鐘) | 1.脫毛前處理1分(清潔、塗抹爽身粉1分) | 2 | 1 1 |
| | 2.脫毛技巧(塗蠟方向2分份量2分、面積2分、脫毛方法2分) | 8 | 2 2 2 2 |
| | 3.脫毛後處理(安撫1分、塗抹保養品1分) | 2 | 1 1 |
| | 4.脫毛部位乾淨1分、無餘毛1分 | 2 | 1 1 |
| 7.善後工作(5分鐘) | 1.化妝品及用具的選用 | 1 | |
| | 2.儀容整潔、姿勢合宜 | 1 | |
| | 3.善後處理(場地、顧客) | 1 | |
| 小計(二) | | 30 | |
| 專業護膚成績合計備註 | | 85 | |
| 編號 | | | |

評審長簽章:

承辦單位電腦計分員簽章:

## 八、顧客皮膚資料卡評分表

| 檢定日期 | 年　月　日 | 1.皮膚類型判斷正確 | 2.皮膚狀況判斷正確 | 3.保養品選用及使用程序正確 | 4.建議事項正確 | 5.資料填寫完整 | 成績合計 |
|---|---|---|---|---|---|---|---|
| 組別 | □A □B □C □D | | | | | | |
| 監評人員簽章 | | | | | | | |
| 配分<br>編號 | | 1 | 1 | 1 | 1 | 1 | 5 |
| | | | | | | | |
| | | | | | | | |
| | | | | | | | |
| | | | | | | | |
| | | | | | | | |
| | | | | | | | |
| | | | | | | | |
| | | | | | | | |
| | | | | | | | |
| | | | | | | | |
| | | | | | | | |
| | | | | | | | |
| | | | | | | | |
| | | | | | | | |
| | | | | | | | |
| | | | | | | | |
| | | | | | | | |

備註：
1.評分表內以得分方式表示評審結果。
2.皮膚資料卡之評分項目共有五項，每一項一分，總分五分。
3.第一、二項由監評人員當場核對模特兒膚質後評分，如有疑義請評審長處理。

## 拾壹、美容乙級技術士技能檢定術科測驗美容技能總評分表

<table>
<tr><td colspan="2">術科編號</td><td></td><td>姓名</td><td colspan="2"></td></tr>
<tr><td colspan="2">電腦計分員簽</td><td>校對簽章</td><td>檢定日期</td><td colspan="2">年　月　日</td></tr>
<tr><td colspan="3" rowspan="2">檢　定　項　目</td><td colspan="3">評　分　結　果</td></tr>
<tr><td>配分</td><td colspan="2">得　分</td></tr>
<tr><td rowspan="5">化妝技能</td><td colspan="2">臉部化妝技巧設計圖</td><td>20</td><td colspan="2"></td></tr>
<tr><td colspan="2">攝影妝（或舞台妝）</td><td>32</td><td colspan="2"></td></tr>
<tr><td colspan="2">新娘妝化妝設計圖</td><td>10</td><td colspan="2"></td></tr>
<tr><td colspan="2">新娘妝</td><td>35</td><td colspan="2"></td></tr>
<tr><td colspan="2">修眉</td><td>3</td><td colspan="2"></td></tr>
<tr><td colspan="3">小　計</td><td>100</td><td colspan="2"></td></tr>
<tr><td rowspan="4">護膚技能</td><td colspan="2">顏面頸部肌肉分布圖</td><td>5</td><td colspan="2"></td></tr>
<tr><td colspan="2">顏面頸部骨骼分布圖</td><td>5</td><td colspan="2"></td></tr>
<tr><td colspan="2">顧客皮膚資料卡</td><td>5</td><td colspan="2"></td></tr>
<tr><td colspan="2">專業護膚</td><td>85</td><td colspan="2"></td></tr>
<tr><td colspan="3">小　計</td><td>100</td><td colspan="2"></td></tr>
<tr><td colspan="3">合　計（總　分）</td><td>200</td><td colspan="2"></td></tr>
<tr><td colspan="4">實　得　分　數（總分／2）</td><td colspan="2"></td></tr>
<tr><td>評　定</td><td colspan="5">□及格　□不及格</td></tr>
<tr><td>備　註</td><td colspan="5">一、各單項平均成績以四捨五入計算至小數第二位。<br>二、顏面頸部肌肉分布圖及顏面頸部骨骼分布圖不需平均，直接登錄分數。</td></tr>
</table>

## 拾貳、美容乙級技術士技能檢定術科測驗衛生技能實作試題

下列實作試題共有三項，應檢人應全部做完，包括：

一、化妝品安全衛生之辨識（30分），測驗時間：4分鐘。

應檢人依據化妝品外包裝題卡，以書面作答。作答完畢後，交由監評人員評定（未填寫題卡號碼者，本項以零分計）。

二、消毒液和消毒方法之辨識與操作（60分），測試時間：12分鐘。

試場備有各種不同的美容器材及消毒設備，由應檢人當場抽出一種器材並進行下列程序：

（一）寫出所有可適用之化學消毒方法，未全部答對扣50分，全部答對者進行下列操作：

1.選擇一種符合該器材消毒之消毒液稀釋調配。

2.請列出計算式子，計算至小數點第二位並四捨五入取至小數點第一位作答。

（二）寫出所有可適用之物理消毒方法；未全部答對扣10分。

1.若有適用之物理消毒法，則選擇一種適合該器材之物理消毒法進行消毒操作。

2.若無適用消毒方法則於試卷上勾「無」。

附註：1.消毒液稀釋調配部分，若未能填列正確之消毒液名稱（原液名稱），則其「消毒液稀釋調配」及「化學消毒操作」部分不給分（即扣45分）。

2.消毒液稀釋調配部分，如消毒液名稱填列正確，而原液量及蒸餾水量填列不正確只給予5分，其餘「消毒液稀釋調配」及「化學消毒操作」部分不給分（即扣45分）。

3.物理消毒部分選擇一種適合該器材之物理消毒法進行消毒操作，若選錯則扣10分。

4.物理消毒操作及化學消毒操作若器材放錯在消毒容器內，則該消毒操作不予給分，即物理消毒操作扣6分，化學消毒操作扣10分。

5.稀釋調配試劑選錯，則調配與消毒操作扣35分。

三、洗手與手部消毒操作（10分），測試時間：4分鐘。

未能正確寫出洗手與手部消毒時機以及寫出一種正確的手部消毒試劑名稱及其濃度（書面作答未完全正確者扣10分）。

（一）由應檢人寫出在營業場所何時要洗手，並由應檢人以自己雙手作實際洗手之操作。

（二）由應檢人寫出在營業場所何時要進行手部消毒與手部消毒試劑名稱及濃度，並由應檢人選用消毒試劑同時以自己雙手作實際消毒之操作（請評審長提醒應檢人使用消毒液應與書面作答一致，否則不計分）。

# 拾參、美容乙級技術士技能檢定術科測驗衛生技能實作評分表

| 題卡編號 | | 姓名 | | 檢定編號 | |
|---|---|---|---|---|---|
| | | | | 組　　別 | □A □B □C □D |

一、化妝品安全衛生之辨識測驗用卷（30分）（發給應檢人）

說明：由應檢人依據化妝品外包裝題卡，以書面勾選作答方式填答下列內容，作答完畢後，交由監評人員評定標示不全或錯誤，均視同未標示（未填寫題卡號碼者，本項以零分計算）。

測驗時間：4分鐘

一、本化妝品標示內容：

（一）中文品名：（3分）

□有標示　　□未標示

（二）1.□國產品：（3分）

製造廠商名稱□有標示　　□未標示

地　　址□有標示　　□未標示

2.□輸入品：

輸入廠商名稱□有標示　　□未標示

地　　址□有標示　　□未標示

（三）出廠日期或批號：（3分）

□有標示　　□未標示

（四）保存期限：（3分）

□有標示　　□未標示

□已過期　　□未過期　　□無法判定是否過期

（五）用途：（3分）

□有標示　　□未標示

（六）許可證字號：（3分）

□免標示　　□有標示　　□未標示

（七）重量或容量：（3分）

□有標示　　□未標示

二、依上述七項判定本化妝品是否合格：（9分）（若上述（一）至（七）小項有任一小項答錯，則本項不給分）

□合格　　□不合格

| 監評人員簽章： | 得分： |
|---|---|

承辦單位電腦計分員簽章：

<table>
<tr><td rowspan="2">器材抽選</td><td rowspan="2"></td><td rowspan="2">姓名</td><td rowspan="2"></td><td>檢定編號</td><td></td></tr>
<tr><td>組　　別</td><td>□A □B □C □D</td></tr>
</table>

二、消毒液和消毒方法之辨識與操作測驗用卷（60分）（發給應檢人）

說明：試場備有各種不同的美容器材及消毒設備，由應檢人當場抽出一種器材並進行下列程序（若無適用之化學或物理消毒法，則不需進行該項實際操作）。

測驗時間：12 分鐘

一、化學消毒：（50分）

寫出所有可適用之化學消毒方法有哪些？（未全部答對扣50分，全部答對者進行下列操作）

□無

□有　　答：______________________________

1.選擇一種符合該器材消毒之消毒液稀釋調配

（1）消毒液（原液）名稱：______________________（5分）

稀釋量：_______________C.C.（應檢人根據抽籤結果填寫）

（2）稀釋後消毒液濃度：_______________（5分）

未列出計算式者不予給分，請計算至小數點第二位並四捨五入取至小數第一位填入。

原液量：_____C.C.（3分）蒸餾水量：_____C.C.（2分）

計算式：

2.消毒液稀釋調配操作（由監評人員評分，配合評分表1）（25分）

分數：________________________________________

進行該項化學消毒操作（由監評人員評分，配合評分表2）（10分）

分數：________________________________________

二、物理消毒：（10分）

1.寫出所有適用之物理消毒方法有哪些？（未完全答對扣10分，且不得繼續操作）

□無　　□有　　答：___________________________（4分）

2.選擇一種適合該器材之物理消毒方法進行消毒操作（由監評人員評分，配合評分表3）（6分）分數：_________________________

| 監評人員簽章： | 得分： |
|---|---|

承辦單位電腦計分員簽章：

## 美容乙級衛生技能消毒液稀釋調配操作評分表（1）（25分）（發給監評人員）

| | | | | | | | | | | |
|---|---|---|---|---|---|---|---|---|---|---|
| | 檢定單位 | 編號 | | | | | | | | |
| | | 姓名 | | | | | | | | |
| | 評分內容 | 配分 | | | | | | | | |
| 檢定項目 | （1）選擇正確試劑 | 4 | | | | | | | | |
| | （2）量取時量筒之選用適當 | 3 | | | | | | | | |
| | （3）打開瓶蓋後瓶蓋口朝上 | 2 | | | | | | | | |
| | （4）倒藥時標籤朝上 | 2 | | | | | | | | |
| | （5）量取時或量取後檢視體積，視線與刻度平行 | 5 | | | | | | | | |
| | （6）多取藥劑不倒回藥瓶，每樣藥劑取完立刻加蓋 | 2 | | | | | | | | |
| | （7）所量取之原液及蒸餾水之個別體積正確 | 5 | | | | | | | | |
| | （8）最後以玻璃棒攪拌混合 | 2 | | | | | | | | |
| | 合計 | 25 | | | | | | | | |
| | 備註 | | | | | | | | | |

原液量與蒸餾水量操作顛倒則第（5）、（7）、（8）項不計分。

使用同一量筒操作則第（3）、（5）、（7）、（8）項不計分。

監評人員簽章：　　　　　　　　　　　　　　　年　　月　　日

承辦單位電腦計分員簽章：

# 美容乙級衛生技能化學消毒方法操作評分表（2）（10%）（發給監評人員）

| 檢定項目 | 評分內容 |  |  | 化學消毒法 |  |  |  | 編號／姓名<br>配分 |
|---|---|---|---|---|---|---|---|---|
|  | 器材＼消毒法 |  |  | 氯液消毒法 | 陽性肥皂液 | 酒精消毒法 | 複方煤餾油酚肥皂液 |  |
| 消毒方法之辨識與操作 | 器材與合適消毒法 | 金屬類 | 修眉刀 |  |  | ○ | ○ |  |
|  |  |  | 剪刀 |  |  | ○ | ○ |  |
|  |  |  | 挖杓 |  |  | ○ | ○ |  |
|  |  |  | 鑷子 |  |  | ○ | ○ |  |
|  |  |  | 髮夾 | ○ |  | ○ | ○ |  |
|  |  | 塑膠挖杓 |  |  | ○ | ○ | ○ |  |
|  | 含金屬塑膠髮夾 |  |  |  |  | ○ | ○ |  |
|  | 睫毛捲曲器 |  |  |  |  | ○ | ○ |  |
|  | 化妝用刷類 |  |  |  |  | ○ |  |  |
|  | 毛巾類（白色） |  |  | ○ | ○ |  |  |  |
|  | 前處理 |  |  | 清洗乾淨 | 清洗乾淨 | 清洗乾淨 | 清洗乾淨 | 1 |
|  | 操作要領 |  |  | 完全浸泡 | 完全浸泡 | 金屬類用擦拭（或完全浸泡）塑膠及其它用完全浸泡 | 完全浸泡 | 3 |
|  | 消毒條件 |  |  | ①餘氯量200ppm<br>②2分鐘以上 | ①含0.5%陽性肥皂液<br>②20分鐘以上 | ①75%酒精<br>②擦拭數次<br>③浸泡10分鐘以上 | ①含6%煤餾油酚肥皂液<br>②10分鐘以上 | 4 |
|  | 後處理 |  |  | ①用水清洗<br>②瀝乾或烘乾<br>③置乾淨櫥櫃 | ①用水清洗<br>②瀝乾或烘乾<br>③置乾淨櫥櫃 | ①用水清洗（塑膠類）<br>②瀝乾<br>③置乾淨櫥櫃 | ①用水清洗<br>②瀝乾或烘乾<br>③置乾淨櫥櫃 | 2 |
|  | 合計 |  |  |  |  |  |  | 10 |
|  | 備註 |  |  |  |  |  |  |  |

監評人員簽章：　　　　年　　月　　日

承辦單位電腦計分員簽章：

# 美容乙級衛生技能物理消毒方法操作評分表（3）（6分）（發給監評人員）

| 檢定項目 | 評分內容 | | | 物理消毒法：煮沸消毒法 | 物理消毒法：蒸氣消毒法 | 物理消毒法：紫外線消毒法 | 編號 / 姓名 / 配分 | | | | | | | | | | | |
|---|---|---|---|---|---|---|---|---|---|---|---|---|---|---|---|---|---|---|
| 消 | 器材與合適消毒法 | 金屬類 | 修眉刀 | ○ | | ○ | | | | | | | | | | | | |
| 毒 | | | 剪刀 | ○ | | ○ | | | | | | | | | | | | |
| 方 | | | 挖杓 | ○ | | ○ | | | | | | | | | | | | |
| 法 | | | 鑷子 | ○ | | ○ | | | | | | | | | | | | |
| 之 | | | 髮夾 | ○ | | ○ | | | | | | | | | | | | |
| 辨 | | 塑膠挖杓 | | | | | | | | | | | | | | | | |
| 識 | 含金屬塑膠髮夾 | | | | | | | | | | | | | | | | | |
| 與 | 睫毛捲曲器 | | | | | | | | | | | | | | | | | |
| 操 | 化妝用刷類 | | | | | | | | | | | | | | | | | |
| 作 | 毛巾類（白色） | | | ○ | ○ | | | | | | | | | | | | | |
| | 前處理 | | | 清洗乾淨 | 清洗乾淨 | 清洗乾淨 | 0.5 | | | | | | | | | | | |
| | 操作要領 | | | ①完全浸泡<br>②水量一次加足 | ①摺成弓字型直立置入<br>②切勿擁擠 | ①器材不可重疊<br>②刀剪類打開或拆開 | 2 | | | | | | | | | | | |
| | 消毒條件 | | | ①水溫100℃以上<br>②5分鐘以上 | ①蒸氣箱中心溫度達80℃以上<br>②10分鐘以上 | ①光度強度85微瓦特／平方公分以上<br>②20分鐘以上 | 3 | | | | | | | | | | | |
| | 後處理 | | | ①瀝乾或烘乾<br>②置乾淨櫥櫃 | 暫存蒸氣消毒箱 | 暫存紫外線消毒箱 | 0.5 | | | | | | | | | | | |
| | 合計 | | | | | | 6 | | | | | | | | | | | |
| | 備註 | | | | | | | | | | | | | | | | | |

監評人員簽章：　　　　　　　　　　年　月　日

承辦單位電腦計分員簽章：

<table>
<tr><td rowspan="2">姓名</td><td rowspan="2"></td><td>檢定編號</td><td></td></tr>
<tr><td>組　　別</td><td>□A □B □C □D</td></tr>
</table>

三、洗手與手部消毒操作測驗用卷（發給應檢人）（10分）

說明：（一）由應檢人寫出在營業場所何時應洗手？何時應作手部消毒？（未全部答對者洗手及手部消毒操作扣10分）。

（二）寫出所選用的消毒試劑名稱及濃度，進行洗手操作並選用消毒試劑進行消毒（未能選用適當消毒試劑，手部消毒操作不予計分）。

（三）下列第一、三、四題未完全答對，扣 10分。

測驗時間：4分鐘（書面作答、洗手及消毒操作）

一、請寫出在營業場所中洗手的時機為何？（至少三項，三項未全部答對者扣10分，全部答對者進行下列操作）

答：1.____________________

2.____________________

3.____________________

二、進行洗手操作（6分）（第一題未全部答對，本題以下操作不予計分）（本項為實際操作）

三、請寫出在營業場所手部何時做消毒？（述明一項即可）（1分）

答：____________________

四、寫出一種正確手部消毒試劑並寫出試劑名稱及濃度（2分）

答：____________________

五、進行手部消毒操作（1分）

| 監評人員簽章： | 得分： |
|---|---|

承辦單位電腦計分員簽章：

## 三、洗手與手部消毒操作評分表（發給監評人員）

說明：以自己的雙手進行洗手或手部消毒之實際操作
操作時間：2分鐘

| 檢定日期 | 年　月　日 | 編號 | | | | | | | | | |
|---|---|---|---|---|---|---|---|---|---|---|---|
| 評　分　內　容 | | 配分 | 姓名 | | | | | | | | |
| 1.進行洗手操作 | | | | | | | | | | | |
| （1）沖手 | | 1 | | | | | | | | | |
| （2）塗抹清潔劑並搓手 | | 2 | | | | | | | | | |
| （3）清潔劑刷洗水龍頭 | | 2 | | | | | | | | | |
| （4）沖水（手部及水龍頭） | | 1 | | | | | | | | | |
| 2.以自己的手做消毒操作（未能選擇適用消毒試劑本項以零分計） | | 1 | | | | | | | | | |
| 合　計 | | 7 | | | | | | | | | |
| 備　註 | | | | | | | | | | | |

監評人員簽章：　　　　　　　　承辦單位電腦計分員簽章：

# 拾肆、美容乙級技術士技能檢定衛生技能場地設備表

## 一、化妝品安全衛生之辨識場地設備表

| 場地設備 |
| --- |
| 一、檢定當日由職訓局提供題卡（包括標準答案）。<br>二、馬錶一個。<br>三、由應檢人抽籤抽出一張題卡作答。<br>四、放大鏡三個。 |

## 二、消毒液和消毒方法辨識與操作場地設備表（1）

| 檢定項目 | 題號 | 品名 | 單位 | 數量 | 備註 |
|---|---|---|---|---|---|
| 物理消毒法場地設備 | 1. | 夾子 | 把 | 3 | 夾美容器材用 |
| | 2. | 大水桶 | 個 | 1 | 裝廢水用 |
| | 3. | 漏斗 | 個 | 3 | 可用塑膠袋 |
| | 4. | 抹布 | 條 | 4 | |
| | 5. | 量杯或燒杯 | 個 | 1 | |
| | 6. | （1）不鏽鋼容器 | 個 | 12 | 應可平放最大的美容器材，使高度應超過最厚的器材，使其可完全浸泡在消毒液內。 |
| | | （2）塑膠容器 | 個 | 8 | |
| | 7. | 棉球棒 | 支 | 60 | （每位應考人需用1支） |
| | 8. | 計時馬錶 | 個 | 4 | |
| | 9. | 編號標示牌 | 個 | 4 | 編號1-3置於桌上 |
| | 10. | 抽籤筒 | 個 | 4 | |
| | 11. | 消毒工具 | | | |
| | | （1）蒸氣消毒鍋（含隔架） | 台 | 4 | |
| | | （2）紫外線消毒箱 | 組 | 4 | |
| | | （3）煮沸鍋 | 台 | 4 | |
| | | （4）網狀塑膠盤及水桶 | 組 | 4 | 濾水用 |
| | | （5）乾淨櫥櫃 | 台 | 2 | 放消毒好的器材用 |
| | 12. | 美容器材 | | | |
| | | （1）塑膠挖杓 | 組 | 4 | |
| | | （2）化妝用刷 | 支 | 4 | |
| | | （3）塑膠髮夾 | 支 | 4 | |
| | | （4）玻璃杯（約200C.C.） | 個 | 4 | |
| | | （5）毛巾 | 條 | 12 | 白色 |
| | | （6）剪刀 | 把 | 4 | |
| | | （7）睫毛捲曲器 | 支 | 4 | |
| | | （8）金屬製挖杓 | 個 | 4 | |
| | | （9）金屬製鑷子 | 支 | 4 | |
| | | （10）金屬製髮夾 | 組 | 4 | |
| | | （11）剃刀 | 把 | 4 | |

## 二、消毒液和消毒方法之辨識與操作場地設備表（2）

| 化　學　消　毒　法　場　地　設　備 |
|---|
| 一、消毒劑原液及蒸餾水（每60人份）（每種藥劑及蒸餾水，瓶上應貼上明顯辨識標籤）<br>（一）含25%（甲苯酚）之煤餾油酚原液：1公升<br>（二）10%苯基氯卡銨溶液（benzalkonium chloride）：500C.C.<br>（三）95%酒精：6公升<br>（四）10%漂白水原液：500C.C.<br>（五）蒸餾水：12公升<br>二、器材<br>（一）量筒500C.C.、200C.C.、100C.C.、50C.C.、25C.C.及10C.C.各4個<br>（二）燒杯（1000C.C.）四個<br>（三）塑膠水桶四個（裝廢液用）<br>（四）玻璃棒四支<br>（五）有刻度玻璃吸管四支<br>（六）毛巾8條<br>（七）定時計時器（可定時計時五分鐘）四個<br>（八）電子計算機四台<br>三、抽籤設備四組<br>分別寫上1至12號之號碼球及抽籤筒<br>四、調配下列消毒液四份：置入有蓋不銹鋼盒內<br>（一）75%酒精溶液（置入有蓋不銹鋼盒內）<br>（二）200ppm氯液（置於有蓋塑膠容盆內）<br>（三）6%煤餾油酚肥皂液（置入有蓋不銹鋼盒內）<br>（四）0.5%陽性肥皂液（置於有蓋塑膠容盆內）<br>五、置四個盛蒸餾水之水桶備清洗用 |

## 三、洗手與手部消毒操作場地設備表

一、配製下列消毒液各一份以瓶裝

（一）75%酒精溶液

（二）200ppm氯液

（三）6%煤餾油酚肥皂液

（四）0.1%陽性肥皂液

二、清潔劑一瓶

三、洗手台（包括水龍頭）二台

四、棉花一批及夾子

## 拾伍、美容乙級技術士技能檢定術科測驗衛生技能總評分表

<table>
<tr><td>姓　　名</td><td>檢定編號</td><td colspan="2"></td></tr>
<tr><td>評審長簽章</td><td>檢定日期</td><td colspan="2">年　　月　　日</td></tr>
<tr><td rowspan="2">檢　　定　　項　　目</td><td colspan="3">檢　　定　　結　　果</td></tr>
<tr><td colspan="2">配　　分</td><td>得　　分</td></tr>
<tr><td>一、化妝品安全衛生之辨識</td><td colspan="2">30分</td><td>分</td></tr>
<tr><td>二、消毒液與消毒方法之辨識及其操作</td><td colspan="2">60分</td><td>分</td></tr>
<tr><td>三、洗手與手部消毒操作</td><td colspan="2">10分</td><td>分</td></tr>
<tr><td>總　　分</td><td colspan="2">100分</td><td>分</td></tr>
<tr><td>評　　定</td><td colspan="3">□及格　□不及格</td></tr>
</table>

電腦計分員簽章：

# 拾陸、美容乙級技術士技能檢定術科測驗總評分表

<table>
<tr><td>考生姓名</td><td></td><td>檢定編號</td><td></td><td rowspan="2">總<br>評</td><td>□合格</td></tr>
<tr><td>登錄人簽章</td><td></td><td>檢定日期</td><td></td><td>□不合格</td></tr>
<tr><td>測驗項目</td><td colspan="2">美容技能</td><td colspan="3">衛生技能</td></tr>
<tr><td>實得分數</td><td colspan="2"></td><td colspan="3"></td></tr>
<tr><td>評　　定</td><td colspan="2">□及格　□不及格</td><td colspan="3">□及格　□不及格</td></tr>
<tr><td>備　　註</td><td colspan="5">一、實得分數60分（含）以上，評定為及格，60分以下為不及格。<br>二、美容技能實得分數為59.99者，係因各單項成績四捨五入所致，應由評審長再依據各單項原始分數（三位監評人員之分數）計算，若符合60分者，其評分為及格。<br>三、美容技能與衛生技能兩類測驗成績均及格者，總評為合格；若有一類不及格，總評為不合格。<br>四、本表不得塗改，塗改者應加蓋評審長簽章。</td></tr>
</table>

# 乙級美容師術科證照考試指南【第三版】

編 著 者⊠周 玫
出 版 者⊠揚智文化事業股份有限公司
發 行 人⊠葉忠賢
總 編 輯⊠林新倫
執行編輯⊠吳曉芳
登 記 證⊠局版北市業字地第 1117 號
地　　址⊠台北市新生南路三段 88 號 5 樓之 6
電　　話⊠(02)2366-0309
傳　　真⊠(02)2366-0310
郵政劃撥⊠19735365　帳　戶：葉忠賢
印　　刷⊠鼎易印刷事業有限公司
法律顧問⊠北辰著作權事務所　蕭雄淋律師
三版一刷⊠2004 年 7 月
定　　價⊠新台幣 1200 元
ISBN：957-818-620-7
E-mail⊠service@ycrc.com.tw

國家圖書館出版品預行編目資料

乙級美容師術科證照考試指南 / 周玫編著. --
三版. -- 臺北市 : 揚智文化, 2004[民 93]
面 ; 公分

ISBN 957-818-620-7（精裝）

1.美容 – 手冊, 便覽等 2.美容師 - 考試指南

424.026 93005126